Adobe

PHOTO SHOP

CS3

李小菊 黄鑫 / 编著

广告包装设计案例教程
[综合应用篇]

兵器工业出版社

北京科海电子出版社
www.khp.com.cn

内 容 简 介

本书主要针对专业广告设计人才编写，每个实例都具有很强的针对性，基本体现了当前市场上流行的几大平面广告设计的特点。全书共分6章，第1章为基础知识部分，但讲解的知识并非只是基础的使用方法，更多地融入了高级技巧；从第2章公益广告设计开始到第3章商业广告设计、第4章商业包装设计、第5章网页设计和第6章前卫艺术设计的结束，都是在讲解平面媒体广告的设计方法。本书为广告设计爱好者开拓了一个新的思维和学习空间，以新颖的方式围绕着Photoshop的功能展开教学示范，充分展示了如何利用现有的工具和自身的创意创造出令人耳目一新的作品。通过作者实际工作中创作的成功案例，完美体现了理论与实践相结合的教学思想。

本书不仅可作为高等美术院校电脑美术专业和高等院校相关专业师生的教学、自学参考用书，也可作为广大从事计算机平面广告设计和艺术创作工作者的自学指导书。

图书在版编目（CIP）数据

Photoshop CS3广告包装设计案例教程. 综合应用篇/
李小菊，黄鑫编著.—北京：兵器工业出版社；北京科海
电子出版社，2008.11

ISBN 978-7-80248-254-8

Ⅰ.P… Ⅱ.①李… ②黄… Ⅲ.广告—计算机辅助设计—
图形软件，Photoshop CS3—教材　Ⅳ.J524.3-39

中国版本图书馆CIP数据核字（2008）第165119号

出版发行：兵器工业出版社　北京科海电子出版社　　　　　封面设计：黄　鑫

邮编社址：100089 北京市海淀区车道沟10号　　　　　　　责任编辑：常小虹　徐晓娟

　　　　　100085 北京市海淀区上地七街国际创业园2号楼14层　责任校对：杨慧芳

　　　　　www.khp.com.cn　　　　　　　　　　　　　　　印　　数：1-4000

电　　话：（010）82896442 62630320　　　　　　　　　开　　本：787×1092 1/16

经　　销：各地新华书店　　　　　　　　　　　　　　　　印　　张：26

印　　刷：北京市雅彩印刷有限责任公司　　　　　　　　　字　　数：632千字

版　　次：2008年12月第1版第1次印刷　　　　　　　　　定　　价：78.00元（含1CD价格）

前 言

目前国内设计行业的人才非常多，设计能力和水平也非常高。设计的概念已经深入人们的心中，设计的重要性也渐渐得到了更多人的认可。设计行业是一个很复杂的系统，其中包含了平面设计、室内设计、三维设计、空间环境设计、包装设计等。每个行业都有自己独到的特点，使用的软件也大不相同，但软件之间有很多的概念是相通的，其使用也有更多的相通性，所以能否熟练地使用软件达到设想的设计效果，是一个设计师的基础所在；熟练掌握设计软件后，如何设计出高水准的设计作品才是一个设计师需要花大力气去解决的问题。那么如何才能真正提高设计能力和水平呢？笔者的经验是多看、多想、多做练习。笔者认为"眼高手底"不见得是坏事，先吸取足够的设计形式和设计灵感，让自己的设计思维提高，再进行一些软件上的补充也是一个提高自己能力的方法。

全书共分为6章，主要讲解平面设计行业方面的知识。第1章讲解软件的基础知识，目的是让一些初、中级读者加深软件基础知识的运用，在写作过程中，笔者过滤掉了一些非常基础以及常用的大众化功能，讲解了更多的基础工具以及基础命令的深入使用方法，让读者在了解如何使用的前提下，得到更多的操作技能。第2~6章主要是针对目前使用比较广泛的广告形式进行设计讲解，讲解过程更注重培养读者的思维和创造能力。相信读者学完本书后能对广告行业有更深刻的认识。

在创作本书的过程中，笔者也曾经遇到了一些问题和困难，但由于有了家人以及好友的鼓励，才使本书顺利完成。感谢本书策划王学英，是她给了我专业上的建议，还要感谢父母、李化、李若岩、牟宗峰、赵琨、李爱珍、李菊珍、林辉、李松耀、李羡宜、黄子凌、黄菊芳、冯小东、王路路、李美佳、王小明、徐刚等的支持。

设计行业千变万化，没有绝对的东西，所以本书中所讲解的知识也只是设计行业中的一部分。如果读者在学习过程中与笔者意见不同或者发现一些遗漏，希望读者能提出宝贵的意见和建议，我们共同提高。

李小菊 黄 鑫
2008年10月

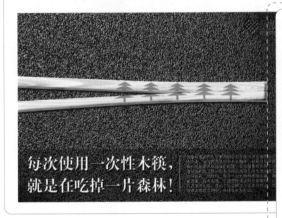

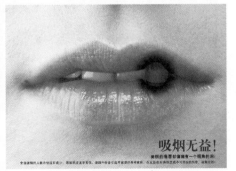

Chapter 03 商业广告设计

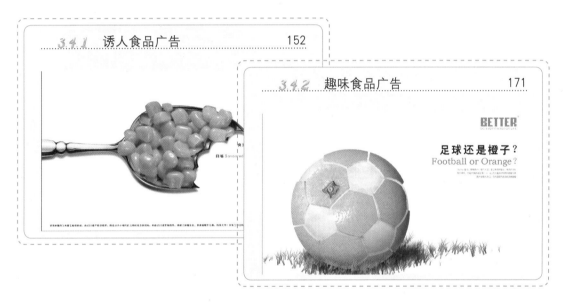

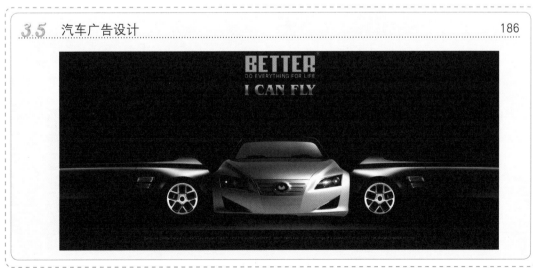

Chapter 04 商业包装设计

Chapter 05　网页设计

Chapter 06　前卫艺术设计

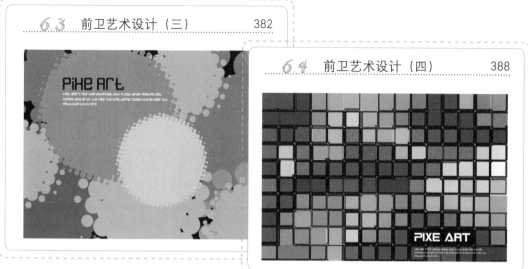

Chapter 1

基础知识讲解

知识提要：

本章将介绍Photoshop CS3软件的操作方法，首先是对软件界面的讲解，然后对软件的应用进行讲解。

学习重点：

● 认识Photoshop CS3软件的界面。

● 了解在实际操作中一些最常用和重点的工具与命令。

1.1 操作界面

学前导读

Photoshop是平面设计软件中使用者最多的软件，原因是它操作相对容易，软件设计得比较人性化，所以大多数人接受起来较为容易。另外，该软件提供了很多便捷的操作，在设计制作时能给设计师带来很大的便利。Photoshop从最初的版本到现在的最新版本Photoshop CS3，已经有十多年的时间了，学习过早期版本的读者接受新版本会非常容易。下面对新版本Photoshop CS3的操作界面进行讲解。

1.1.1 启动界面

Photoshop CS3的启动界面非常简洁，如图1-1所示。

使用过Photoshop CS版本或Photoshop CS2版本的读者都应该发现，新版本的Photoshop CS3摒弃了前两个版本在启动界面上使用的羽毛，变得更加简洁，界面中只有软件的名称以及详细的版本号。在启动界面的左上角使用了更加简洁的名称"Ps"，这个名称和人们经常说的"Ps"完全一样，看来Photoshop越来越接近使用者的习惯了。

图1-1

1.1.2 操作界面详解

Photoshop CS3软件操作界面变化比较大，笔者认为比较合理，这样能有更多的操作空间。图1-2是软件操作界面的预览图。

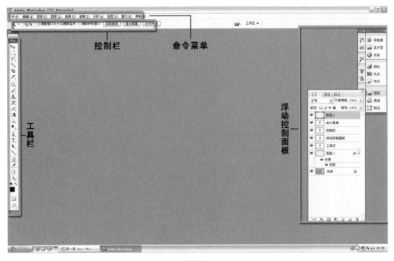

图1-2

通过图1-2可以发现，Photoshop CS3操作界面的编排与前面版本相差不多，但在界面形式上有了很大的变化。新版本的软件采用了伸缩样式的浮动面板以及工具栏，用户在不使用时可以将其缩小，扩大了软件操作时的工作空间。下面对每一个部分进行详细的讲解。

1. 工具栏

与前面两个版本比较，Photoshop CS3的工具栏并没有大的调整，还是一些常用的工具，不同的是由原来版本的双栏变成可单栏，如图1-3所示。当然，如果用户不习惯这种新形式，也可以通过设置恢复成传统的双栏形式，方法就是单击工具栏上的伸缩箭头按钮，如图1-4所示。

2. 菜单

菜单是软件命令最为集中的地方，包含了90%以上的命令。这些命令以下拉菜单的形式表现，如图1-5所示。具体命令的使用方法将在下一节进行讲解。

3. 控制栏

控制栏是对选择的工具和命令进行参数设置的辅助栏，例如选择钢笔工具，这时控制栏上就出现使用钢笔工具时的选项设置，如图1-6所示。

图1-3　　　图1-4

图1-5

图1-6

4. 浮动控制面板

浮动控制面板包括"图层"、"通道"、"路径"、"信息"、"颜色"、"色板"、"样式"等面板，这些与早期版本完全一样，不同的是浮动控制面板的形式变成了伸缩形式。每个浮动面板都被简化成了一个按钮，例如单击"颜色"按钮，就会弹出"颜色"浮动控制面板，如图1-7所示。不需要时再单击"颜色"按钮就可以隐藏该面板。其他浮动面板的使用类似。

图1-7

以上是对Photoshop CS3软件操作界面的简单解释，读者只要了解每个区域的作用，设计制作时就很容易找到对应的参数或命令。

1.2 操作工具和命令

学前导读

Photoshop CS3在前面版本的基础上进行了一些功能的增加和调整，但总体来说变化不大，在很多常用功能上也没有太大变化，保留了绝大部分成熟的命令。下面对这些常用的重点命令进行讲解。

3

1.2.1 基础工具

工具栏中的工具是Photoshop软件中最基础的，读者必须熟练掌握。下面对工具栏中的主要工具进行详细的讲解。

1. 矩形选框工具【M】

矩形选框工具是制作选区的工具之一，它的使用方法如下：

（1）新建文件，使用矩形选框工具在画面中随意拖出一个选区，如图1-8所示，这是最基本的使用方法。按住Shift键，使用矩形选框工具在画面中已有的选区上拖动，可以增加选区的范围，如图1-9所示。按住Alt键并使用矩形选框工具在画面中已有的选区中拖动，可以减少选区的范围，如图1-10所示。

图1-8　　　　　　　　　　　图1-9　　　　　　　　　　　图1-10

（2）正方形选区的制作方法是按住Shift键在画面中拖动，就会得到正方形选区。

（3）选择矩形选框工具后，控制栏上就出现了矩形选框工具的控制选项，选区中的4个按钮就是选区之间增加或减少的一些变化。控制栏中的"羽化"选项是将选区柔化的命令，参数越大，选区被柔化的程度越大。分别将"羽化"的数值设置为15px和35px，并分别填充颜色，然后观察选区的变化，如图1-11和图1-12所示。从中不难发现，羽化的数值越大，选区变得越柔和。

图1-11　　　　　　　　　　图1-12

2. 椭圆选框工具【M】

椭圆选框工具的使用方法与矩形选框工具完全相同，读者只要按照矩形选框工具的使用方法就可以快速掌握此工具。

 充电站

　　学习了矩形选框工具和椭圆选框工具后不难发现，这两个工具的快捷键都是【M】。使用时选择矩形选框工具后，按住键盘上的Shift键，再按M键，就可以对快捷键相同的工具进行切换。

3. 单行选框工具

单行选框工具的概念比较抽象，所谓的"单行"是指以一个像素为单位排成一个横向的、由数个像素大小组成的选区，操作时只要在画面上单击一下就可以做出选框，如图1-13所示。

这个工具在具体的实际操作中使用得非常少，但读者一定要知道这个工具的概念，以便在后面的学习中理解一些实例的制作方法。

4. 单列选框工具

单列选框工具 ⫾ 的使用方法与单行选框工具完全相同，只是在选区方向上是纵向的。

5. 套索工具【L】

套索工具 ⟨⟩ 也是制作选区的工具之一，它与套索工具的区别就在于它可以制作出不规则形状的选区。其使用方法如下：

（1）新建文件，选择套索工具，单击鼠标左键在画面中随意地移动鼠标，松开鼠标左键，得到了一个不规则的选区，如图1-14所示。

（2）选择套索工具的同时，观察套索工具所对应的控制栏，如图1-15所示。套索工具的控制栏与前面所讲到的矩形选框工具 ⬚ 的控制栏完全相同，控制栏中各命令的使用方法也完全相同，这里不再进行讲解。

图1-13

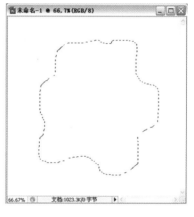

图1-14

图1-15

6. 多边形套索工具【L】

多边形套索工具 ⟨⟩ 是Photoshop软件中使用率较高的工具之一，所以要重点进行讲解，其操作步骤如下：

01 新建文件，使用多边形套索工具在画面中单击制作出初始点，然后继续在画面单击鼠标，制作出一个没有闭合的选区路径，如图1-16所示。闭合选区路径的方法有两种：

（1）在没有闭合的时候双击鼠标，就可以将路径连接闭合。

（2）将鼠标移动到制作选区的起始点上，此时光标右下角出现一个圆形，这就代表单击此点就能闭合选区。

闭合选区路径后，得到如图1-17所示的选区。

图1-16

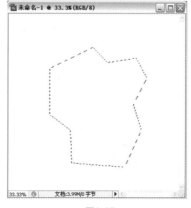

图1-17

02 作为制作选区的工具，多边形套索工具所制作的选区与前面讲解过的矩形选框工具等制作选区工具的基本概念相同，需要增加选区，也是按住键盘上的Shift键，这时鼠标会出现一个"＋"号，表示可以进行选区增加操作，单击画面制作选区即可，如图1-18所示；减少选区的方法和前面制作选区工具相同，按住Alt键，然后制作选区即可，如图1-19所示。

图1-18

图1-19

03 选择多边形套索工具后，观察它对应的控制栏，如图1-20所示，与前面讲过的制作选区工具的控制栏完全相同。羽化的使用方法前面也介绍过，如果已经制作好了选，则只要按键盘上的Ctrl+Alt+D组合键，弹出"羽化选区"对话框，如图1-21所示。输入需要羽化的数值，单击"确定"按钮即可完成羽化操作。

图1-20

图1-21

04 保持选择的工具为多边形套索工具，将鼠标移动到制作好的选区内，鼠标会变成三角形的形状，即可对选区位置进行移动。

05 熟悉Photoshop的读者都知道，Ctrl+T组合键是"编辑"｜"自由变换"命令的快捷键，是可以将图形进行变形的命令。同样，该命令也可以对选区进行变换，在画面中存在选区时，按Ctrl+T组合键会出现变换框，如图1-22所示。将鼠标移动到变换框的几个点上拖动，就可以对选区进行变形，如图1-23所示。将鼠标放在变换框内，也可以对变换框进行移动。从上面的操作可以看出，在对选区进行变形或移动的同时，选区内部所包含的图像内容，也随着选区进行变化。

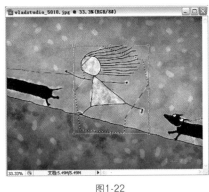

图1-22

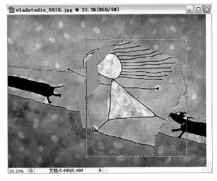

图1-23

06 如果只需要对选区进行变化，对选区内的图像没有任何影响，就需要进行另一种操作方式。选择"选择"｜"变换选区"命令，也同样出现一个变换框，但拖动这个变换框时，只有选区形状发生变化，并且选区内部的图像不会随之变化，用户一定要将这两种对选区变换的方式区别开。

7. 画笔工具【B】

画笔工具 是Photoshop工具栏中使用率相当高的工具，读者必须要熟练地掌握这个工具的使用方法。

01 新建文件，选择画笔工具，在画面中随意地绘制，如图1-24所示，这就是画笔工具最基本的使用方法。当按住键盘上的Shift键再使用画笔工具绘制时，画笔的走向就被限定在水平和垂直方面上，如图1-25所示。

图1-24

图1-25

02 选择画笔工具，观察它的控制栏，如图1-26所示，其中第一个选项是"画笔"，它用于选择不同类型的画笔，如图1-27所示。控制栏上的第二个选项是"模式"，这个选项中包含很多颜色混合的模式。这些模式与后面要讲解的图层混合模式完全相同，所以这里不进行展开。"不透明度"以及"流量"选项用于控制画笔的透明程度以及颜色的深浅，很容易掌握。

图1-26

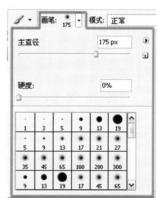
图1-27

 充电站

要改变画笔的大小，可以在画笔面板中进行调整，但这里有更简单的方法：
按【键减小画笔直径；按】键增加画笔直径。

8. 仿制图章工具【S】

仿制图章工具 是比较抽象的工具，理解起来不是很容易。其操作如下：

光盘素材路径

 素材和源文件\第1章\素材\1-1.jpg

01 打开光盘素材"1-1.jpg"，如图1-28所示，选择仿制图章工具，按住键盘上的Alt键，将鼠标移动到画面中，这时鼠标变成了吸管形状，表示可以进行复制操作，使用鼠标左键在画面中要复制的地方单击，放开鼠标（本例要复制水杯，所以单击水杯即可）。将鼠标移动到画面中的其他地方，调整仿制图章工具的大小，在画面中单击鼠标即可进行绘制，得到如图1-29所示的复制效果。

图1-28 图1-29

02 在鼠标拖动复制的过程中，用户会发现在最初的复制点上有一个"十"字形状符号随鼠标一起动，这个符号表示目前操作所复制的部分就是"十"字符号所在位置的图像。这个概念比较难理解，读者只要多操作，就可以熟练掌握仿制图章工具的使用方法。

9. 渐变工具【G】

渐变工具 是软件中使用频率非常高的工具之一，但它的操作并不复杂。

01 选择渐变工具，观察它对应的控制栏，如图1-30所示。使用鼠标单击控制栏左边的颜色条，打开"渐变编辑器"窗口，其中中间偏下位置是渐变颜色调整的位置，如图1-31所示。颜色条的下面有两个颜色调整滑块（图1-31圆圈中的滑块），双击滑块就可以打开"选择色标颜色"对话框，从中选择颜色，如图1-32所示。

图1-30

 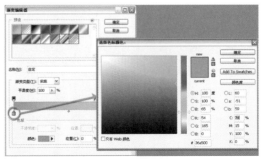

图1-31 图1-32

02 增加渐变滑块的方法很简单，只要在"渐变编辑器"窗口颜色条下面空白处单击鼠标，就可以出现新的颜色滑块，如图1-33所示。每个颜色滑块都可以通过拖动来改变位置。

10. 钢笔工具【P】

钢笔工具 是所有绘图软件中都有的工具，可见它的通用性非常强，但笔者认为，Photoshop的钢笔工具更加灵活方便，但操作起来不太容易掌握，所以一定要多加练习，才能快速掌握它的使用方法。其操作步骤如下：

图1-33

01 新建文件，选择钢笔工具，观察它的控制栏，如图1-34所示。左边有3个按钮，分别可以制作出属性不同的路径，第1个按钮是"形状图层"，单击该按钮得到的是一个带有图层的路径，如图1-35所示。

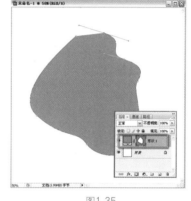

图1-34

图1-35

第2个按钮是"路径"，单击该按钮得到的是单纯的路径。先单击鼠标得到一个起始点，然后依次做出其他的点，如图1-36所示，最后将鼠标放在起始点上，光标上会出现一个圆形的符号，表示可以封闭路径，如图1-37所示。第3个按钮是"填充像素"，但在作为钢笔工具时不能使用。

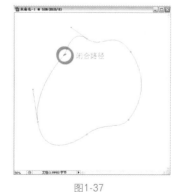

图1-36

图1-37

02 制作一个闭合路径，保持选择的工具是钢笔工具，将鼠标移动到路径线上，这时鼠标变成了一个右下角有"＋"号的钢笔符号，表示可以进行增加描点的操作，单击即可出现新的路径描点，如图1-38所示。将鼠标移动到已经制作好的路径点上，鼠标变成右下角有"－"号的钢笔符号，表示可以删除路径线上的路径点，单击画面最下边的路径点，即可将其删除，如图1-39所示。

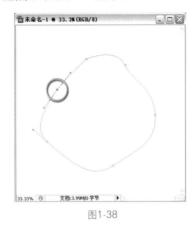

图1-38

图1-39

03 制作好路径后，按Ctrl键可以调整路径点的位置以及路径点所延伸出来的平衡线上的平衡点，如图1-40所示。路径平衡线两端有两个调节点，但使用这种方法调整平衡线上的点时，两个点的位置会同时变化，如果只需要对平衡线上的一个点进行调整，就要先按键盘上的Alt键，再选择一个需要调整的平衡点进行调整，如图1-41所示。

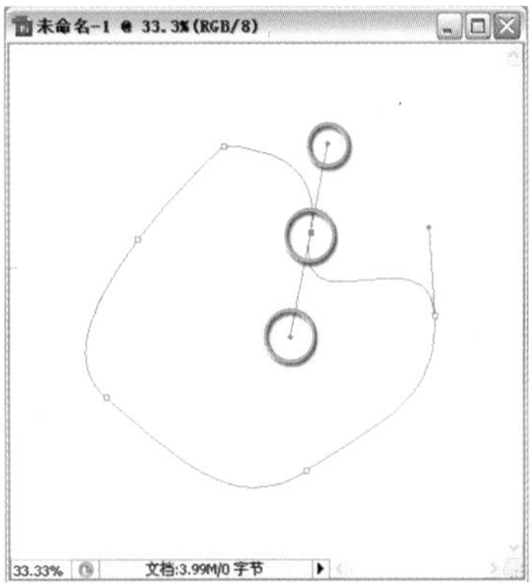

图1-40

图1-41

04 保持目前选择的工具是钢笔工具，按住Alt键单击路径线上的点，可以将有平衡线的路径还原成没有平衡线的路径点，如图1-42所示。不要松开鼠标，继续拖动鼠标，就可以制作出一条新的路径点的平衡线，如图1-43所示。

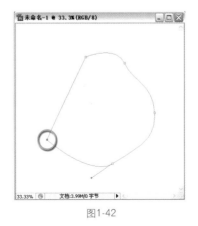

图1-42

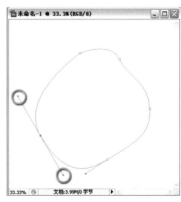

图1-43

11. 自定义形状工具【U】

自定义形状工具 是形状工具中的一个，但它是比较典型的制作形状的工具。其操作步骤如下：

01 新建文件，选择自定义形状工具，它所对应的控制栏如图1-44所示。不难发现，自定义形状工具的控制栏与钢笔工具的控制栏完全相同。上面讲解钢笔工具的控制栏时，其中前3个按钮的作用都已经讲解，第3个"填充像素"按钮在使用钢笔工具时不能使用，但在形状工具中可以应用，并可以直接制作出图像而不生成路径或者图层，如图1-45所示。

图1-44 图1-45

02 在自定义形状工具控制栏中有一个"形状"选项，单击"形状"选项后面的三角形按钮，会弹出形状面板，如图1-46所示。在面板中选择需要的形状即可直接使用。单击面板右上角的三角按钮，会弹出面板控制选项菜单，菜单的下面是一些软件自带形状的命令，如图1-47所示。选择这些命令后，对应的形状会出现在面板中。

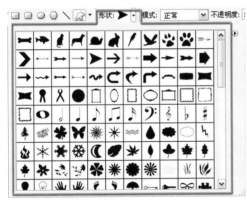

图1-46

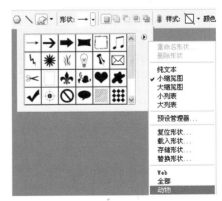

图1-47

12. 前景色与背景色

前景色与背景色的调整方法非常简单，这里不进行讲解了。有一点需要了解，还原前景色背景色的概念是将前景色调整为黑色，背景色为白色，快捷键是D。

当画面中需要填充前景色或者背景色的时候，也有一些快捷键来方便操作。

Alt+Delete：填充前景色。

Ctrl+Delete：填充背景色。

1.2.2 菜单命令

菜单栏中的命令是Photoshop的精髓所在，软件中大部分操作命令和调整方式都需要选择菜单栏中的命令来完成，所以读者必须熟练掌握菜单栏中的一些主要命令的使用方法。

1. "文件"菜单中的"存储"（"存储为"）命令【Ctrl+S（Ctrl+Alt+S）】

Photoshop的存储功能非常强大，有几种常用的存储格式，读者必须要了解得很透彻。

保存文件时，会弹出"存储为"对话框，在"文件名"下拉列表下面有一个"格式"选项，单击下拉按钮，出现存储格式下拉列表，如图1-48所示。

这些存储格式中有5种保存的格式读者一定要知道。

（1）PSD

PSD格式是保存分层文件的格式，在设计时一定会分很多图层。保存时选择PSD格式，可以保留文件中的图层，下次打开时可继续使用。

（2）EPS

EPS格式使用得并不是很多，但当制作好的设计图需要置入到其他软件中并且文件比较大时，可以选择EPS格式，因为

图1-48

存储为这种格式后，文件占用空间会比较小，置入到其他软件中也不会出现软件运行速度过慢的问题。

（3）JPEG

这个格式是最常用的格式，用户平时使用数码相机拍摄的照片，网络上下载的壁纸基本上都是JPEG格式的，也是认知度最高的存储格式。它的优点是能减小文件的占用空间，但在印刷以及数码打印时很少使用这个格式，因为该格式所保存的文件的精度不够，颜色的质量不够。在印刷或者数码打印时，经常使用到的是TIFF格式。所以，如果设计了效果很不错的图片，建议在存储为JPEG格式的同时，也一定要保存分层的原文件（即PSD格式），以便日后使用。

（4）PDF

PDF是目前非常流行的存储方式，它的优点是存储质量可以随意调节，存储方便，并且可以直接使用，所以现在很多印刷厂都把客户的文件转成PDF格式来使用，也有很多公司都使用PDF文件作为邮件发送的首选格式。

（5）TIFF

制作印刷文件所需要的图片要存储成TIFF格式，因为这种格式保存的文件颜色质量非常高，能最大程度保证印刷出来的图像质量。但这种格式所存储的文件占用空间比较大，置入其他软件进行后期制作时会影响到软件运行的速度。TIFF格式也可以保存分层文件，与PSD格式保存的文件相同，其弊端也是会造成存储文件的占用空间增加。

以上5种存储格式在设计操作中使用率最高。还有一点很重要，在进行设计操作时，一定要养成经常存盘的习惯，否则一旦软件或者计算机出现问题，再保存就来不及了，只能重新设计。

2."编辑"菜单中的"还原"命令【Ctrl+Z】

Ctrl+Z是还原上一步操作的快捷键，这是所有软件通用的操作方式，但这样的操作在Photoshop中只能还原一次，要想还原多次，可以按Ctrl+Alt+Z组合键。

3."编辑"菜单中的"描边"命令

"描边"命令是在操作中比较常用的，其操作非常简单。

01 新建文件，使用矩形选框工具在画面中制作出一个选区，如图1-49所示。选择"编辑"|"描边"命令，弹出的"描边"对话框如图1-50所示。

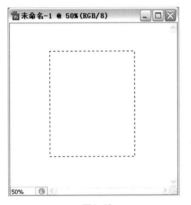

图1-49　　　　　　　　　　　　　　　　图1-50

02 在"描边"对话框中，"宽度"选项用于调整描边的宽度；"颜色"选项用于打开颜色编辑器自行调整，其默认的颜色是工具栏中的前景色；在"位置"栏中有3个选项，"内部"、"居中"和"居外"，用于改变描边的位置。完成设置后，单击"确定"按钮，得到的描边效果如图1-51所示。

03 "描边"命令没有快捷键，但可以通过自定义来设置它的快捷键，方法是选择"编辑"|"键盘快捷键"命令，就可以进行快捷键的设置了。用户不但可以设置"描边"命令的快捷键，而且可以随意地更改其他快捷键，如图1-52所示。

图1-51　　　　　　　　　　　　　　　　图1-52

4."编辑"菜单中的"首选项"命令

"首选项"中包含的命令并不是在进行设计操作时使用的，而是对软件一些工具或者命令属性的设置，如图1-53所示。

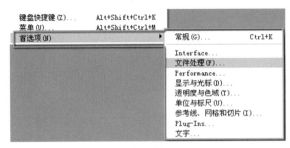

图1-53

在"首选项"子菜单中包含很多设置命令，如"显示与光标"命令可以对光标形状进行修改，使其适合自己的习惯。其他选项的设置也非常简单，读者可以自行设置适合自己习惯的操作方式。

5. "图像"菜单中的"模式"命令

"模式"命令中包含很多颜色模式，但最常用的模式只有"灰度"、"RGB颜色"和"CMYK颜色"。

（1）灰度

使用"灰度"颜色模式制作出来的图像以黑、白、灰颜色模式显示。一些特殊的滤镜必须在"灰度"模式下应用才有效果。

（2）RGB颜色

"RGB颜色"模式是生活中最常用的颜色模式，使用数码相机拍摄的照片是RGB颜色模式，网络上下载的图片是RGB颜色模式，所以它是日常生活中最普遍的颜色模式，但它不可以作为印刷模式使用。

（3）CMYK颜色

CMYK颜色模式是专门用于印刷的颜色模式，设计制作好的文件或者图片必须转成CMYK颜色模式才能印刷。如果使用RGB颜色模式，印刷出来的颜色一样会以CMYK颜色显示出来。读者可以新建文件，然后在画面中先使用RGB颜色模式下的绿色或蓝色绘制一个图形，然后再转成CMYK颜色模式，就可以知道RGB与CMYK的区别了。

6. "图像"菜单中的"调整"命令

"调整"子菜单中包含很多颜色调整命令，这些命令是软件操作时使用率非常高的，也是非常重要的。下面就对"调整"子菜单中几个主要命令进行详细的讲解。

（1）曲线【Ctrl+M】

"曲线"命令是使用频率最高的工具之一，因为其操作简单。

光盘素材路径

 素材和源文件\第1章\素材\1-2.jpg

01 打开素材"1-2.jpg"，如图1-54所示，选择"图像" | "调整" | "曲线"命令，弹出"曲线"对话框，如图1-55所示。

02 在"曲线"对话框中有一条调节线，使用鼠标单击调节线可出现一个调节点，拖动这个调节点就可以改变图像的明暗程度，如图1-56所示。

（2）色彩平衡【Ctrl+B】

"色彩平衡"命令是调整画面颜色的命令之一，也是比较常用的命令。其操作步骤如下：

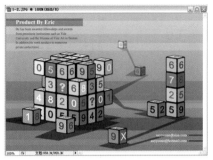

图1-54

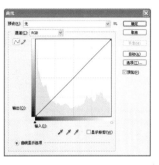

图1-55

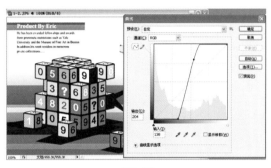

图1-56

光盘素材路径

 素材和源文件\第1章\素材\1-3.jpg

01 打开素材文件"1-3.jpg"，如图1-57所示，选择"图像"｜"调整"｜"色彩平衡"命令，弹出对应的对话框，如图1-58所示。

图1-57

图1-58

02 在"色彩平衡"对话框中有3个色彩滑块，用于调整色彩，每个滑块的左右都有颜色的文字说明，表明滑块向哪个方向移动，图像的色彩就会增加哪种色彩。如图1-59所示，将第一个滑块向右边的"红色"移动，画面的颜色中就增加了一部分红色。

03 在调整面板滑块的下面有3个选项——"阴影"、"中间调"和"高光"。当选中"阴影"单选按钮时，再调整上面的颜色滑块，调整的就是画面中相对比较暗的地方；选中

"中间调"单选按钮时调整画面中中间色调的颜色；选中"高光"单选按钮时调整画面中相对比较亮的颜色。

图1-59

（3）色相/饱和度【Ctrl+U】

"色相/饱和度"命令是一个可以随意改变图像色相和饱和度的命令，操作起来也很容易。

光盘素材路径

素材和源文件\第1章\素材\1-3.jpg

01 打开素材文件"1-3.jpg"，如图1-60所示，选择"图像"|"调整"|"色相/饱和度"命令，弹出"色相/饱和度"对话框，如图1-61所示。

图1-60   图1-61

02 在弹出的对话框中分别有"色相"、"饱和度"和"明度"3个调整选项。"色相"滑块可以调整图像颜色显示的色相。如图1-62和图1-63所示，调整色相滑块，画面的颜色就发生了变化。

图1-62   图1-63

"饱和度"滑块用于调整画面的饱和程度，滑块越向左滑动，画面的色彩就会越接近黑白颜色，如图1-64所示；滑块向右滑动，画面的色彩饱和程度会加大，色彩会更加浓，如图1-65所示。

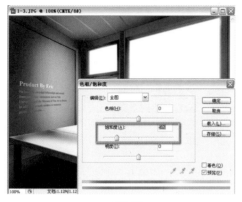

图1-64   图1-65

"明度"滑块用于调整画面的明暗程度，滑块向左滑动，画面就会变得很暗，如图1-66所示；滑块向右滑动，画面的颜色就越接近白色，如图1-67所示。

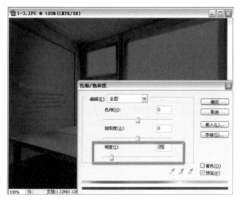

图1-66   图1-67

 充电站

在Photoshop的命令面板或者调整面板中，如果想还原设置的参数或调整过的滑块等，可以按住键盘上的Alt键，所有面板中的"取消"按钮都会变成"复位"按钮，这时单击该按钮就可以还原前面的操作，然后重新进行调整和设置即可。

（4）反相【Ctrl+I】

光盘素材路径

 素材和源文件\第1章\素材\1-4.jpg

"反相"命令使用的范围不是很多，但也是一个必须掌握的命令。

打开素材文件"1-4.jpg"，如图1-68所示，选择"图像"|"调整"|"反相"命令，得到如图1-69所示的效果。

图1-68   图1-69

7. "图像"菜单中的"图像大小"命令

"图像大小"命令用于调整图像尺寸以及分辨率大小。

01 新建文件，选择"图像"|"图像大小"命令，弹出"图像大小"对话框，如图1-70所示。

02 在"文档大小"选项区域中包含3个选项："宽度"、"高度"和"分辨率"。用户可以随意地更改它们的数值。当对话框中出现如图1-71所示的连接符号，就表示在更改"宽度"和"高度"中任意一个数值时，另一个数值也会随着调整的数值等比例变化。取消这个连接符号的方法很简单，撤选左下方的"约束比例"复选框，如图1-72所示，这样改变"宽度"或"高度"中任意一个数值时，另一个数值就不会改变了。

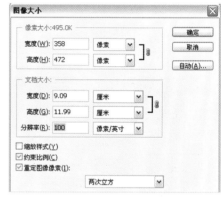

图1-70

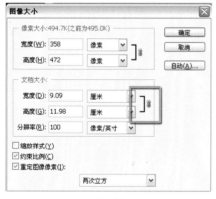

图1-71   图1-72

03 "分辨率"是图像清晰度的一个数值反映。分辨率越高，图像的清晰度就越高，分辨率越低，图像的清晰度就越低。若是低分辨率的图像，就算是把分辨率的数值调高，也不能提高图像的清晰度。

8. "图像"菜单中的"旋转画布"命令

"旋转画布"子菜单中包含很多旋转命令，如图1-73所示。这里的命令都是对整个文件进行旋转，而不是对单独的图层进行旋转。它与前面讲过的"编辑"｜"变换"中的一些旋转命令不同。

9. "图层"菜单中的"将图层与选区对齐"命令

"将图层与选区对齐"子菜单中是对齐图层的命令，如图1-74所示。

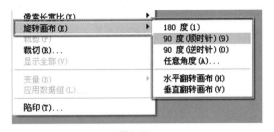

图1-73　　　　　　　　　　　　　　　　　　　　　图1-74

01 新建文件，新增图层，并在图层中随意绘制出图形，如图1-75所示。

02 按键盘上的Ctrl+A组合键出现了整个画面大小的选区，只有在画面中出现选区时才可以使用"将图层与选区对齐"命令。分别选择"图层"｜"将图层与选区对齐"｜"垂直居中"和"水平居中"命令，制作的图形即可显示在画面的中心位置，如图1-76所示。

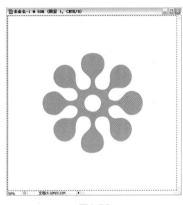

图1-75　　　　　　　　　　　　　　　　　图1-76

10. "选择"菜单中的"色彩范围"命令

"色彩范围"命令是制作选区的命令，使用范围比较广，而且操作起来也比较容易。

光盘素材路径

 素材和源文件\第1章\素材\1-5.jpg

01 打开图片素材，如图1-77所示，选择"选择"｜"色彩范围"命令，弹出"色彩范围"对话框，如图1-78所示。

02 对话框中"颜色容差"的数值越大，得到的选区越大，选区中所包含的相近的颜色就越多；数值越小，得到的选框越小，选区中所包含的颜色越单一。将鼠标移动到画面中，这时鼠标变成了吸管形状，吸取画面中的车厢灰色，单击"确定"按钮，得到如图1-79所示的选区。

图1-77   图1-78

11. "选择"菜单中的"修改"命令

"修改"子菜单用于对选区进行修改，它包括如图1-80所示的命令。下面开始讲解"修改"命令的使用方法。

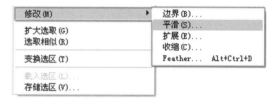

图1-79   图1-80

01 新建文件，在画面中制作出选区，如图1-81所示，选择"选择"｜"修改"｜"边界"命令，弹出"边界选区"对话框，如图1-82所示。

图1-81   图1-82

02 将"宽度"值进行调整，将数值分别设置为25和50，分别得到如图1-83和图1-84所示的选区。从中可以知道，"边界"命令用于将选区变成有边界的选区。

03 重新制作出一个选区，如图1-85所示，选择"选择"｜"修改"｜"平滑"命令，出现了"平滑选区"对话框，如图1-86所示。

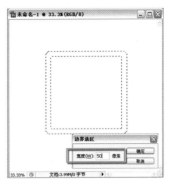

图1-83   图1-84

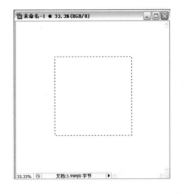

图1-85   图1-86

04 "平滑"命令用于将选区的边缘进行平滑处理。分别将"平滑选区"对话框中的"取样半径"值设置为25和60，选区就会变成如图1-87和图1-88所示的平滑效果。

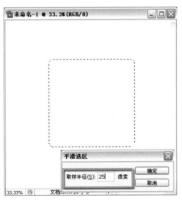

图1-87   图1-88

05 "修改"命令中的其他几个命令的使用方法也很简单，读者可以重新制作选区，然后使用这些命令，相信很快就能掌握它们。

12. "选择"菜单中的"变换选区"命令

关于使用"变换选区"命令的方法，在前面讲解"编辑"|"自由变换"命令时已经对比讲解过了，所以读者可以参照前面讲解的方法再熟悉一下"变换选区"命令。

13. "滤镜"菜单中的滤镜库

"滤镜库"中的滤镜非常丰富，但并没有包含所有滤镜，如图1-89所示。"滤镜库"左边是滤镜显示框，中间是滤镜选项，右边是滤镜参数设置栏，使用起来非常简单，效果也很直观，而且可以直接选择列表中的滤镜而不用重新选择。

从图1-89可以看出，滤镜列表中的滤镜都以非常直观的效果显示为选项，在使用时直接单击即可。

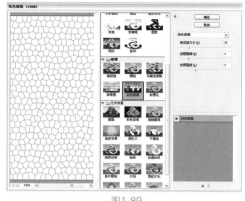

图1-89

14. "滤镜"|"模糊"|"动感模糊"

"动感模糊"命令是将图像模糊的命令之一，模糊后的图像会有一种速度的动感。其操作如下：

光盘素材路径

素材和源文件\第1章\素材\1-2.jpg

 打开素材文件"1-2.jpg"，如图1-90所示，选择"滤镜"|"模糊"|"动感模糊"命令，弹出"动感模糊"对话框，如图1-91所示。

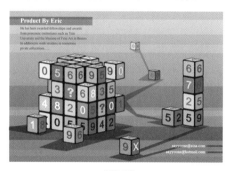 

图1-90   图1-91

 在"角度"选项中可以输入角度的数值来改变动感模糊的角度，也可以使用鼠标单击拖动角度托盘来改变模糊的角度。在"距离"数值栏中可以输入数值来改变模糊的程度，同时也可以拖动下面的滑块来改变模糊的数值。如图1-92和图1-93所示的是不同程度以及不同角度的动感模糊操作。

图1-92   图1-93

充电站

使用完滤镜后，按键盘上的**Ctrl+F**键可以重复使用前面使用过的滤镜。

15. "滤镜" | "模糊" | "径向模糊"

"径向模糊"命令中包含两种模糊方法，如图1-94所示，分别是"旋转"和"缩放"。

01 打开素材文件"1-6.jpg"，如图1-95所示，选择"滤镜" | "模糊" | "径向模糊"滤镜，在"径向模糊"对话框的"模糊方法"选项区域中选中"旋转"单选按钮，在对话框右边就会出现旋转的程度，改变"数量"数值或者向右拖动滑块可以增加旋转的程度。设置参数如图1-96所示，单击"确定"按钮后，得到如图1-97所示的效果。

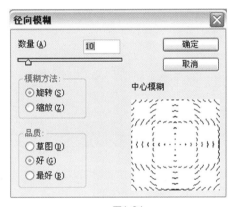

图1-94

图1-95

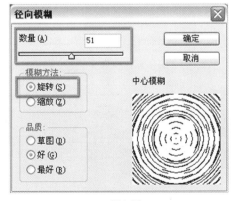

图1-96

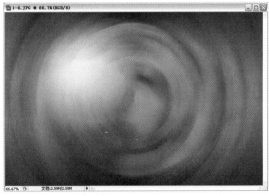

图1-97

02 按**Ctrl+Z**组合键还原上一步操作，再选择"径向模糊"命令，在"模糊方法"选项区域中选中"缩放"单选按钮，参数设置如图1-98所示，完成后得到的是放射形状的图像，如图1-99所示。

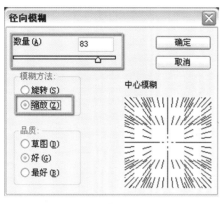

图1-98

图1-99

03 在"径向模糊"对话框中有"品质"选项区域，里面包含"草图"、"好"和"最好"3个选项，用于控制模糊效果的好坏。当选中"草图"单选按钮，得到的效果是比较一般的，当选中"好"单选按钮，得到的模糊效果相对"草图"要好一些；当选择"最好"单选按钮，得到的模糊效果是最细腻的，但同时会造成系统负担加大。如果计算机配置不高，有可能会出现滤镜应用非常缓慢的情况。

16. "滤镜" | "渲染" | "光照效果"

"光照效果"滤镜操作比较复杂，使用的频率不是很高，但很多酷炫的画面效果都离不开这个滤镜。

光盘素材路径

 素材和源文件\第1章\素材\1-7.jpg

---

01 打开素材文件"1-7.jpg"，如图1-100所示，选择"滤镜" | "渲染" | "光照效果"命令，弹出的对话框如图1-101所示。

图1-100

图1-101

02 "光照效果"滤镜中有很多种光源可以选择，打开样式选项出现灯光样式列表，如图1-102所示。此例中使用第一个灯光选项。下面的设置中有一个光照类型选项，用于针对已经选择的光源类型进行调整。下面的选项中是两组可以调节数值的滑块。双击右边的两个颜色块可以打开颜色编辑器进行颜色选择。最下面的纹理通道用于选择灯光照射的通道。面板左边是光源调节框，可以使用鼠标单击光源上的点进行位置、大小、形状的改变，如图1-103所示。

图1-102   图1-103

03 分别参照图1-104和图1-105的参数进行设置，得到如图1-106和图1-107所示的不同光照效果。

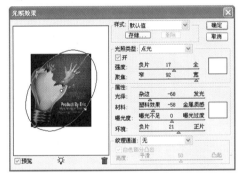

图1-104   图1-105

04 上面的操作只是针对一个光源，读者可以自行选择光源并调整光源的颜色，相信很快就能掌握"光照效果"滤镜的使用方法。

17. "窗口"菜单

"窗口"菜单中包含所有浮动面板，也就是说，不管需要什么浮动面板，都可以在"窗口"菜单中选择相应的浮动面板，如图1-108所示。

图1-106   图1-107

18. "窗口"菜单中的"图层"命令

"图层"浮动面板可以说是软件操作中使用最多的浮动面板。下面详细讲解"图层"浮动面板的使用方法。

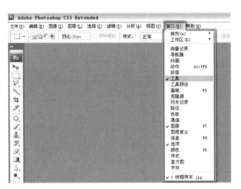

图1-108

01 新建文件，单击"图层"面板下面的"创建新图层"按钮新增图层，如图1-109所示。

02 将图层拖动到面板下面的垃圾桶按钮上可以删除图层，如图1-110所示。使用鼠标双击图层的名字，当出现光标显示时，删除原来的名字，输入新的图层名称，即可改变图层名称，如图1-111所示。

图1-109　　　　　　　　图1-110　　　　　　　　图1-111

03 选择新增的图层，利用形状工具随意绘制一个图形，如图1-112所示。选择移动工具，移动新图层中的形状，如图1-113所示。

 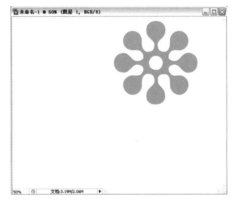

图1-112　　　　　　　　　　　　图1-113

04 复制已经存在的图层。使用鼠标拖动要复制的图层到"图层"面板下面的"创建新图层"按钮上，即可对已经存在的图层进行复制，如图1-114所示。

充电站

复制图层也有很简便的方法，就是按键盘上的**Ctrl+J**组合键。

05 双击图层，会弹出"图层样式"对话框，如图**1-115**所示这个对话框的作用非常大，很多效果都是用它完成的，它的使用方法会在后面的章节中以实例的方式进行讲解。

06 "图层"面板中的"不透明度"用于设置图层的透明程度，如图**1-116**所示，改变它的数值或拖动滑块可以调节透明的程度。

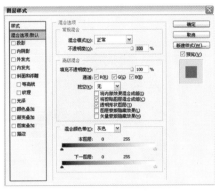

图1-114   图1-115   图1-116

充电站

改变图层透明度的方法除了上面说到的以外，还可以直接按键盘上的数字键。例如，输入"1"，就是将"不透明度"的数值改为10%；输入"26"就可以将"不透明度"的数值改为26%，以此类推。但有一个数字必须重点说明，输入"0"的时候，不是将"不透明度"数值改为0%，而是将数值改为100%。

07 "图层"面板上面有一个图层混合选项，如图**1-117**所示。图层混合选项用于设置两个图层的混合效果，效果非常丰富，这些将在后面章节的具体实例中进行详细的讲解。

08 图层混合选项下面是"锁定"选项，该选项中包含4个锁定按钮，从左到右的作用分别是"锁定透明像素"、"锁定图像像素"、"锁定位置"和"全部锁定"，如图**1-118**所示。读者可以根据具体操作时的需要进行有针对性的锁定，这样可以节省很多操作时间和步骤。"锁定"的使用方法将在后面的实例中进行具体的讲解。

图1-117   图1-118

19. "窗口"菜单中的"历史记录"命令

"历史记录"浮动面板用于记载操作步骤，用户可以单击其中的记录回到前面的操作步骤。如果在制作过程中发现有些步骤需要重新设计或需要返回前面的步骤，就可以使用"历史记录"面板。

01 新建文件，然后在画面中随意地进行操作，这时查看"历史记录"浮动面板，如图1-119所示，前面操作过的步骤都被记录下来了。单击任意一个记录层，即可回到该记录所操作的步骤，如图1-120所示。

图1-119

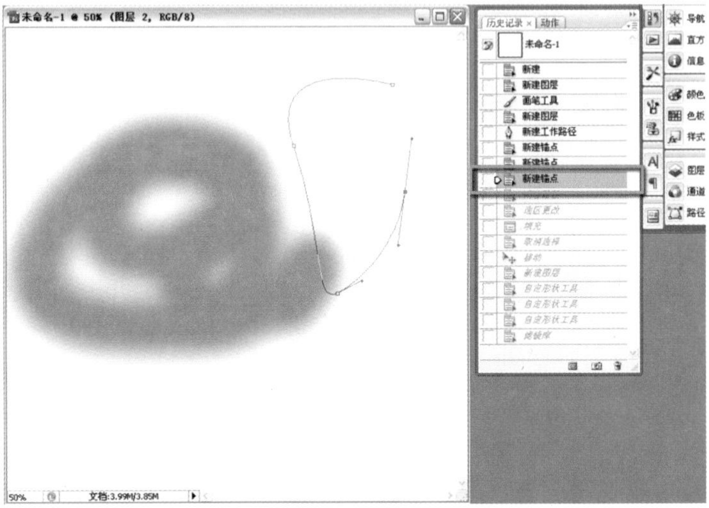

图1-120

02 同样，单击其他步骤也可以还原到所选的步骤，如图1-121所示。

03 "历史记录"浮动面板中能记载的操作步骤是有限制的，而并非能将所有的步骤都进行记录，所以如果操作了很多步骤后，再想回到前面制作的步骤，也许已经找不到该操作步骤了。

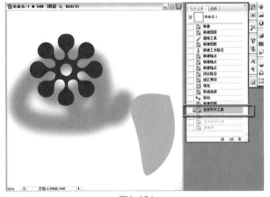

图1-121

20. "窗口"菜单中的"动作"命令

"动作"浮动面板的使用频率不高，但有时候必须使用。

01 新建文件，新建图层，利用矩形工具 在画面中画出一个方形，如图1-122所示。打开"动作"浮动面板，单击面板下面的"创建新组"按钮，在弹出的对话框中单击"确定"按钮，在"动作"面板中出现了一个新组"组1"，如图1-123所示。

02 单击"创建新动作"按钮，弹出的对话框如图1-124所示。用户可以在"名称"文本框中输入名称，完成后单击"记录"按钮，出现了新动作层，如图1-125所示。

03 新建动作后，操作的每一个步骤都会被记录下来，所以操作上不能出现错误，否则就要删除新建的组，重新创建组和动作。将图层中的方块复制并移动，如图1-126所示，这时"动作"面板就记录下了操作的步骤。单击"动作"面板下面的"停止播放/记录"按钮，如图**1-127**所示，操作的步骤就显示出来了。

图1-122

图1-123

图1-124

图1-125

图1-126

图1-127

04 单击"动作"面板下面的"播放选定的动作"按钮，如图**1-128**所示，画面中的方块就被复制，而且复制的方块与前面两个方块的间距完全相同，也可以说是对前面的操作进行复制，如图**1-129**所示。

05 继续单击"播放选定的动作"按钮，得到更多的方块，而且这些方块的间距完全相同，如图**1-130**所示。

图1-128

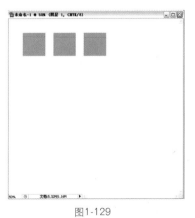

图1-129

图1-130

充电站

如果在操作过程中操作错误，需要重新制作，就得删除新建的组，但是不能直接删除，必须单击"停止播放/记录"按钮，才可以删除新建的组。

21. "窗口"菜单中的"字符"命令

"字符"浮动面板用于控制文字大小、样式以及其他。Photoshop中的文字编辑功能不算强大，但是文字设置的选项却非常丰富。

01 新建文件，选择文字工具 **T**，在画面中输入"Photoshop"，如图1-131所示。打开"字符"面板，在最上面的下拉列表中选择字体，如图1-132所示。

图1-131　　　　　　　　　　　　　　图1-132

02 "字符"面板第二组选项中包括4个选项，分别是设置字体大小、设置行距、垂直缩放以及水平缩放。单击字号调节下拉按钮会出现字号选择栏，如图1-133所示，选择后可以改变字号的大小；也可以在数值框中直接输入数值。改变垂直缩放以及水平缩放的百分比，就可以对文字进行变形，如图1-134所示。

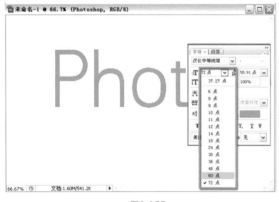

图1-133

图1-134

03 在"字符"面板第三组选项中有一个由AV组成的图标，该图标所代表的是字间距调节选项，在它的下拉列表中直接选择数值或者自己输入数值即可。如图1-135和图1-136所示是不同的数值得到不同的字间距。

04 "字符"面板中的其他功能读者可以自己尝试使用，都非常简单。用户最好不要使用Photoshop排版设计，因为它的选项的调节相对其他软件复杂。

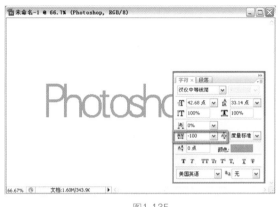

图1-135

图1-136

22. "窗口"菜单中的"样式"命令

"样式"浮动面板包含很多可以直接使用的样式，用户也可以载入样式使用，或者自己制作样式保存。

01 新建文件，新建图层，随意在画面中制作一个图形，如图1-137所示。打开"样式"面板，随意选择其中的样式，得到如图1-138所示的效果。

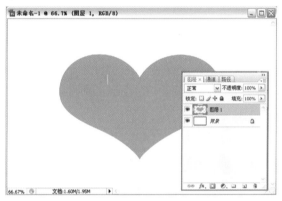

图1-137

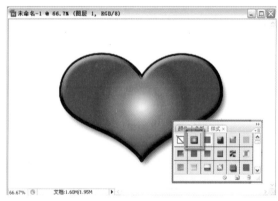

图1-138

02 单击其他样式，画面中的图形会随之变化，如图 1-139和图1-140所示。

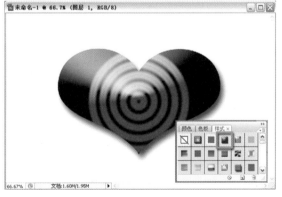

图1-139

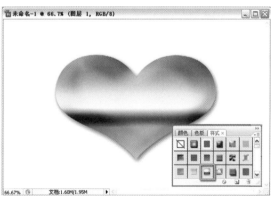

图1-140

03 样式是可以修改的，包括大小和颜色等。改变样式大小的方法是右击使用样式图层后面的

"fx"字样，在下拉菜单中选择"缩放效果"命令，如图1-141所示（右击"fx"区域才能出现关于样式的菜单，如果右击"图层"面板中图层的空白处，出现的下拉菜单中的命令不是关于样式控制的命令），弹出"缩放图层效果"对话框，调整参数或调整滑块就可以改变样式的大小，如图1-142所示。

图1-141　　　　　　　　　　　　图1-142

04 载入图层样式的方法也很简单，单击"样式"面板右上角的三角按钮，如图1-143所示，在出现的下拉菜单中选择"载入样式"命令，会弹出一个对话框，如图1-144所示。选择需要载入的样式文件，新的样式就会出现在"样式"面板中。

图1-143　　　　　　　　　　　　图1-144

Photoshop自带的样式比较少，建议读者去网上下载一些样式，这样在设计制作时可以直接使用，提高工作效率。

本章介绍的工具及命令等是软件操作中最常用或比较有代表性的，还有很多命令没有提及到，将在后面的章节中以实例的形式进行更加系统的讲解。

Chapter 2

公益广告设计

知识提要：

在广告设计这个大行业中，只要有宣传作用的设计，就可以把它叫做广告设计，哪怕是大街上一张小小的宣传卡片，也是广告的一种，所以广告就是让一定的受众群得到需要的信息。公益广告是一种非常人性的广告，是针对社会上的不文明现象、需要帮助的人群以及需要注意的事情做的广告，是一种倡导文明、唤醒爱心的广告。本章将详细讲解公益广告的设计。

学习重点：

- 掌握公益广告设计技巧。
- 了解公益广告的形式。
- 了解公益广告的几大类型及需要掌握的设计尺度。
- 拓展广告创意思维。

2.1 环境保护广告设计

环境保护公益广告设计包含很多方面，例如树木、天气、都市卫生等，都是环境保护广告的内容。本节将以自然保护和气候保护两个方面作为主题来设计环境保护广告。

学前导读

2.1.1 环境保护广告（一）

本例设计的是一个保护树木的广告，可能很多读者都会想到自然树木的画面或者被砍伐的树木画面，这些想法都不错，笔者开始想到的也是这样的构思，但这样的创意比较大众化，所以大家在设计之前要精心构思，才可以突破传统的瓶颈。

广告主题

每次使用一次性木筷，就是在吃掉一片森林！

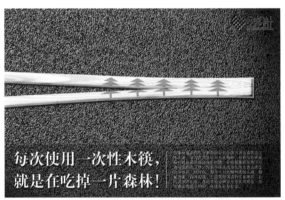

本例效果

操作步骤

01 新建文件，参数设置如图2-1所示。设定参数时注意将分辨率设置为300；尺寸的单位设置成"厘米"或者"毫米"，使其比较符合人们日常使用的单位。

图2-1

 充电站

新建文件时，如果不确定是否将使用到滤镜，建议将颜色模式设置为RGB，因为选择CMYK颜色模式时，很多滤镜不能使用，但不要忘了设计好广告后，要将文件转换成CMYK模式才可以进行印刷使用。

02 先来设计广告的底图。新建图层"底图"，如图2-2所示。使用鼠标单击前景色，出现颜色编辑框，将最右边颜色数值中的K改为50%，其他数值为0，如图2-3所示。

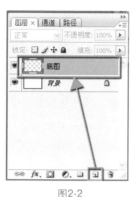
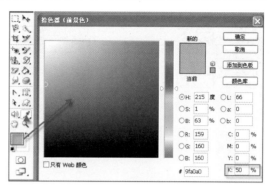

图2-2   图2-3

03 按键盘上的Alt+Delete组合键填充刚设置好的前景色，如图2-4所示。做到这里就需要进行保存文件的操作了，按键盘上的Ctrl+S组合键，在出现的"存储为"对话框中将名字命名为"环境公益广告-1"，存储格式为PSD，如图2-5所示。

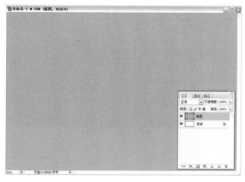

图2-4   图2-5

04 将背景色改成白色，并保持前景色为灰色。选择"滤镜"|"杂色"|"添加杂色"命令，在如图2-6所示的"添加杂色"对话框中设置参数，完成后得到如图2-7所示的杂色效果。

图2-6   图2-7

05 选择"滤镜"|"杂色"|"蒙尘与划痕"命令，参数设置如图2-8所示，完成后得到如图2-9所示的效果。这样得到的效果的颗粒感更大、更明显。

图2-8   图2-9

06 选择"滤镜"｜"渲染"｜"光照效果"命令，出现了设置光照效果的对话框，参数以及选项的设置如图2-10所示，完成后得到如图2-11所示有立体效果的颗粒效果。

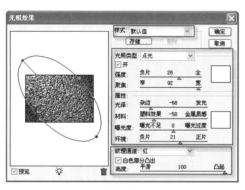

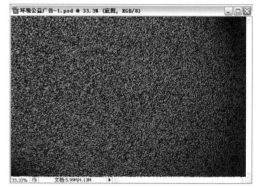

图2-10   图2-11

 充电站

　　关于"滤镜"｜"渲染"｜"光照效果"命令在第1章中已经详细讲解过，如果读者有操作上的问题，可以参照前面讲解的方法。

07 底图的设计完成了。前面之所以做这样的底图，是为了营造出绿色的概念，同时绿色的底图也是配合这个公益广告的主题而来的，看上去像是一片绿绿的森林或草地。下面开始进行画面中的一次性木筷的设计。

08 下面开始制作一次性木筷。可能读者会想到使用数码相机去拍摄，然后在计算机中使用就不用去制作木筷了，其实只要能达到效果，任何方法都是可以的。笔者选择自己制作木筷的原因就是让画面中的木筷更加有质感，突出树木本身的纹理。新建图层"木筷"，如图2-12所示。将前景色调整为木黄色，按键盘上的Alt+Delete组合键填充前景色，如图2-13所示。

09 下面开始制作木头纹理。选择工具栏中的画笔工具，将前景色改为棕色，然后适当地调整画笔大小和样式，如图2-14所示。在画面中随意地绘制，如图2-15所示。

10 将前景色改为浅黄色，然后使用同样的方法在画面中绘制，得到如图2-16所示的效果。

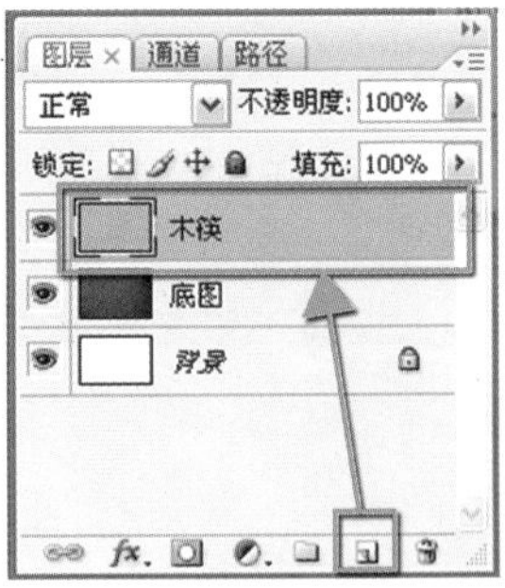

图2-12 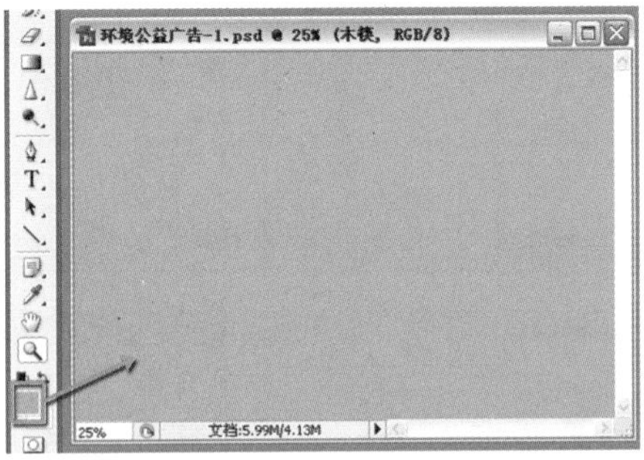   图2-13 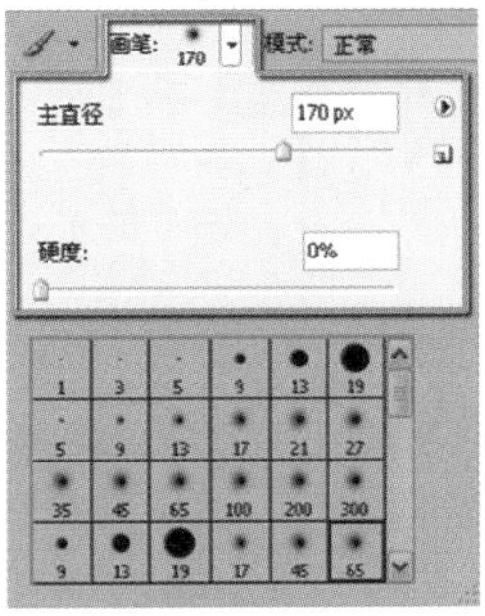   图2-14

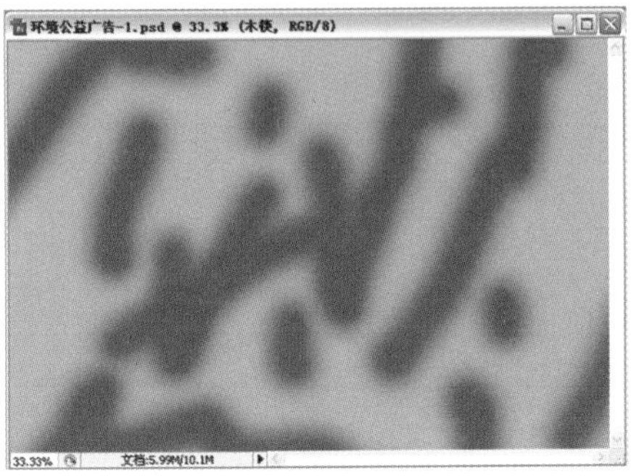

图2-15 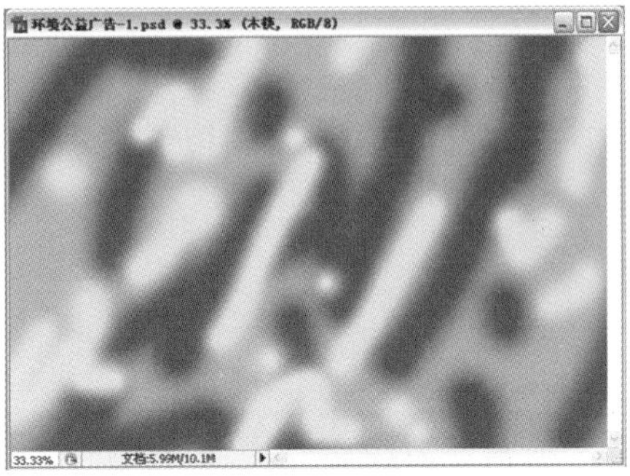   图2-16

11 选择"滤镜"｜"扭曲"｜"旋转扭曲"命令，出现"旋转扭曲"对话框，将对话框中"角度"值改为最大或最小，本例改为最大数值999，如图2-17所示，完成后得到如图2-18所示的效果。

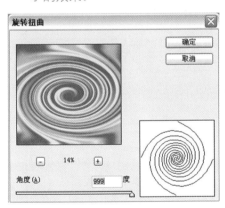

图2-17

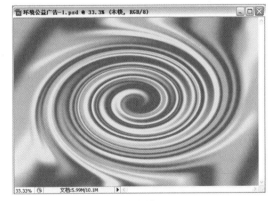

图2-18

12 选择"滤镜"｜"扭曲"｜"切变"命令，弹出的对话框如图2-19所示。在左上角的调整框中使用鼠标单击垂直的线，会出现新的调整点，拖动这些可以调整的点，如图2-20所示，完成后得到如图2-21所示的效果。

13 上面的操作完成了木纹的基本效果制作，下面开始制作木筷。按键盘上的Ctrl+T组合键，或者选择"编辑"｜"自由变换"命令，出现变换框后，使用鼠标单击最上面的变换点，按住键盘上的Alt键向下拖动，这样就可以将图像垂直向中心压缩，如图2-22所示，按Enter键应用变换。

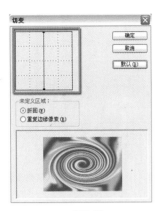

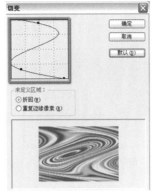

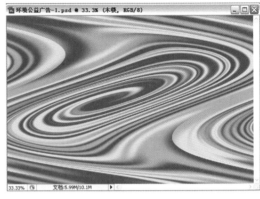

图2-19 图2-20 图2-21

14 我们要设计制作的木筷是一种半分开的形状，就是将要掰开又没有完全掰开的效果。选择工具栏中的钢笔工具，在画面中绘制出筷子的形状，如图2-23所示（为了让读者看清钢笔路径的形状以及后面一些操作的情况，笔者将"木筷"图层以及"底图"图层的不透明度降低，在步骤18中的操作将还原为原来的数值）。

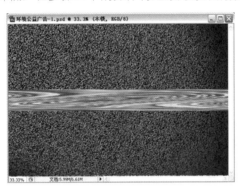

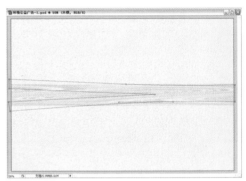

图2-22 图2-23

15 按键盘上的Ctrl+Enter组合键，将路径转换成选区，如图2-24所示。新建图层"木筷2"，如图2-25所示。

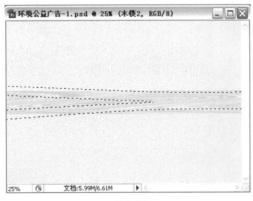

图2-24 图2-25

16 将前景色改为灰色，按键盘上的Alt+Delete组合键填充前景色到选区中，按键盘上的Ctrl+D组合键取消选区，如图2-26所示，按Ctrl+S组合键保存文件。

17 木筷的形状已经制作完成。选择"木筷"图层，按键盘上的Ctrl+T组合键，出现自由变换框，使用鼠标单击左上角的变换点，按住键盘上的**Ctrl+Alt+Shift**组合键，垂直向上拖动变换点。在变换的过程中，左下角的变换点也随之向反方向移动，如图2-27所示。完成后按**Enter**键应用变换。

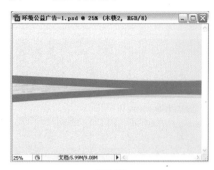

图2-26   图2-27

18 将在步骤14中降低图层不透明度的两个图层的不透明度调回100%。按住键盘上的**Ctrl**键单击"木筷"图层的预览框，出现了木筷的选区，如图2-28所示。保持目前选择的图层为"木筷"，按键盘上的**Ctrl+C**组合键复制选区中的图像，然后按**Ctrl+V**组合键将复制的部分粘贴进来，得到新的图层，将新的图层命名为"木筷3"，如图2-29所示。

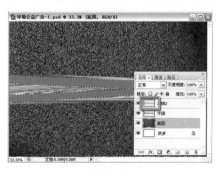 

图2-28   图2-29

19 分别单击图层"木筷"和"木筷2"前面的眼睛图标将它们隐藏，如图2-30所示。这样画面中就只显示上一步骤粘贴的筷子形状，如图2-31所示。

 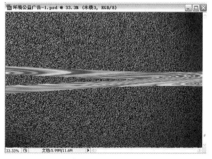

图2-30   图2-31

20 上面的两步操作其实可以在做出筷子选区后，直接在"木筷"图层上反选删除不需要的部分，但笔者却将选区复制并粘贴到新的图层，目的就是为做备用。如果后面设计时需要木纹底，就不需要重新制作，直接将"木筷"图层复制就可以使用。所以建议读者也要养成备份的习惯。

21 下面开始制作木筷的质感。首先要处理木纹的颜色，使其看起来更加有木筷的质感。选择"图像"|"调整"|"色相/饱和度"命令，或者是使用快捷键Ctrl+U，选中"色相/饱和度"对话框中的"着色"复选框，其他参数设置如图2-32所示，完成后得到如图2-33所示的木筷效果。

图2-32

图2-33

 充电站

"色相/饱和度"对话框中的"着色"复选框用于对颜色进行控制，当画面中存在两种以上颜色时，选中"着色"复选框，画面中的颜色就会变成同一个色系的颜色，也可以理解为一种单色的表现。通过对话框中数值的调整，可以得到很多丰富的效果。

22 选择移动工具，按住键盘上的Shift键将木筷水平向左移动，使木筷的顶部露出来，这样木筷的形象就更加明显了，如图2-34所示。

23 下面开始制作木筷的立体效果。选择钢笔工具，先拟定光源是从左上角照射下来的，在画面中做出如图2-35所示的阴影部分路径形状。按键盘上的Ctrl+Enter组合键将路径线转换成选区，如图2-36所示。

图2-34

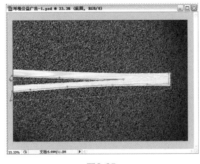

图2-35

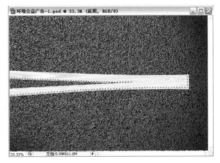

图2-36

24 按键盘上的Ctrl+Alt+D组合键，打开"羽化选区"对话框，将羽化的参数设置为3像素，如图2-37所示。这样选区就被羽化了，但由于羽化的数值比较小，所以选区的变化不是很明显。

25 按键盘上的Ctrl+U组合键打开"色相/饱和度"对话框，选中对话框右下角的"预览"复选框，参数设置如图2-38所示。完成后按键盘上的Ctrl+D组合键取消选区，得到有暗面效果的木筷，如图2-39所示。

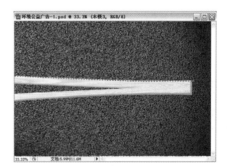

图2-37　　　　　　　　　　　　图2-38　　　　　　　　　　　　图2-39

26 再选择钢笔工具，在木筷的上面制作出亮面的路径线，如图2-40所示。完成后按键盘上的Ctrl+Enter组合键将路径转换成选区，如图2-41所示。

图2-40　　　　　　　　　　　　　　　图2-41

27 按键盘上的Ctrl+Alt+D组合键，弹出"羽化选区"对话框，将参数设置为2像素，如图2-42所示。按Ctrl+U组合键打开"色相/饱和度"对话框，参数设置如图2-43所示。完成后，木筷的立体效果就基本制作出来了，按Ctrl+D组合键取消选区。

图2-42　　　　　　　　　　　　图2-43

28 选择工具栏中的加深工具，适当地调整画笔大小，如图2-44所示。沿着前面制作好的木筷的暗面与中间色的交界处进行涂抹，以加深交界地方的颜色，这样更加有立体效果，如图2-45所示。

29 木筷的大致效果已经完成了，但细节不够，所以后面的操作是对木筷的细节进行制作。首先来将木筷掰开部分的效果处理得更加真实。选择工具栏中的多边形套索工具，在木筷掰开的地方制作出如图2-46所示的选区，然后选择工具栏中的加深工具，在它的控制栏中将"范围"选项改为"阴影"，如图2-47所示。

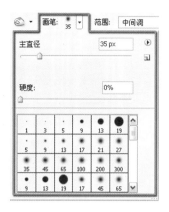

图2-44　　　　　　　　　　　　　　　　　图2-45

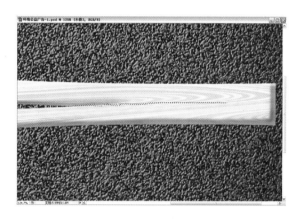

图2-46　　　　　　　　　　　　　　　　　图2-47

30 对选区中的部分适当地加深，按Ctrl+H组合键隐藏选区，效果如图2-48所示。进行加深操作时，尽量使选区中加深的程度不同，这样在视觉上才更真实。

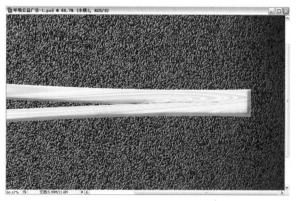

图2-48

 充电站

　　Ctrl+H组合键是隐藏选区和参考线的快捷键，当画面中存在选区但又不想取消选区时，就可以使用这个方法，再次按Ctrl+H组合键可以打开隐藏的选区。

31 现在制作出来的掰开裂痕颜色的饱和度比较高，偏红色，需要将裂痕的饱和度降低，按键盘上的Ctrl+U组合键打开"色相/饱和度"对话框，将"饱和度"和"明度"的值降低，如图2-49所示。完成后取消选区，得到如图2-50所示的比较真实的裂痕效果。

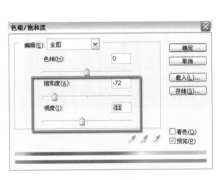

图2-49

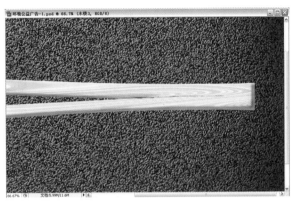

图2-50

32 选择工具栏中的多边形套索工具，在木筷的顶部也做出裂痕的选区，如图2-51所示。然后使用工具栏中的加深工具对选区中的部分进行加深，完成后按Ctrl+H组合键隐藏选区，得到如图2-52所示的裂痕效果。

33 按Ctrl+H组合键打开选区，再按键盘上的Ctrl+U组合键打开"色相/饱和度"对话框，参数设置如图2-53所示。完成后按Ctrl+D组合键取消选区，得到如图2-54所示的效果。

图2-51

图2-52

图2-53

34 使用同样的方法继续完善木筷的细节部分，最后得到如图2-55所示的效果。

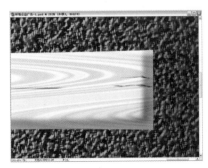

图2-54

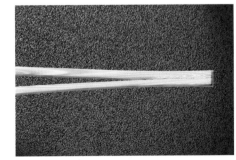

图2-55

35 使用鼠标左键双击"木筷3"图层，弹出了"图层样式"对话框，选择左边的"投影"选项，参数设置如图2-56所示。完成后得到如图2-57所示的木筷投影效果。

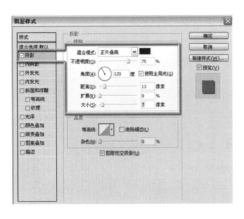

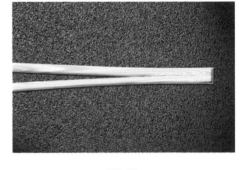

图2-56 图2-57

 充电站

选择"图层样式"对话框中的选项时，如果只是单击选项前面的方块出现选中状态，这时只是选择这个选项，并没有打开该选项的参数设置栏，如图2-58所示。只有使用鼠标单击选项的文字，才会出现选项相关的参数设置栏，如图2-59所示。

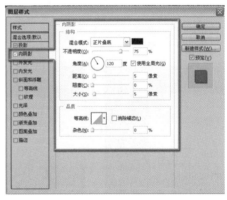

图2-58 图2-59

36 选择工具栏中的移动工具，按住键盘上的Shift键水平向上移动，如图2-60所示。

37 选择工具栏中的文字工具，在画面中单击一下，出现了一个闪烁的光标，然后输入本例的广告语"每次使用一次性木筷，就是在吃掉一片森林！"，如图2-61所示。按键盘上的Ctrl+A组合键将文字全选，在文字控制栏中打开字体下拉列表，本例中选择的字体是"汉仪大宋简"，如图2-62所示。

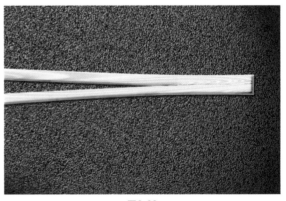

图2-60

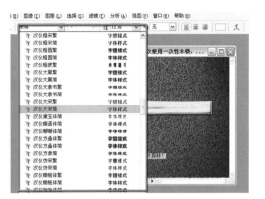

图2-61 图2-62

充电站

很多字体不是软件自带的，软件自带的字体是系统默认的字体，只有宋体、黑体等少数可以使用的字体。安装字体的方法很简单，打开字体盘，选择要安装的字体，按键盘上的**Ctrl+C**组合键复制，打开电脑"我的电脑\本地磁盘（C）\Windows\Fonts"，再按键盘上的**Ctrl+V**组合键粘贴这些字体，如图**2-63**所示。如果安装过程中**Photoshop**软件处于运行状态，那么安装的字体并不会出现在"字体"下拉列表中。只有重新启动软件，才能使用新安装的字体，如图**2-64**所示。

图2-63

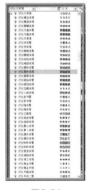

图2-64

38 在文字控制栏中调整文字的大小，参数设置如图**2-65**所示。将鼠标移动到两段话中间并按**Enter**键，如图**2-66**所示。

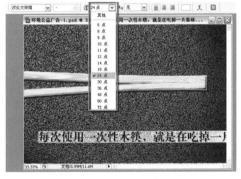

图2-65

图2-66

39 在图层"底图"上面新建图层，并重新命名为"色块"，如图2-67所示。将前景色改成黑色，选择工具栏中的矩形工具，在画面下方做出一个与画面宽度相同的长方形，如图2-68所示。

图2-67

图2-68

40 将"色块"图层的"不透明度"值降为35%，如图2-69所示，这样画面中的黑色块就变得透明，可以看到底图的效果。如图2-70所示。

图2-69

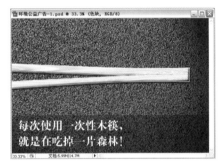

图2-70

41 新建图层"直线"，如图2-71所示。将前景色改为白色，选择工具栏中的直线工具，具体的参数设置如图2-72所示。按住键盘上的Shift键，垂直做出一条白色的直线，如图2-73所示。

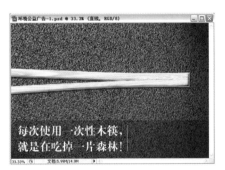

图2-72

图2-71

图2-73

42 下面将一些必要的说明文字输入到画面中。选择文字工具，在画面中拖动鼠标拉出一个文字框，如图2-74所示。将说明文字输入到文字框中，如图2-75所示。

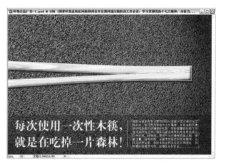

图2-74　　　　　　　　　　　图2-75

43 将前景色改成**15%**的黑色，如图2-76所示。按键盘上的**Alt＋Delete**组合键将前景色填充到文字，如图2-77所示。

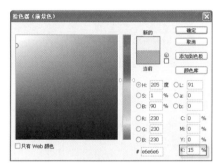

图2-76

图2-77

44 再将前景色改成浅黄色，如图2-78所示。选择"每次使用一次性木……"图层，然后按键盘上的**Alt＋Delete**组合键将前景色填充到文字，如图2-79所示。

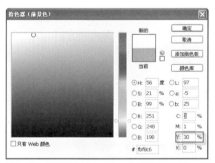

图2-78

图2-79

45 下面开始制作最后一个效果，就是木筷上的树木小图标。在"木筷3"图层上新建图层"树木"，如图2-80所示。将前景色调整为草绿色，选择工具栏中的自定义形状工具，在"自定义形状工具"的控制栏中选择三角形图案，如图2-81所示。

46 在画面中拖动鼠标，制作出如图2-82所示的三角形，新建图层"树木2"和"树木3"，如图2-83所示。使用同样的方法分别在这两个图层制作出稍微大点的三角形，如图2-84所示。

47 选择工具栏中的矩形选框工具，在三角形的外面制作出如图2-85所示的矩形选区。按住Ctrl键使用鼠标分别单击"树木"、"树木2"、"树木3"图层，使这3个图层被暂时地链接起来，如图2-86所示。

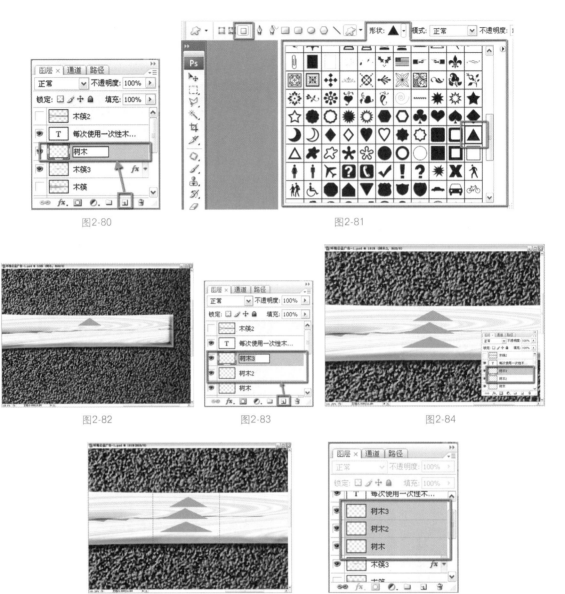

图2-80

图2-81

图2-82

图2-83

图2-84

图2-85

图2-86

48 选择"图层"｜"将图层与选区对齐"｜"水平居中"命令，如图2-87所示。完成后选区中的3个三角形就垂直居中在选区的中央，如图2-88所示。

图2-87

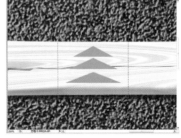

图2-88

充电站

在以前版本的Photoshop中（Photoshop CS以及更早版本），链接图层的方法是单击图层前面的空白方块，出现了链接符号就表示链接。但在Photoshop CS3中，将链接图层的方式升级得更加灵活实用。可以将其链接方式分为两种：一是暂时性链接；二是真正链接。暂时性的链接就是上面操作的链接方法，按住键盘上的Ctrl键并单击要链接的图层，当不需要链接时使用鼠标单击任意一个图层即可。真正链接的方法是在暂时性链接的基础上单击"图层"面板下面的"链接图层"按钮，如图2-89所示，接触链接的方法也是单击"链接图层"按钮。

49 按键盘上的Ctrl+D组合键取消选区。选择工具栏中的移动工具，按住键盘上的Shift键将3个三角形垂直移动，得到如图2-90所示的图形，再按住Ctrl键分别单击3个树木的图层将它们暂时链接，单击"图层"面板右上角的三角按钮，在出现的下拉菜单中选择"合并图层"命令，如图2-91所示，将3个图层合并，并重新命名为"树木"图层，如图2-92。

图2-89

图2-90

图2-91

图2-92

 充电站

合并链接图层的快捷方式是按键盘上的Ctrl+E组合键。在图2-91下拉菜单的"合并图层"命令下面有一个"合并可见图层"命令，该命令能将所有显示的图层进行合并，而隐藏的图层则不能被合并。读者可以在制作步骤49时使用"合并可见图层"命令，这样"图层"面板中所有可见的图层被合并，只剩下了"木筷2"和"木筷"两个隐藏的图层没有合并。

50 使用工具栏中的矩形工具在图形下面制作出一个竖长的长方形，如图2-93所示。这样，树的图形就制作完成了。

51 选择工具栏中的移动工具，然后将这个树的图形拖动到如图2-94所示的位置。按住键盘上的Shift+Alt组合键，使用鼠标向右拖动图形，将图形进行复制。使用这样的方法继续复制图形，如图2-95所示。

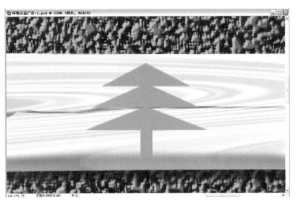

图2-93

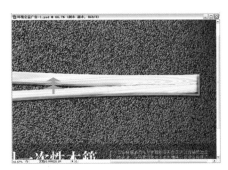

图2-94

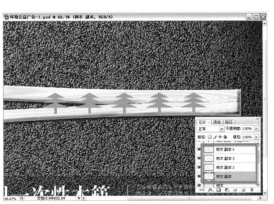

图2-95

 充电站

　　当选择移动工具，并配合键盘上的Alt键拖动画面中的图形时，可以将图形进行复制；如果配合Shift+Alt组合键拖动，则可以进行水平复制或垂直复制。但这样复制会产生与复制数目相同的图层。如果想复制后让所有复制的图形还在一个图层里，该怎么做呢，可能很多人会把复制的图形所对应的图层合并成一个，其实还有一个更简单的方法：在要复制图形外面制作一个选区，如图2-96所示，然后选择移动工具，并配合键盘上的Alt键拖动选区中的图形，这时候复制的图形就和原图形在一个图层中，如图2-97所示。

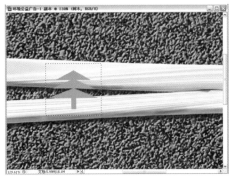

图2-96

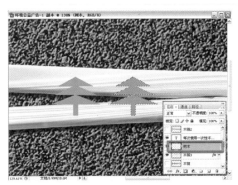

图2-97

52 有3个树的图形处在木筷裂开的部分，所以为了配合裂开的效果，下面也要将树木制作成裂开的效果，同时也反映出了使用木筷是破坏自然的概念。

53 选择最左边的树图形的图层，选择工具栏中的矩形选框工具，在树图形的中间位置制作出选区，如图2-98所示。选择工具栏中的移动工具，将鼠标移动到选区中，单击图形并向上拖动，这时候图形被分成上下两部分，如图2-99所示。

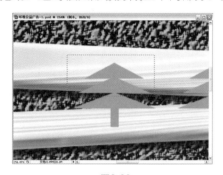 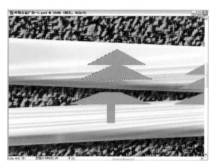

图2-98 图2-99

54 按键盘上的**Ctrl+T**组合键，在选区的周围出现变换框，如图**2-100**所示。将鼠标移动到变换框外边，鼠标变成一个旋转的符号。适当地旋转，然后移动到木筷适合的位置，如图**2-101**所示。

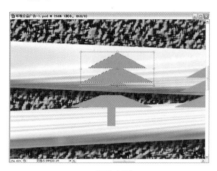 

图2-100 图2-101

55 按Enter键应用变换，再按Ctrl+D组合键取消选区，再使用工具栏中的矩形选框工具在树图形下面部分制作做出选区，如图2-102所示。使用同样的方法将其旋转变换，完成后得到如图2-103所示的裂开效果。

 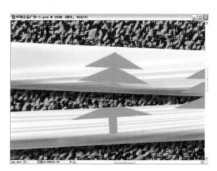

图2-102 图2-103

56 使用上面的方法将其他几个需要处理成裂开效果的树图形进行处理，完成后得到如图2-104所示的效果。

57 将画面中的5个树图形的图层合并，重新命名为"树"，并将"树"图层混合方式改为"正片叠底"，如图2-105所示。完成后，树和木筷就完美自然地结合在一起了，如图2-106所示。

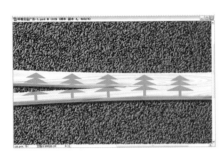  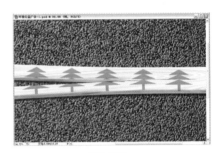

图2-104   图2-105   图2-106

58 至此就完成了这个广告实例的设计，整体效果如图2-107所示。

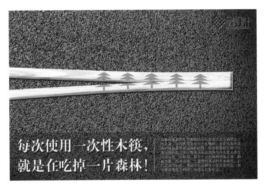

图2-107

本例总结

本例其实不难，只是在设计过程有非常多的细节需要注意。设计就是要注重细节，否则和大众化的设计就没有区别了，同时，设计也要经常注意思考和与自己作对，才能碰撞出更好的创意。本例的创意不是最好的，希望读者通过本例的学习会有更好的创意，创作出更好的设计作品。

2.1.2 环境保护广告（二）

本例是有关动物环境保护的广告设计，所以在设计上相对比较复杂。这里所说的复杂，不是说设计制作的过程复杂，而是创意和想法需要很好的构思，否则很容易让受众群产生歧异。

广告主题

它们需要广阔的家！

本例效果

操作步骤

01 新建文件，参数设置如图2-108所示。

图2-108

02 本例的画面有一种冰天雪地的感觉，而且还有一种气
候变暖产生的融化感，所以先要设计画面的背景。背
景图片不是在素材库中能找到的，很多好的广告都是
需要去设计和创造的。打开素材文件"2-1.jpg"和
"2-2.jpg"，如图2-109、图2-110所示。

图2-109

图2-110

03 对这两张图片进行合成和修饰处理。选择工具栏中的移动工具，先拖动素材"2-1.jpg"到
新建文件中，如图2-111所示，然后再将素材"2-2.jpg"拖动到新建文件中。在"图层"
面板中产生两个新的图层，将素材"2-1.jpg"所对应的图层命名为1，另一个命名为2，
如图2-112所示。

图2-111

图2-112

04 按键盘上的Ctrl+S组合键保存文件，命名为"环境公益广告.psd"如图2-113所示。

05 选择"图层"面板中的"2"图层，选择工具栏中的钢笔工具，将画面中的冰山勾勒出
来，如图2-114所示。按键盘上的Ctrl+Enter组合键将路径转换成选区，如图2-115所示。

图2-113

图2-114

图2-115

06 按键盘上的**Ctrl+C**组合键复制选区中的冰山，然后按**Ctrl+V**组合键复制冰山，会出现一个新的冰山图层，将这个图层命名为"冰山"，如图**2-116**所示。单击"2"图层前面的眼睛符号将"2"图层隐藏，如图**2-117**所示。

07 选择"1"图层，按**Ctrl+A**组合键将画面全选，然后分别选择"图层"│"将图层与选区对齐"│"水平居中"命令和"垂直居中"命令，这样"1"图层中的图片素材的中心点就与画面的中心点完全对齐，如图**2-118**所示。

图2-116

图2-117

图2-118

08 下面要处理的是将复制的冰山融入到背景图片中，使冰山成为这个冰洋中唯一一块可以让动物栖身的"陆地"。选择"冰山"图层，按键盘上的**Ctrl+T**组合键，在冰山的四周出现自由变换框，如图**2-119**所示。按住键盘上的**Alt+Shift**组合键，并向画面中心拖动变换框4个角的任意一个角，将冰山适当缩小，如图**2-120**所示。完成后按**Enter**键应用变换。

图2-119

图2-120

09 使用工具栏中的移动工具将缩小的冰山移动到如图2-121所示的位置，让冰山有漂浮在水面上的效果。

10 现在画面中已经有了冰块漂浮的效果，下面要做的就是将冰块更好地融入到冰河中，使它们看起来和真实环境中的一样。先将冰块的高度进行处理，使冰块有一种即将下沉的感觉。单击"图层"面板下面的"添加矢量蒙版"按钮，出现了新的蒙版，如图2-122所示。新增图层蒙版后，前景色会自动变成黑色，如图2-123所示。

图2-121

图2-122

图2-123

11 选择工具栏中的画笔工具，然后在控制栏中选择边缘比较硬的画笔样式，如图2-124所示。在冰山1/2处向下进行随意的涂抹，这样被涂抹的地方就被蒙版隐藏住了，如图2-125所示。

图2-124

图2-125

🔋 充电站

为了让使用蒙版后的冰块看上去更自然，在蒙版中使用画笔工具时尽量涂抹出有一点弧度的感觉，这样才更有真实感。

12 选择移动工具，将冰块适当地向下移动，如图2-126所示。在"冰块"图层下面新建图层"阴影"，如图2-127所示。

13 选择多边形套索工具，在冰山与水面交界的地方制作出如图2-128所示的选区，按键盘上的Ctrl+Alt+D组合键打开"羽化选区"对话框，参数设置如图2-129所示。完成后单击"确定"按钮，这样选区就被羽化了。羽化的数值不能大，因为画面中其他漂浮在水面上的冰块与水面交界的地方都有一条比较实的阴影，所以在制作时也要保持和画面中其他冰块的效果相同。

图2-126

图2-127

图2-128

图2-129

14 将前景色改为65%的黑色，按键盘上的Alt+Delete组合键将前景色填充到选区中，如图2-130所示。按键盘上的Ctrl+D组合键取消选区，将"阴影"图层的混合方式改为"正片叠底"，如图2-131所示。完成后得到如图2-132所示的效果，这样冰山就很好地融合到了水面上。

图2-130

图2-131

15 既然是水面，那么冰山一定要有倒影才更加真实，复制"冰山"图层，并重命名为"冰山倒影"图层，如图2-133所示。将"冰山倒影"图层拖动到"阴影"图层下面，如图2-134所示。

16 选择"编辑"|"变换"|"垂直翻转"命令，得到如图2-135所示的效果，这样就有了倒影的最初效果。拖动"冰山倒影"图层的蒙版到垃圾桶图标上，如图2-136所示，会弹出一个对话框，如图2-137所示。在3个按钮中单击"删除"按钮，这样蒙版就被删除了，冰山就被还原了。

图2-132

图2-133

图2-134

图2-135

图2-136

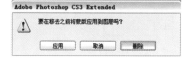

图2-137

17 将"冰山倒影"图层的混合方式改为"柔光"，如图2-138所示，完成后得到如图2-139所示的水中倒影效果。

图2-138

图2-139

18 倒影的效果虽然出来了，但仔细看会发现，倒影有一部分在水面之上，还有一部分倒影甚至覆盖在位置靠前的冰块上，放大局部如图2-140所示，这样就失去了真实的感觉，所以需要对这些倒影进行处理。选择橡皮擦工具，在它的控制栏中设置橡皮擦的样式以及大小，如图2-141所示。

19 在冰山两边倒影露出来的地方擦拭，将多余的倒影擦掉，这样倒影就显得真实了，如图2-142所示。

图2-140

图2-141

图2-142

20 在后面的设计中，冰山上会有很多动物，所以冰山漂浮在水中一定会产生水波。在"冰山倒影"图层上面新建图层"水波"，如图2-143所示。将前景色改为50%的黑色，如图2-144所示。

21 选择工具栏中的画笔工具，在它的控制栏中设置画笔的样式以及大小，如图2-145所示。设置好画笔后，在画面中随意地绘制，如图2-146所示。

图2-143

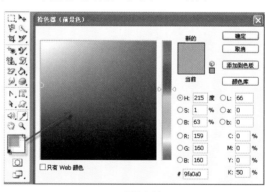
图2-144

图2-145

22 选择工具栏中的矩形选框工具，在绘制好的图形外边制作出一个选区，如图2-147所示。选择"滤镜" | "扭曲" | "水波"命令，参数选项设置如图2-148所示。

23 完成"水波"滤镜后，按Ctrl+D组合键取消选区，得到如图2-149所示的水波效果。

24 按键盘上的Ctrl+T组合键使用"自由变换"命令，出现自由变换框，向下拖动正上方的变换点将波浪适当纵向压扁，如图2-150所示。将鼠标移动到变换框内，向下拖动到冰山的下面，并将变换框水平拉大，按键盘上的Enter键应用变换，如图2-151所示。

图2-146   图2-147

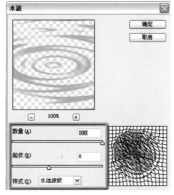

图2-148   图2-149

图2-150   图2-151

25 将"水波"图层的混合方式改为"亮光",如图2-152所示,完成后得到如图2-153所示的水波效果。

26 使用橡皮擦工具擦掉画面中多余的水波,如图2-154所示。

27 因为画面的中心在冰山上的动物上,所以现在的画面看上去没有远近虚实的效果,就是所谓的景深,所以要将画面中远处的部分处理得虚化一下。将"1"图层复制,并重新命名为"1-1",如图2-155所示。选择"滤镜"|"模糊"|"高斯模糊"命令,参数设置如图2-156所示,完成后得到如图2-157所示的效果。

图2-152　　　　　　　　　　　　　　　　　图2-153

28 模糊操作之后，单击"图层"面板下面的"添加图层蒙版"按钮，给"1-1"图层增加蒙版，如图2-158所示。选择工具栏中的画笔工具，在控制栏上调整它的大小以及样式，如图2-159所示。

29 增加图层蒙版后，前景色会自动变成黑色，所以不用再去选择颜色，使用画笔工具在冰山附近涂抹，得到如图2-160所示的效果，这样画面中景深的感觉就出来了，而且冰山的感觉更加突出。

图2-154

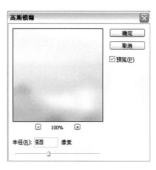

图2-155　　　　　　　　　图2-156　　　　　　　　　图2-157

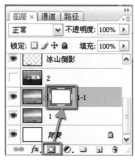

图2-158　　　　　　　　　图2-159　　　　　　　　　图2-160

30 按键盘上的Ctrl+U组合键，打开"色相/饱和度"对话框，将对话框中的"饱和度"值减低，如图2-161所示。完成后得到如图2-162所示的效果，这样处理的原因是不让画面中的蓝过于泛滥，同时也有一种危机感，看上去更加突出冰山。

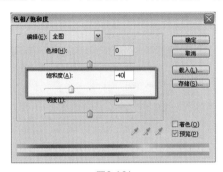

图2-161　　　　　　　　　　　　　　　　　图2-162

充电站

　　可能有的读者在做完蒙版效果后，再选择"色相/饱和度"命令时，发现操作并没有被应用到图片中，这不是因为操作错误，而是用户制作蒙版效果后，再想处理图片的效果时，没有选择对应的图片，即还在蒙版中操作，所以没有效果。单击蒙版前面的图层预览框，如图2-163所示，这样选择的就是图层中的图片，而不是蒙版，再执行上面的"色相/饱和度"命令就可以了。

31 选择工具栏中的加深工具，在控制栏中设置大小以及样式，如图2-164所示。设置完成后，在画面顶部天空的位置上涂抹一下，这样天空阴郁的气氛就更加浓重了，如图2-165所示。

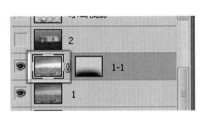

图2-163　　　　　　　　图2-164　　　　　　　　　图2-165

32 新建图层"渐变"，如图2-166所示。选择工具栏中的渐变工具，单击控制栏中的渐变颜色块，出现"渐变编辑器"窗口，颜色设置如图2-167所示。

充电站

　　在步骤32的操作中使用的渐变方式是透明渐变，制作透明渐变的方法很简单，只要打开渐变编辑器，在它预置的渐变颜色中选择如图2-168所示的简便模式，这就是透明渐变，然后在下面调整渐变的颜色即可。

图2-166

图2-167

图2-168

33 设置好渐变色后，使用渐变工具从画面的中心向两边拖动，得到如图2-169所示的渐变效果。

34 将"渐变"图层的混合方式调整为"正片叠底"，如图2-170所示。完成后得到如图2-171所示的混合效果，这样的效果使气氛更凝重、更能突出危机感。

35 下面开始设计制作画面的中心——动物。先打开素材"2-3.jpg"，如图2-172所示。选择钢笔工具，将画面中的两只北极熊勾勒出来，如图2-173所示。

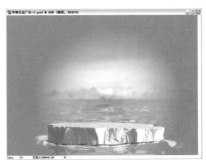

图2-169

图2-170

图2-171

36 按键盘上的Ctrl+Enter组合键，将路径转换成选区，如图2-174所示。按键盘上的Ctrl+C组合键复制选区中的北极熊，再使用鼠标单击正在制作的广告，按键盘上的Ctrl+V组合键将北极熊粘贴进来，如图2-175所示。将粘贴产生的新图层的名称重命名为"北极熊"，并放置在"冰山"图层上面，如图2-176所示。

37 两只北极熊嘴巴之间的部分并没有删除，所以使用钢笔工具将这部分勾勒出来，如图2-177所示。键盘上的Ctrl+Enter组合键将路径转换为选区，按Delete键删除选区中的部分，按键盘上的Ctrl+D组合键取消选区，如图2-178所示。使用同样的方法将其他多余的部分删除。

Chapter 1　Chapter 2　Chapter 3　Chapter 4　Chapter 5　Chapter 6

图2-172　　　　　　　　　　图2-173

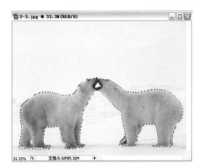

图2-174　　　　　　　图2-175　　　　　　　图2-176

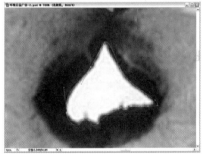

图2-177　　　　　　　　　　图2-178

38 观察粘贴到画面中的北极熊，边缘非常硬，没有北极熊毛茸茸的感觉，所以需要对北极熊的毛发进行处理。将左边北极熊的前腿部分局部放大。选择工具栏中的涂抹工具，在它的控制栏中设置参数，如图2-179所示。完成后在左边北极熊的前腿部分进行适当的涂抹，得到如图2-180所示的效果。这样，毛发的效果就做出来了。

图2-179

39 使用同样的方法对北极熊其他地方的毛发进行修整，完成后的效果如图2-181所示，这样北极熊的毛发就非常真实了。

图2-180

图2-181

充电站

在步骤**38**中使用涂抹工具对边缘进行涂抹时，涂抹到不同的地方可以适当地调整笔刷的大小，调整笔刷大小时不需要打开控制栏去，只需要按键盘上的【键和】键即可，这样可以提高效率。

40 毛发的效果处理完了，下面要对北极熊的颜色进行处理。按键盘上的**Ctrl+M**组合键，打开"曲线"对话框，设置曲线如图**2-182**所示。设置完成后，北极熊的颜色就亮了很多，没有之前的灰暗的感觉，如图**2-183**所示。

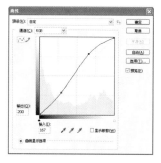

图2-182

图2-183

41 画面背景的整体色调是蓝色，但北极熊的颜色却偏黄，所以要对色相进行调整。按键盘上的**Ctrl+B**组合键，打开"色彩平衡"对话框，参数设置如图**2-184**所示，完成后得到的北极熊就是偏蓝色的效果，如图**2-185**所示。

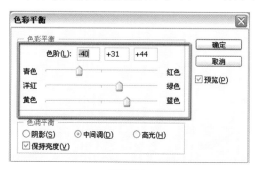

图2-184

图2-185

42 按键盘上的**Ctrl+T**组合键，执行"自由变换"命令，在北极熊的周围出现自由变换框，按住键盘上的Shift+Alt组合键，并使用鼠标向画面中心拖动变换框4个角中的任意一个变换点，将北极熊适当地缩小，如图2-186所示。再按照冰块倾斜的方向将变换框适当地向右下角旋转，如图2-187所示。

图2-186　　　　　　　　　　　图2-187

43 按键盘上的Enter键应用变换。打开素材文件"2-4.jpg"，如图2-188所示。选择工具栏中的钢笔工具，将企鹅勾勒出来，转换成选区后复制到广告画面中，如图2-189所示。将新增加的图层命名为"企鹅"，如图2-190所示。

图2-188　　　　　　　　图2-189　　　　　　　　图2-190

44 按键盘上的Ctrl+T组合键执行"自由变换"命令，出现变换框后，按住键盘上的Alt+Shift组合键将企鹅等比例缩小，完成后按Enter键应用变换，如图2-191所示。选择工具栏中的涂抹工具，在企鹅的边缘进行涂抹，这样企鹅身上的羽毛就更自然了，如图2-192所示（企鹅的羽毛比较硬，不会像北极熊那样柔顺，所以在做处理的时候要尽量平滑一些）。

图2-191　　　　　　　　　　　图2-192

45 将其他素材打开，如图2-193所示。使用与处理北极熊以及企鹅相同的方法将其他素材中的动物放置到画面中，先不需要对它们进行位置上的调整，如图2-194所示。操作的过程比较枯燥，但读者一要耐心去处理任何一个图片，毕竟设计需要心平气和地去面对。

图2-193

图2-194

46 将画面中的动物适当地等比例缩小，调整图层顺序如图2-195所示，动物摆放如图2-196所示。动物的位置读者可以自己随意地摆放，本例只是一个参考效果。

图2-195

图2-196

47 下面要做的是调整动物的色调，因为画面是蓝色的，所以要让动物们的颜色与环境的颜色相符合。调整的方法与前面调整北极熊相同，选择"熊猫"图层，按键盘上的Ctrl+B组合键，打开"色彩平衡"对话框，参数设置如图2-197所示，设置完成后单击"确定"按钮，这样熊猫就与环境比较协调了，如图2-198所示。

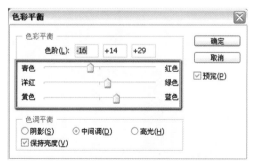

图2-197

图2-198

48 再按键盘上的Ctrl+M组合键，打开"曲线"对话框，曲线设置如图2-199所示，完成后得到如图2-200所示的效果，这样熊猫就非常真实地处在冰山上面。

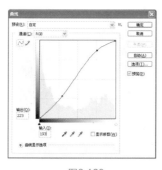

图2-199   图2-200

49 使用同样的方法对其他动物进行颜色上述处理，完成后得到如图2-201所示的效果。

50 画面中的动物足部有一些琐碎的杂草以及雪块没有处理，如图2-202所示。选择工具栏中的橡皮擦工具，在设置栏中对橡皮擦进行参数以及样式的设置，如图2-203所示。

图2-201   图2-202

51 设置好橡皮擦工具后，在画面中将一些琐碎的图像处理一下，完成后得到如图2-204所示的效果。

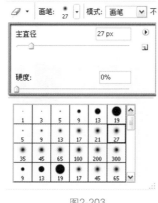

图2-203   图2-204

52 在"冰山"图层上新建图层"阴影2"，如图2-205所示。使用工具栏中的钢笔工具绘制出动物的大致阴影路径线，如图2-206所示。在制作阴影路径线时，读者可以自行归纳阴影可能的形状，然后绘制出来即可。

图2-205 图2-206

53 按键盘上的**Ctrl+Enter**组合键，将路径线转换成选区，如图**2-207**所示。按键盘上的 **Ctrl+Alt+D**组合键打开"羽化选区"对话框，参数设置如图**2-208**所示。单击"确定"按 钮后，选区就被羽化。由于设置的羽化值较小，所以选区只有微小的变化。

图2-207 图2-208

54 将前景色中K值调整为60%，如图**2-209**所示。按键盘上的**Alt+Delete**组合键将选区填充为 前景色，按**Ctrl+D**组合键取消选区，如图**2-210**所示。

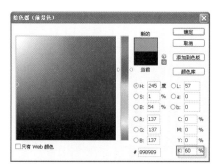

图2-209 图2-210

55 将"阴影2"图层的混合方式调整为"正片叠底"，如图**2-211**所示，完成后得到如图 **2-212**所示的混合阴影效果。

图2-211

图2-212

56 选择工具栏中的加深工具，在控制栏中设置它的样式和笔刷，如图2-213所示。设置好后使用加深工具在动物的足部与阴影交接的地方进行涂抹，将阴影适当加深，使其更加符合实际的阴影形式，如图2-214所示。

图2-213

图2-214

57 画面的效果基本上就完成了，下面观察画面，进行细小的调整，不难发现，冰山的颜色在画面中非常突出，偏向蓝色，所以需要对冰山的颜色进行调整。按键盘上的Ctrl+U组合键，打开"色相/饱和度"对话框，降低"饱和度"的数值，如图2-215所示。完成后得到如图2-216所示的降低饱和度的冰山。

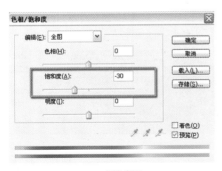

图2-215

图2-216

58 选择工具栏中的文字工具，在画面中单击一下出现了文字光标，将本例的广告语"它们需要广阔的家！"输入到画面中，适当地调整大小以及选择文字，如图2-217所示。再将一些辅助性的文字输入到画面中，本例就完成了，如图2-218所示。

图2-217

图2-218

本例总结

其实环境保护广告的设计相对较难，但只要精心地构思，大胆地发挥创意，就一定能设计出一款出色的广告。本例中的动物只是笔者选择出来的，读者可以自己选择其他动物或从其他角度来设计广告，也许效果会更好。

2.2 关爱失学儿童广告

失学儿童问题目前被关注得比较多，本例的目的也是唤醒人们对失学儿童的关心和爱护，让人们了解失学儿童的生活现状。本节将设计出一款比较有针对性的广告。

学前导读

既然是失学儿童的广告，那么在设计时一定要突出与学习相关的主题，也就是说，要让受众群很直观地了解到失学儿童的生活状态。此类型的广告设计不需要很绚丽的画面，而需要朴实大方、直入主题。

广告主题
我想上学。
光盘素材路径
素材和源文件\第2章\素材\2-11.jpg、2-12.jpg

本例效果

操作步骤

01 新建文件，参数设置如图2-219所示。参数设定时注意将分辨率设置为300；尺寸的单位设置成"厘米"或"毫米"，以符合人们日常生活使用的单位。

02 打开素材文件 "2-11.jpg"，如图2-220所示。选择工具栏中的移动工具，拖动素材文件到新建文件中，如图2-221所示。将拖动后新增加的图层重命名为 "教室"，如图2-222所示。

图2-219

图2-220

图2-221

图2-222

03 因为素材文件的尺寸要大于新建文件的尺寸，所以需要将图片缩小。按键盘上的Ctrl+T组合键执行 "自由变换" 命令，但由于图片尺寸大于文件尺寸，所以画面中找不到变换框周边的变换点，这时按键盘上的Ctrl+−（减号）组合键将画面缩小，或拖动文件边框右下角将 "文件" 面板加大，这样变换框就显示出来了，如图2-223所示。按住键盘上的Shift键，使用鼠标将变换框4个角的变换点中的任意一个向画面中心拖动，这样操作可以等比例缩小。当缩小到画面大小时，将鼠标移动到变换框中，这时鼠标变成移动工具的形状，表明可以进行移动操作，将画面移动到合适的位置，按键盘上的Enter键应用变换，如图2-224所示。

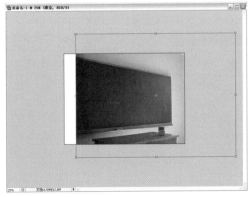

图2-223

图2-224

充电站

在步骤3中，由于图像较大，使用自由变换时不能完全显示出变换框，按键盘上的**Ctrl+-**（减号）组合键可以将画面图像缩小，但整体的文件外框不变，这样就可以看到完整的变换框。同样的方法也适用于使用钢笔工具制作点的时候，如果制作过程中需要将贴近画面边框的位置也制作出路径点，那么按**Ctrl+-**（减号）组合键将画面缩小，就可以将路径点制作在画面的外边，从而完全包含所需要选择的部分。

04 按键盘上的**Ctrl+S**组合键保存文件，将文件名称命名为"关爱失学儿童广告.psd"，如图2-225所示。

05 打开素材文件"2-12.jpg"，如图2-226所示。使用工具栏中的钢笔工具将儿童勾勒出路径线，如图2-227所示。

图2-225

图2-226
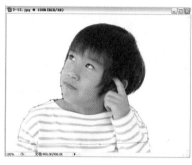
图2-227

06 按键盘上的**Ctrl+Enter**组合键，将路径转换为选区，如图2-228所示。按键盘上的**Ctrl+C**组合键复制选区中的小孩，回到新建文件，按**Ctrl+V**组合键将小孩子粘贴进来，如图2-229所示。将新粘贴进来的图层命名为"儿童"，如图2-230所示。

图2-228

图2-229

图2-230

07 下面把画面中的儿童处理成失学儿童的特征。首先处理儿童的头发，选择工具栏中的涂抹工具，在它的控制栏中设置样式以及参数，如图2-231所示。完成后在儿童的头发处进行随意的涂抹，得到如图2-232所示的效果。

08 再对涂抹工具进行重新设置，如图2-233所示。完成设置后在儿童的头发处随意地涂抹，得到如图2-234所示的凌乱效果。

09 按键盘上的**Ctrl**键，然后使用鼠标单击"儿童"图层，出现儿童的选区，如图2-235所示。新建图层"灰色"，如图2-236所示。将前景色调整为灰色，按键盘上的**Atl+Delete**

组合键将前景色填充到选区中，如图2-237所示。

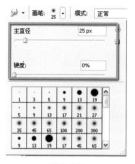
图2-231

图2-232

图2-233

图2-234

图2-235

 充电站

按住键盘上的Ctrl键，单击图层会出现选区，可能有些用户这样操作后并没有出现选区，原因是需要使用鼠标单击图层的预览框（图层文字的前面）而不是灰色部分，这样才能出现选框，如图2-238所示。

图2-236

图2-237

图2-238

10 按键盘上的D键将前景色和背景色还原为默认值，如图2-239所示。选择"滤镜"｜"渲染"｜"云彩"命令，得到如图2-240所示的云彩效果。按键盘上的Ctrl+D组合键取消选框。

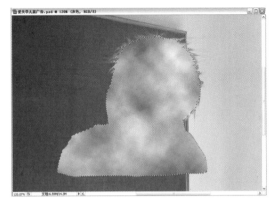

图2-239　　　　　　　　　　　图2-240

 充电站

使用完一次滤镜后，如果还想再次操作使用的滤镜，按键盘上的**Ctrl+F**组合键即可。"云彩"命令比较特殊，因为每次按**Ctrl+F**组合键都会出现不同的样式，而并不是再次使用该命令。

11 将"灰色"图层的混合方式调整为"线性加深"，如图**2-241** 所示。完成后云彩的效果就和儿童结合起来，让儿童的小脸蛋看起来有些灰尘，如图**2-242**所示。

图2-241　　　　　　　　　　　图2-242

12 将图层的混合方式改为"线性加深"后，很容易发现，儿童头发部分都变成黑色，没有层次感。选择工具栏中的橡皮擦工具 ，在它的控制栏中设置笔刷的大小以及样式，如图**2-243**所示。完成设置后，将头发部分进行适当的擦除，得到如图**2-244**所示的效果。

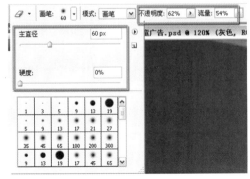

图2-243　　　　　　　　　　　图2-244

13 使用钢笔工具将儿童的嘴勾勒出来，如图2-245所示。按Ctrl+Enter组合键将路径转换成选区，如图2-246所示。按键盘上的Ctrl+Alt+D组合键，打开"羽化选区"对话框，将羽化的数值设置为1像素，如图2-247所示。

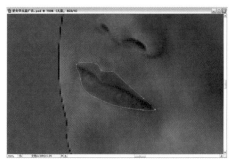 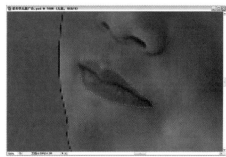 

图2-245　　　　　　　　　　图2-246　　　　　　　　　　图2-247

14 选择"儿童"图层，按键盘上的Ctrl+U组合键，打开"色相/饱和度"对话框，将"饱和度"的数值降低，如图2-248所示。完成后取消选区，得到如图2-249所示的嘴唇颜色变得暗淡的效果。

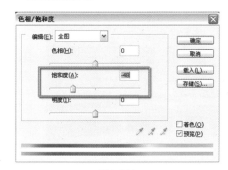 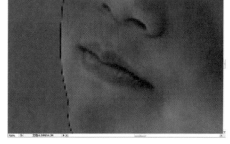

图2-248　　　　　　　　　　　　　图2-249

15 选择"灰色"图层，按键盘上的Ctrl+E组合键向下合并图层，将"灰色"图层与"儿童"图层合并，如图2-250所示。使用移动工具将儿童移动到窗户的位置，如图2-251所示。

图2-250　　　　　　　　　　　　图2-251

16 按键盘上的Ctrl+T组合键执行"自由变换"命令，出现变换框后按住键盘上的Shift键，单击4个边角任意一个变换点将儿童适当地等比例缩小，并移动到窗户最下面一块玻璃的位置。为了配合儿童眼睛看黑板的效果，还要将变换框向左边旋转一点。完成后按Enter

键应用变换，得到如图2-252所示的效果。将"儿童"图层的不透明度调整为50%，如图2-253所示，这样"儿童"图层就出现了半透明的效果，如图2-254所示。

图2-252　　　　　　　　　图2-253　　　　　　　　　图2-254

17 使用鼠标单击"图层"面板下面的"添加图层蒙版"按钮，如图2-255所示，这时前景色和背景色自动变成白色和黑色。选择工具栏中的钢笔工具，在画面中沿着窗户边缘制作出路径线，如图2-256所示。

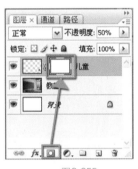

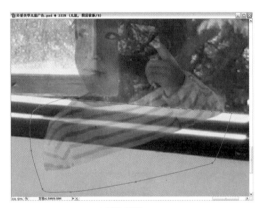

图2-255　　　　　　　　　　　图2-256

18 按Ctrl+Enter组合键将路径线转换成选区，如图2-257所示。按键盘上的Ctrl+Delete组合键将背景色黑色填充到蒙版中，取消选区，并将"儿童"图层的"不透明度"数值调整回100%，如图2-258所示，这样就有儿童从窗外看教室黑板的效果了。

图2-257　　　　　　　　　　　图2-258

 充电站

　　在步骤16中把"儿童"图层的不透明度降低的原因是为了在步骤18中更准确地制作出蒙版的路径，因为降低图层的不透明度数值后，就可以观察到教室窗户边缘的位置，方便制作蒙版。

19 下面观察整个画面，不难发现儿童在画面中的比例太大，如图2-259所示。按键盘上的 **Ctrl+T**组合键执行自由变换命令，将儿童适当地等比例缩小，完成变换后按**Enter**键应用变换，得到如图2-260所示的效果。

图2-259   图2-260

20 仔细观察画面中的光线，阳光是从窗外射进教室的，所以站在窗外的儿童应该会在窗户边框上留下阴影，这就是设计中的细节所在，细节注意得多，自然画面就非常生动严谨。新建图层"阴影"，如图2-261所示。选择工具栏中的钢笔工具，在画面中制作出阴影的大致路径线，如图2-262所示。

图2-261   图2-262

21 按键盘上的**Ctrl+Enter**组合键将路径线转换成选区，如图2-263所示。将前景色改成灰色，按键盘上的**Alt+Delete**组合键将前景色填充到画面中，取消选区，如图2-264所示。

图2-263   图2-264

22 将"阴影"图层的混合方式改为"线性加深"，如图2-265所示，完成后得到如图2-266所示的混合效果。

23 选择工具栏中的模糊工具，在它的控制栏中设置模糊的样式以及大小，如图2-267所示。设置好后，使用模糊工具将刚制作的阴影边缘进行适当的模糊，如图2-268所示。

图2-265

图2-266

图2-267

24 选择工具栏中的加深工具，在它的控制栏中设置笔刷大小以及样式，如图2-269所示。设置好后，在靠近儿童的阴影部分涂抹，将这部分的颜色进行加深，如图2-270所示。

图2-268

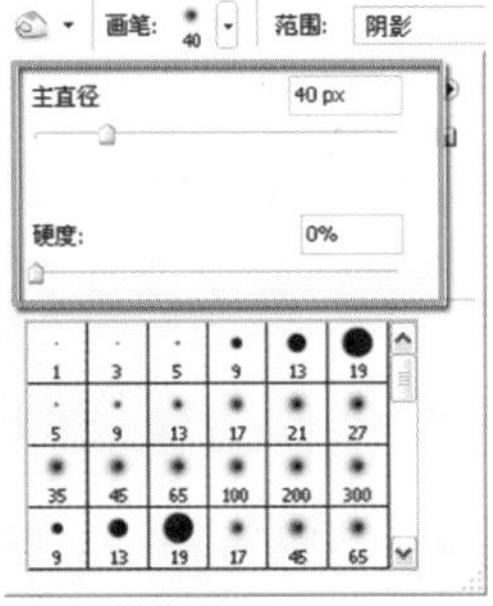

图2-269

图2-270

25 儿童部分就处理完成了，下面要制作的是黑板上的文字。首先需要将现在黑板上的文字去除掉。选择"教室"图层，选择工具栏中的仿制图章工具，按住键盘上的Alt键，在如图2-271所示的橘红色圆圈处单击，放开键盘，按键盘上的【或者】键来调整笔刷的大小。将鼠标移动到黑板中文字上面进行涂抹，这样文字就被去除了，如图2-272所示。

26 下面开始制作黑板上的文字（文字的内容可以从光盘的"第2章\原文件\关爱失学儿童广告.psd"文件中找到并使用）。由于是写在黑板上的文字，所以在制作文字时不能使用"文字工具"来输入，使用鼠标或手写笔都可以，但笔者建议大家还是使用手写笔，这样会比较自然和真实。新建图层"黑板文字"，如图2-273所示。将前景色调整为白色，选择画笔工具，在它的控制栏中调整画笔笔刷的大小以及样式，如图2-274所示。

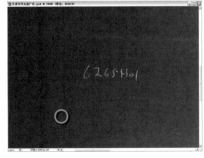

图2-271

图2-272

图2-273

充电站

由于是制作黑板上粉笔写的文字，所以在步骤26中设置笔刷样式时将"硬度"值调整到最大值100%，这样写出的文字才会边缘清晰。

27 设置好画笔工具后，将小学数学题目写到画面中，如图2-275所示。

28 将"黑板文字"图层复制并隐藏，如图2-276所示。选择"黑板文字"图层，按键盘上的Ctrl+T组合键执行"自由变换"命令，出现变换框后，按键盘上的Shift键并向左下方拖动右上角的变换点将文字适当地缩小，如图2-277所示。按键盘上的Ctrl键，使用鼠标单击左上角的变换点并向上拖动，然后再使用同样的方法调整其他变换点，让文字的透视与黑板相同，如图2-278所示。

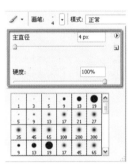

图2-274

图2-275

图2-276

图2-277

图2-278

29 按键盘上的Enter键应用变换框。黑板上的粉笔字效果应该有点磨沙的效果，因为黑板的表面带有很多的小点，下面要对文字进行处理，使其更加真实。将"黑板文字"图层的混合方式改为"叠加"，如图2-279所示，得到如图2-280所示的混合效果。

30 复制"黑板文字"图层，如图2-281所示，这样画面中的文字又清晰了一些，如图2-282所示。

31 再次复制"黑板文字"图层，如图2-283所示，得到更加明显的文字效果，如图2-284所示。

图2-279

图2-280

图2-281

图2-282

图2-283

图2-284

32 新建图层"火车",如图2-285所示,再使用与制作文字相同的方法绘制出火车,如图2-286所示,使得画面更加生动。

33 下面开始制作黑板上的红色标语"好好学习,天天向上"。新建图层"红色",如图2-287所示。将前景色调整为红色,色值设置如图2-288所示。

图2-285

图2-286

图2-287

34 选择矩形工具▣,按住Shift键在画面中制作出一个正方形,如图2-289所示。按键盘上的Ctrl+T组合键执行"自由变换"命令,出现变换框后,将鼠标移动到变换框外边,当鼠标变成旋转符号时,按住Shift键将正方形旋转45°,如图2-290所示。

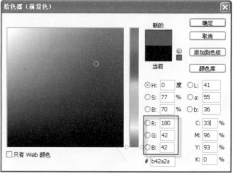
图2-288

图2-289

图2-290

35 按键盘上的Enter键应用变换，选择工具栏中的矩形选框工具 ⬚，在红色方块周围制作出一个矩形选区，如图2-291所示。选择工具栏中的移动工具，将鼠标移动到选框内，按住键盘上的Shift和Alt键水平向右移动，这样即可将红色方块进行复制，如图2-292所示。

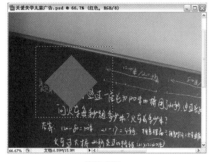

图2-291

图2-292

36 因为复制的红色方块外边还保留选区，所以使用同样的操作再水平复制6个方块，完成复制后按键盘上的Ctrl+D组合键取消选区，得到如图2-293所示的效果。

37 选择文字工具，在画面中输入"好好学习天天向上"的文字，如图2-294所示。将文字全部选择，打开"文字"面板，选择适当的字体并调整文字的间距（由于操作的原因，读者可能会与笔者的设置数值不同，所以笔者的数据只是作为参考，具体的数值要由实际操作来确定），如图2-295所示，完成设置后如图2-296所示。

图2-293

图2-294

图2-295

图2-296

充电站

当输入完文字后，保持文字处于可输入状态（即文字光标存在）时，按键盘上的**Ctrl+T**组合键可以打开"文字"浮动面板。如果文字处于不可输入状态，按键盘上的**Ctrl+T**组合键是执行"自由变换"命令。

38 按键盘上的**D**键还原前景色（黑色）和背景色（白色），按**Alt+Delete**组合键将文字填充黑色，如图2-297所示。合并文字图层和"红色"图层，如图2-298所示。

图2-297　　　　　　　　　　　　　　　　图2-298

 充电站

按键盘上的**Ctrl+E**组合键可以合并图层或者合并链接的图层。在"图层"面板中没有暂时性链接的图层时，合并后图层的名称都会以所合并图层最下面的图层名称为准；如果画面中存在暂时性链接的图层，如图2-299所示，将"红色"、"阴影"和"儿童"图层暂时链接起来，再按**Ctrl+E**组合键，合并后的图层的名称会以合并图层中最上面一个图层的名称为准，如图2-300所示。

39 按键盘上的**Ctrl+T**组合键，出现变换框，再按照变换黑板文字的方法将其变形，完成后按**Enter**键应用变换，如图2-301所示。

图2-299　　　　　　　图2-300　　　　　　　　　图2-301

40 将"红色"图层的混合方式改为"正片叠底"，如图2-302所示，得到如图2-303所示的混合效果。

41 新建图层"渐变"，放置在"儿童"图层的下面，如图2-304所示。选择渐变工具，在控制栏中选择"径向渐变"模式，如图2-305所示。单击控制栏中的渐变颜色条，出现"渐变编辑器"窗口，颜色设置如图2-306所示。

图2-302　　　　　　　　　　　　　　　图2-303

图2-304

图2-305

图2-306

42　以儿童为起点，使用鼠标向外拖动渐变线，得到如图2-307所示的渐变效果。将"渐变"图层的混合方式改为"饱和度"，如图2-308所示，得到如图2-309所示的混合效果。

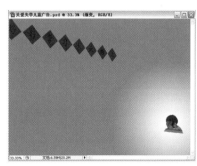

图2-307　　　　　　　　　　　图2-308

图2-309

43　复制"渐变"图层，并重命名为"渐变2"，如图2-310所示。将"渐变2"图层的混合方式改为"正片叠底"，如图2-311所示，得到如图2-312所示的混合效果。

44　选择"教室"图层，按键盘上的Ctrl+M组合键，打开"曲线"对话框，调整曲线如图2-313所示，这样画面中的儿童就更加突出了，如图2-314所示。

45　将前景色改为红色，参数设置如图2-315所示。选择工具栏中的文字工具，在画面中输入文字"我想上学。"，并选择合适的字体并调整大小，放置在画面的右下角位置，将该图层的图层混合方式改为"正片叠底"，得到的文字与背景的混合效果如图2-316所示。最后再将一些陈述性的文字也输入到画面中，这个广告就完成了，效果如图2-317所示。

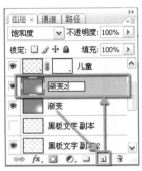

图2-310

图2-311

图2-312

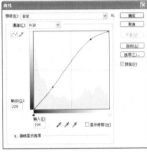

图2-313

图2-314

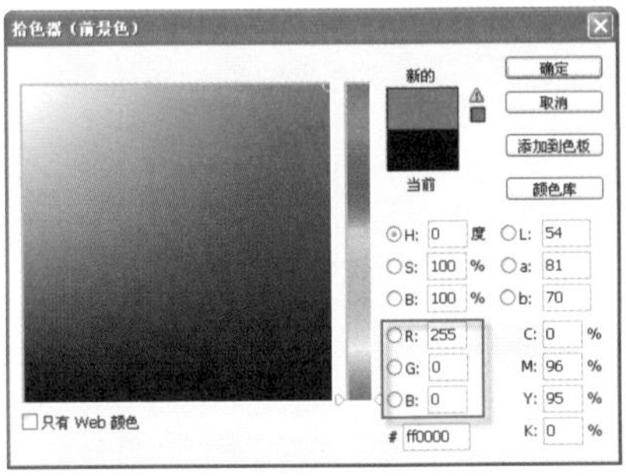

图2-315

图2-316

图2-317

本例总结

　　本例并没有出现很绚丽的画面和色彩，而是使用红色和黑色作为主色调，来突出和表现失学儿童需要被关注和关怀的主题。画面简单，就是一个失学儿童仔细看下课后黑板上留下的字，表现出失学儿童对知识的渴望和对学习的向往。同时，本例也向受众群传达了一种儿童需要帮助的信息。

2·3 社会风气广告

学前导读

社会风气的广告有很多种类，比如爱护公共设施、帮助有需要的人、文明上网、礼貌待人、不随地吐痰等。本例将设计吸烟有害健康的社会风气广告。

相信吸烟有害健康的道理谁都明白，但社会上吸烟的人还是不断地增加，所以必须要进行宣传来告诉所有的人吸烟的危害。本例的设计需要有一些创意和构思，才能打动人，让人们产生共鸣。本广告在设计上比较夸张，并不符合现实，但夸张夸大的手法才能让人更加清楚，吸烟的危害远远不是表面看到的。

广告主题

吸烟无益！

光盘素材路径

 素材和源文件\第2章\素材\2-13.jpg

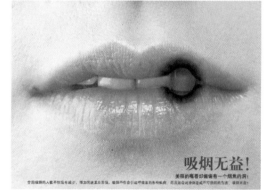

本例效果

操作步骤

01 新建文件，参数设置如图2-318所示。参数设定时注意将分辨率设置为300；尺寸的单位设置成"厘米"或"毫米"，使其比较符合人们日常生活使用的长度单位。

02 打开素材文件"2-13.jpg"，如图2-319所示。选择工具栏中的移动工具，拖动素材文件的图像到新建的文件中，如图2-320所示。

图2-318

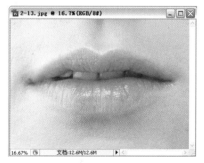

图2-319

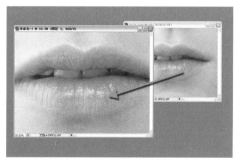

图2-320

03 可能很多读者不理解，为什么选择这样一张美丽的嘴唇来做吸烟危害的广告呢？其实只所以选择这样的素材图片，是为了制作后在嘴唇上出现的一个因为吸烟产生的黑色烧焦的烟圈形状，与美丽嘴唇之间形成强烈的反差，从而让受众群产生对吸烟的恐惧心理。

04 将拖动后产生的新图层命名为"嘴唇"，如图2-321所示。按键盘上的Ctrl+T组合键，嘴唇周围就出现了变换框，但由于素材文件的大小大于新建的文件，所以变换框并不能被完全显示出来。按键盘上的Ctrl+-组合键将图像缩小，而文件外框则不随着操作发生变化，这个方法在前面的学习中已经讲解过。缩小后即可完全显示出变换框，如图2-322所示。

05 按住键盘上的Shift+Alt组合键，使用鼠标向画面中心拖动变换框4个角变换点中的任意一个，直到拖动到与画面大小相同。按键盘上的Enter键应用变换，得到如图2-323所示的完全素材文件的效果。

图2-321

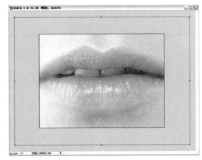

图2-322

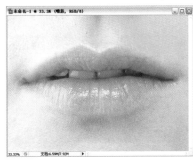

图2-323

06 按键盘上的Ctrl+M组合键，打开"曲线"对话框，曲线设置如图2-324所示。完成后得到的嘴唇效果就更加层次分明了，如图2-325所示。

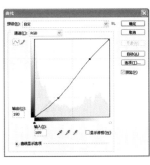

图2-324

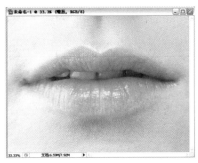

图2-325

充电站

使用"曲线"命令时，曲线幅度调整得越大，画面中的颜色对比越强，所以在步骤6中处理嘴唇效果时，曲线的调整幅度不需要很大，略微调整就可以得到理想的效果。

07 选择钢笔工具，在画面中沿着嘴唇的方向把嘴唇的轮廓勾勒出来，如图2-326所示，按键盘上的Ctrl+Enter组合键将路径转换为选区，如图2-327所示。

08 按键盘上的Ctrl+Alt+D组合键，打开"羽化选区"对话框，将羽化的数值设置为8像素，如图2-328所示。单击"确定"按钮完成操作，这样得到的选区就被羽化过了，如图2-329所示。

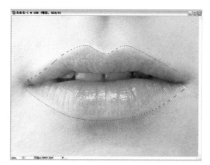

图2-326　　　　　　　　　　图2-327　　　　　　　　　　图2-328

09 按键盘上的Ctrl+B组合键，出现"色彩平衡"对话框，参数设置如图2-330所示，完成后得到了更加红润的嘴唇效果，如图2-331所示。

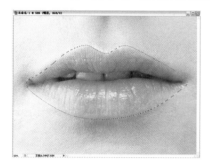
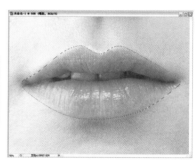

图2-329　　　　　　　　　　图2-330　　　　　　　　　　图2-331

10 按键盘上的Ctrl+M组合键，打开"曲线"对话框，调整曲线如图2-332所示，单击"确定"按钮进行应用，这样嘴唇的效果就更加晶莹润泽了，如图2-333所示，看上去比没有处理前更加美丽，这样才能和后面制作的效果形成强烈的反差。

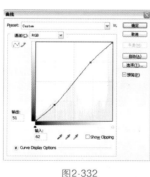
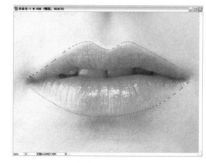

图2-332　　　　　　　　　　图2-333

11 按键盘上的Ctrl+D组合键取消选区，虽然嘴唇的效果非常不错，但牙齿的颜色就变得发红。虽然会有嘴唇的颜色影响，但牙齿颜色也不会像画面中的颜色那样红，所以需要对牙齿的颜色再进行处理。

12 选择工具栏中的钢笔工具，将牙齿的轮廓勾勒出来，如图2-334所示。按键盘上的Ctrl+Enter组合键将路径线转换为选区，如图2-335所示。再使用与处理嘴唇选区一样的方法对牙齿的选区进行羽化，羽化的数值为4像素。

13 按键盘上的Ctrl+U组合键，打开"色相/饱和度"对话框，将"饱和度"选项的数值降低，如图2-336所示。单击"确定"按钮后，牙齿的饱和度被降低了，红色的感觉少了很多，如图2-337所示。

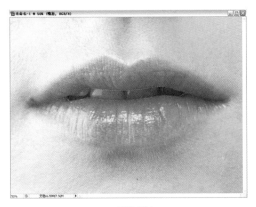

图2-334　　　　　　　　　　　　　图2-335

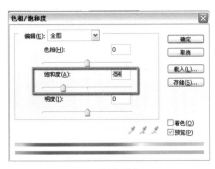

图2-336

图2-337

14 选择"图像"｜"调整"｜"亮度/对比度"命令，参数设置如图2-338所示，单击"确定"
按钮后取消选区，牙齿的效果就比较自然了，如图2-339所示。

15 按键盘上的Ctrl+S组合键，保存文件，将文件命名为"吸烟危害广告.psd"，如图2-340
所示。

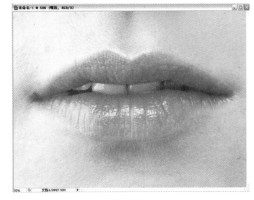

图2-338　　　　　　　　　图2-339　　　　　　　　　　图2-340

16 选择"滤镜"｜"液化"命令，出现"液化"对话框，对话框的左上角是液化工具栏，
右边是液化的数值调整栏，中间是预览框。选择工具栏中的第一个工具"拖动工具"，
在"液化"对话框右边设置拖动的数值，然后将嘴唇拖动出一个圆形缺口的效果，如图
2-341所示。

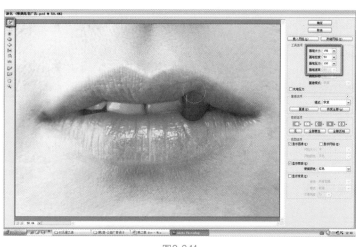

图2-341

充电站

"液化"命令的使用频率并不多，但它也是非常实用的命令之一，操作比较简单，读者可以自行去尝试"液化"对话框中其他几个工具的使用方法，相信很快就能掌握。

17 单击"确定"按钮应用"液化"命令，在拖动的过程中，被拖动嘴唇下面的牙齿也会随之变化，所以牙齿还需要进行修复处理。选择工具栏中的钢笔工具 ，将圆孔中的牙齿勾勒出来，如图2-342所示。按键盘上的**Ctrl+Enter**组合键将路径线转换成选区，如图2-343。再按**Ctrl+Alt+D**组合键进行羽化处理，羽化的数值为4像素，单击"确定"按钮后，选区就被羽化了。

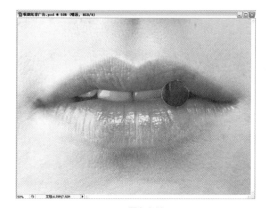

图2-342

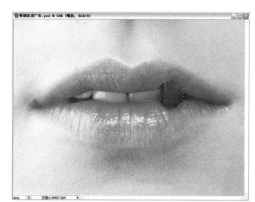

图2-343

18 选择工具栏中的减淡工具，在它的控制栏中调整减淡的选项和参数，如图2-344所示。设置完成后在选区中牙齿的中间部分纵向涂抹一下，得到如图2-345所示的提亮效果。

19 选择模糊工具，在它的控制栏中设置模糊的笔刷以及大小，如图2-346所示。设置完成后将选区中的牙齿进行适当的模糊，如图2-347所示。

20 打开"路径"浮动面板，使用鼠标单击"路径"面板下面的"从选区生成工作路径"按钮，如图2-348所示，这样在"路径"面板中就出现了一个新的工作路径，如图2-349所示，同时画面中的圆形选框也被转换成了路径，如图2-350所示。

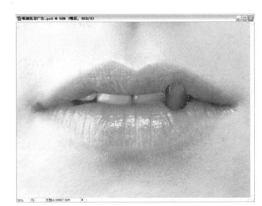

图2-344

图2-345

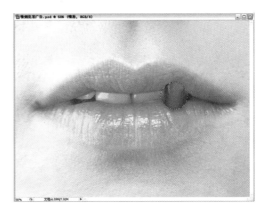

图2-346

图2-347

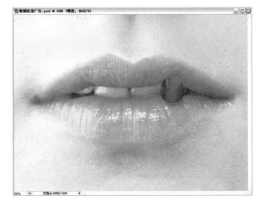

图2-348

图2-349

图2-350

充电站

如果画面中的选区在后面的操作中还有可能会用到，则将选区转换为路径是一个很不错的方法，因为这样操作可以避免再次制作相同的选区。选区转换为路径后，路径会显示在画面中，如果不需要将路径线显示出来，使用鼠标单击"路径"面板中的空白处即可。

21 隐藏路径线。选择工具栏中的多边形套索工具，制作出如图**2-351**所示的选区，按键盘上的Ctrl+Alt+D组合键，打开"羽化选区"对话框，将羽化参数设置为3像素，单击"确定"按钮后，选区就被羽化了，如图2-352所示。

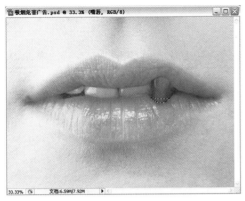
图2-351

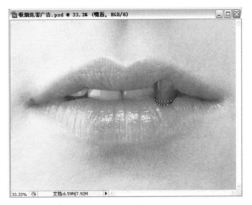
图2-352

充电站

　　羽化的数值比较小时，羽化后选区的变化也非常小，有时候看不出有变化，但实际上经过羽化处理的选区是不同的，所以读者发现在操作羽化命令后选区没有变化时不要认为是操作有错误。

22　　选择工具栏中的加深工具，它的参数设置以及笔刷样式设置如图2-353所示。设置好后将选区中的部分进行加深处理，完成后取消选区，得到如图2-354所示的效果，这样牙齿的感觉就比较自然了。

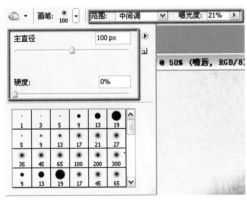
图2-353

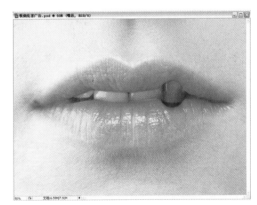
图2-354

23　　打开"路径"浮动面板，选择"路径1"，使用鼠标单击"路径"面板下面的"将路径作为选区载入"按钮，如图2-355所示，这样画面中的路径就转换成了选区，如图2-356所示。

24　　按键盘上的Ctrl+Shift+I组合键将选区反选，新建图层"烟焦"，如图2-357所示。选择工具栏中的画笔工具，在它的控制栏中设置画笔的大小及样式，如图2-358所示。

25　　将前景色调整为灰色，参数如图2-359所示，使用画笔工具在嘴唇上绘制出如图2-360所示的图形，然后取消选区。

26　　取消选区后，将"烟焦"图层的混合方式改为"线性加深"，如图2-361所示。这样，烟焦就和嘴唇混合到一起了，如图2-362所示。

图2-355

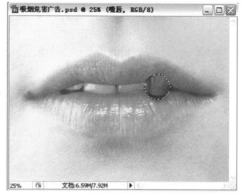

图2-356

图2-357

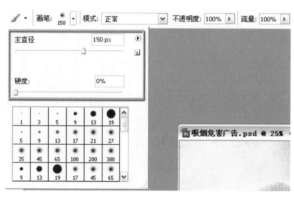

图2-358

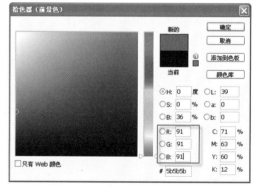

图2-359

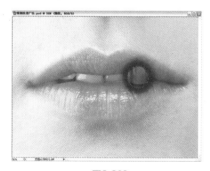

图2-360

图2-361

图2-362

27 在烟焦中间还能透出嘴唇的边缘，如图2-363所示。按键盘上的**Ctrl+T**组合键执行"自由变换"命令，将烟焦适当地等比例缩小，如图2-364所示。

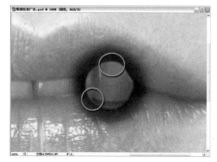

图2-363

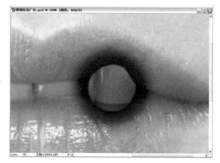

图2-364

28 选择橡皮擦工具 ，在它的控制栏中设置橡皮擦的大小及样式，如图2-365所示。设置好参数后，将两个嘴唇之间的烟焦擦掉，如图2-366所示。

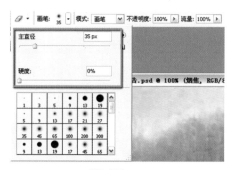
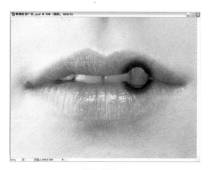

图2-365　　　　　　　　　　　　　　　　图2-366

29 选择加深工具 ，在它的控制栏中设置笔刷大小及样式，如图2-367所示。完成设置后，在烟焦上进行加深处理，得到如图2-368所示的效果。

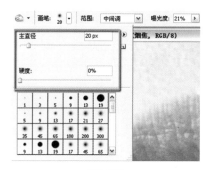
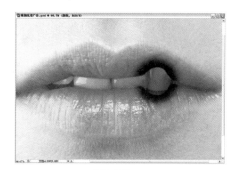

图2-367　　　　　　　　　　　　　　　　图2-368

30 选择工具栏中的减淡工具 ，使用同样的方法在烟焦上进行适当的减淡处理，如图2-369所示。

31 在"嘴唇"图层上面新建图层"阴影"，如图2-370所示，将要制作的阴影是牙齿上的阴影。将前面保存的路径转换成选区，将前景色设置成深灰色，使用画笔工具绘制出如图2-371所示的颜色。

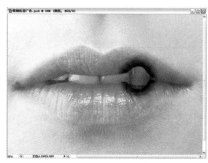

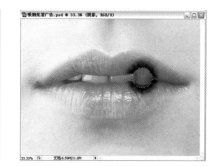

图2-369　　　　　　　　图2-370　　　　　　　　图2-371

32 取消选区，将"阴影"图层的混合方式改为"正片叠底"，如图2-372所示，得到如图2-373所示的混合效果，这样牙齿上出现了嘴唇的投影，就非常自然和真实了。

33 将前景色调整为灰色，使用文字工具在画面中输入"吸烟无益！"，如图2-374所示。将文字图层的混合方式改为"正片叠底"，得到如图2-375所示的混合效果。

图2-372

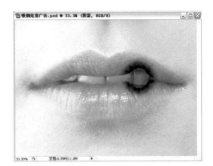

图2-373

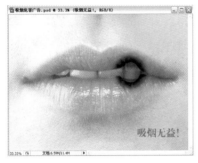

图2-374

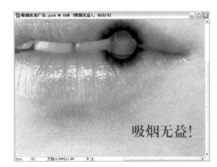

图2-375

34 再使用文字工具在画面下方输入一些辅助的文字，这样就完成了该广告的设计，如图
2-376所示。

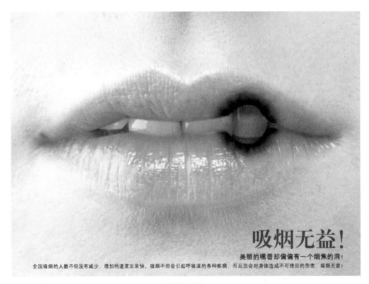

图2-376

本例总结

吸烟危害的广告有很多类型，但本例选择的是抽象的表现手法，画面中并没有出现烟草，而是
以吸烟造成的后果来表现吸烟无益的主题。

Chapter 3

商业广告设计

知识提要：

其实人们平时在生活中接触到的广告绝大多数都是商业广告，商业广告就是能给特定的人群带来利益的广告。商业广告的好坏也关系着广告客户的利益，好的广告能给客户带来丰厚的利润或意想不到的收获，定位不准确的广告能使客户蒙受很大的损失或更严重的后果，所以在进行商业设计时一定要考虑周密、用心策划。

学习重点：

● 学会根据客户需要宣传物品（或其他）的特点有针对性地设计商业广告。

● 了解商业广告的特点，即特点鲜明、主题突出，不能有多个主题同时出现。

● 了解商业广告必须要"商业"，不可过于艺术化，否则就会造成受众群的概念混淆。

3.1 地产类广告设计

学前导读

随着这几年地产行业的迅速兴起，地产广告也在这段时期兴盛起来，各种精美的地产广告目不暇接。其实只要仔细观察，地产广告更像是一种独特的广告形式，与其他商业广告不同，但又有一定的共性，所以在设计地产广告时需要更多的耐心和创意。

3.1.1 地产销售广告

地产销售广告的好坏直接关系着地产商的销售业绩，很多楼盘就因为有很强大的地产销售广告的支持，才能取得好的销售业绩，所以在设计时一定要下足功夫。

广告主题

CBD（中央商业区）傲视全城！

光盘素材路径

本例效果

素材和源文件\第3章\素材\3-1.jpg、3-2.jpg、3-3.jpg

操作步骤

01 在本例完成效果的画面中，CBD是一个立体的效果，这个效果可以使用Photoshop CS3来设计制作，但制作出来的有可能会出现图像模糊的效果。笔者建议大家制作立体效果时尽量使用矢量软件来制作，以便可以随时调整立体文字的大小而不会改变制作后图像的质量。

02 启动Adobe Illustrator软件（不限制版本，本例使用的是Adobe Illustrator CS2版本），新建文件，如图3-1所示。选择工具栏中的文字工具 T，在画面中分别输入文字"CBD"和"中央商业区"，如图3-2所示。

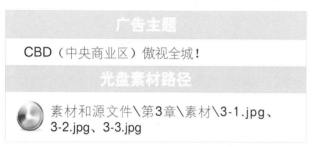

图3-1

图3-2

03 选择工具栏中的选择工具，选择文字"CBD"，选择"文字"|"字体"命令来选择字体，如图3-3所示。使用同样的方法为文字"中央商业区"更改字体，将"CBD"与"中央商业区"横向长度调整相同，如图3-4所示。

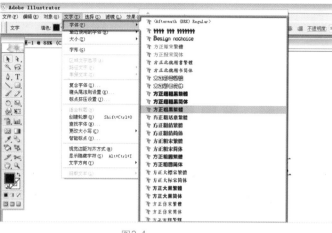

图3-3   图3-4

 充电站

有可能笔者选择的字体在读者的计算机中没有，所以选择相似的字体就可以。

04 按键盘上的**Ctrl+A**组合键将文字全选，选择"对象"|"扩展"命令，打开"扩展"对话框，设置如图**3-5**所示。单击"确定"按钮后，文字就被扩展成为普通的图形，如图3-6所示。

图3-5   图3-6

05 利用选择工具选择"中央商业区"，并按键盘上的↓键垂直向下移动一定的距离，如图3-7所示。选择工具栏中的矩形工具▢，在画面文字中制作出一个长方形，长度与文字长度相同，如图3-8所示。

图3-7   图3-8

06 利用工具栏中的选择工具选择画面中的长方形，按键盘上的**Alt+Shift**组合键向下垂直复制长方形，如图3-9所示。

07 再次垂直复制长方形，并纵向拉伸长方形，如图3-10所示。适当调整文字与长方形之间的距离，如图3-11所示。

图3-9   图3-10   图3-11

08 按键盘上的Ctrl+A组合键，将画面中的物件全选，按Ctrl+G组合键将选择的物件群组。选择工具栏中的自由变换工具，如图3-12所示，使用鼠标单击群组右上角的拖动点，然后按住键盘上的Ctrl键，将鼠标向左下方拖动即可将图形变形，如图3-13所示。使用同样的方法再拖动其他的点将图形变形，如图3-14所示。

图3-12   图3-13   图3-14

09 利用选择工具单击变形后的图形，并按住键盘上的Alt键向左拖动进行复制，如图3-15所示。将变形后的图形填充上灰色，如图3-16所示。

10 选择工具栏中的自由变换工具，将复制后的图形进行变形，让它与复制前的图形之间有一定的透视效果，如图3-17所示。

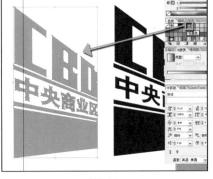

图3-15   图3-16   图3-17

11 选择画面中黑色的图形，按键盘上的**Ctrl+C**组合键复制该图形，然后按键盘上的**Ctrl+F**组合键将复制的图形粘贴在被复制图形的上方，但位置没有发生变化，与原图形完全重合，如图**3-18**所示。选择"对象"|"隐藏"|"所选对象"命令，将复制后的图形隐藏，如图**3-19**所示，这样画面中就剩下了黑色和灰色两个图形。

图3-18

图3-19

12 将画面中黑色图形的颜色调整为深灰色，但略深于左边的图形，如图**3-20**所示。选择"对象"|"排列"|"置于顶层"命令，这样深灰色的图形实际上就处在灰色图形的上方。

13 使用鼠标单击画面空白处，使画面中没有物件被选择。选择工具栏中的混合工具，如图**3-21**所示，在画面中先单击深灰色的图形，然后再单击灰色的图形，这样两个图形就混合在一起，如图**3-22**所示。

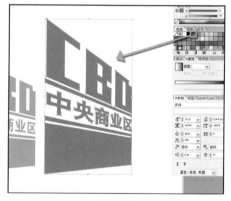

图3-20

图3-21

图3-22

14 混合之后的效果并不好，两个图形之间的过渡只有一个，所以要对混合进行调整修改，让两个图形链接起来有立体的效果。选择"对象"|"混合"|"混合选项"命令，打开"混合选项"对话框，如图**3-23**所示。在"间距"下拉列表中将"平滑颜色"改为"指定的步数"，将步数的数量改为**300**，如图**3-24**所示，设置完成后单击"确定"按钮，得到如图**3-25**所示的立体的混合效果。

15 选择"对象"|"显示全部"命令，但画面中只出现了刚才隐藏图形的轮廓线，并没有出现黑色的图形，如图**3-26**所示。其实黑色的图形已经显示出来了，只是在目前混合立体效果图形的下面。选择"对象"|"排列"|"置于顶层"命令，黑色的图形就出现在了画面中，这时黑色的图形处在画面的最顶层，如图**3-27**所示。

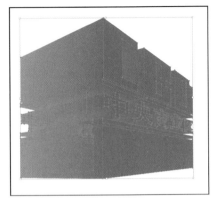

图3-23 图3-24 图3-25

16 使用Illustrator CS2制作的部分就完成了，下面需要将制作好的效果放置在Photoshop CS3中使用。按键盘上的Ctrl+A组合键将画面中的图形全选，按键盘上的Ctrl+C组合键进行复制。启动Photoshop CS3软件，新建文件，参数设置如图3-28所示。

图3-26 图3-27 图3-28

17 按Ctrl+V组合键，画面中会出现如图3-29所示的"粘贴"对话框，选中"像素"单选按钮并单击"确定"按钮后，在Illustrator CS2中制作的图形就被粘贴进来了，如图3-30所示。

图3-29 图3-30

18 粘贴进来的图形周围有一个变换框，用于调节图形大小，因为是从矢量软件中粘贴进来的，所以无论把图形拉伸多大，图形都会保持非常清晰的状态。按键盘上的Enter键应用变换，如图3-31所示。这时候就不能随便地将图形拉伸变大了，因为应用变换后，已经将矢量图转换成了位图，位图在一定比例的情况下才清晰。再回到Illustrator CS2软件操作界面，只选择画面中黑色的图形，按Ctrl+C组合键进行复制，再回到Photoshop CS3软件操作界面按Ctrl+V组合键粘贴，操作方法与前面粘贴的步骤相同，如图3-32所示。

图3-31   图3-32

 充电站

　　所谓矢量图，最通俗的解释就是可以放大无限倍数，且清晰度都一样，所以在设计LOGO时，最为普遍的是使用矢量软件。但有很多LOGO带有一定的图形或者图片，这样的LOGO只能保证在一定大小内才清晰。

　　位图最简单的解释就是人们日常生活中使用相机拍摄的照片、上网浏览网页时的图片等，它的特点是只有在一定范围内画面才清晰，如果放大，就会造成画面模糊。

19　将新产生的两个图层依次命名为"CBD"和"立体效果"，如图3-33所示。选择"CBD"图层，按键盘上的Ctrl键，使用鼠标单击CBD图层，画面中出现了选区，如图3-34所示。

图3-33   图3-34

20　隐藏"立体效果"图层，将前景色调整为蓝色，参数设置如图3-35所示。设置好前景色后，按键盘上的Alt+Delete组合键将蓝色填充到选区中，如图3-36所示。

21　选择工具栏中的画笔工具，选择比较柔和的笔刷样式，如图3-37所示。调整前景色为浅蓝色，并使用画笔工具在选区中绘制，如图3-38所示。

22　按键盘上的Ctrl+D组合键取消选框，选择工具栏中的减淡工具，在它的控制栏中设置减淡的笔刷样式，如图3-39所示。设置完成后在图形上擦拭，将部分颜色减淡，如图3-40所示。在减淡处理的过程中按键盘上的{键和}键调整笔刷大小，这样操作得到的效果比较自然，减淡的区域变化丰富逼真（现在制作出的效果并不是最终效果，在后面操作中还会根据实际的情况进行颜色上的调整）。

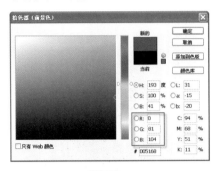

图3-35

图3-36

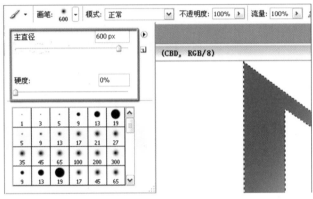

图3-37

图3-38

图3-39

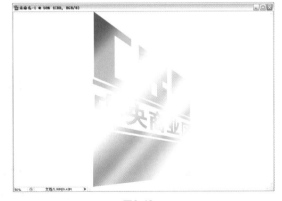

图3-40

23 按键盘上的Ctrl+S组合键保存文件，将文件名命名为"地产广告-1.psd"，如图3-41所示。

24 打开在前面操作中隐藏的"立体效果"图层，选择移动工具，单击刚处理好的"CBD"层，并按住键盘上的Shift键向右水平拖动，直到与"立体效果"图层中黑色的CBD重合，如图3-42所示。

25 下面将制作图形的立体效果。选择"立体效果"图层，选择工具栏中的多边形套索工具，制作出如图3-43所示的选区。选择工具栏中的吸管工具，吸取"CBD"图层中图形的蓝色，按键盘上的Alt+Delete组合键将蓝色填充到选区中，如图3-44所示。

图3-41

图3-42

图3-43

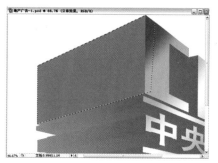

图3-44

26 利用吸管工具吸取画面中浅一些的蓝色，选择工具栏中的画笔工具 ✐，在它的控制栏中调整画笔的样式，如图3-45所示。完成设置后，在选区中喷绘，并在喷绘的过程中调整大小，如图3-46所示。

27 选择工具栏中的减淡工具 ●，它的控制栏设置与前面相同，设置好后在选区中进行减淡处理，得到如图3-47所示的效果。

图3-45

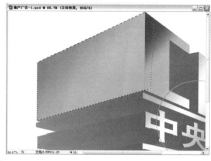

图3-46

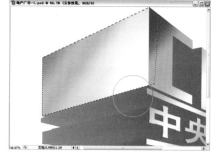

图3-47

28 取消选区，再使用多边形套索工具 ▽ 制作出如图3-48所示的字母"C"底面的选区，将前景色调整为深蓝色，再使用画笔工具 ✐ 进行绘制，并配合减淡工具 ● 和加深工具 ● 进行修饰，如图3-49所示。

29 取消选区，字母"C"的立体效果就完成了。使用同样的方法将画面中其他字母和文字处理成立体效果，过程比较烦琐，希望读者能认真完成立体效果的制作。完成后的效果如图3-50所示。

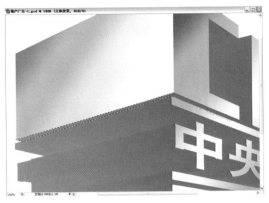

图3-48

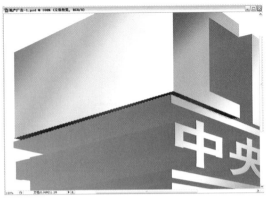

图3-49

充电站

本例中使用多边形套索工具 制作选区时，选区中某些选框边的范围没有必要一定与实际位置重合，因为立体效果是在"立体效果"图层上直接制作的，"立体效果"图层上面还有"CBD"图层，所以就算选区范围制作得不规范，也会被"CBD"层中的图形遮住。这样操作就可以节省很多时间。

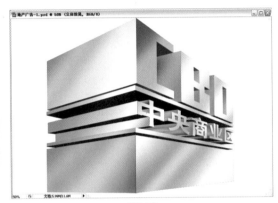

图3-50

30 将CBD图层与"立体效果"图层合并，并重新命名为"CBD"图层，如图3-51所示。选择工具栏中的移动工具，将CBD立体效果图形移动到左上角，如图3-52所示。

图3-51

图3-52

31 CBD的立体效果已经制作完成了，下面开始制作画面的背景。将前景色调整为深蓝色，具体数值设置如图3-53所示。调整完成后按键盘上的Alt＋Delete组合键，将深蓝色前景色填充到画面"背景"图层，如图3-54所示。

32 将前景色调整为蓝色，参数设置如图3-55所示，完成设计后选择画笔工具 ，在它的控制栏中设置笔刷的样式以及大小，如图3-56所示。

33 设置好画笔工具后，在画面中单击一下，得到如图3-57所示的效果。再将前景色调整为略微浅些的蓝色，选择画笔工具 ，将画笔直径调整得小一些，然后在画面中单击，得到如图3-58所示的效果。

图3-53

图3-54

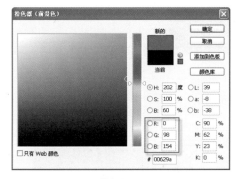

图3-55

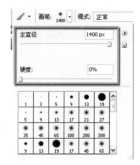

图3-56

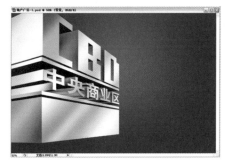

图3-57

图3-58

34 打开素材文件"3-1.jpg",如图3-59所示。选择工具栏中的移动工具,将素材文件拖动到制作文件中,如图3-60所示。

图3-59

图3-60

35 按键盘上的Ctrl+T组合键执行"自由变换"命令。按住键盘上的Shift键将素材图片等比例缩小，并放置在画面中间靠右边的位置，按键盘上的Enter键应用变换，效果如图3-61所示。将拖动后产生的新图层命名为"山1"，如图3-62所示。

图3-61　　　　　　　　　　　　　　图3-62

36 将"山1"图层的混合方式改为"叠加"，如图3-63所示，完成后得到如图3-64所示的混合效果。

图3-63　　　　　　　　　　　图3-64

37 单击"图层"面板中的"添加图层蒙版"按钮，给"山1"图层添加一个蒙版，如图3-65所示。添加蒙版后，前景色和背景色会自动变成白色和黑色。选择画笔工具，在它的控制栏中设置画笔的大小以及样式，如图3-66所示。

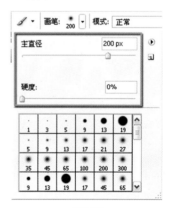

图3-65　　　　　　　　　　　图3-66

38 按键盘上的X键将前景色与背景色调换，使用画笔工具在蒙版中进行涂抹绘制，被涂抹的地方就被隐藏，如图3-67所示。将画笔工具的主直径调整变大，然后再进行蒙版操作，将画面中山峰的感觉削弱一些，这样就会产生景深的效果，如图3-68所示。

图3-67

图3-68

 39 打开素材文件"3-2.jpg",如图3-69所示。将此素材拖动到制作画面中,如图3-70所示。

图3-69

图3-70

40 按键盘上的Ctrl+T组合键,出现变换框后,将图片等比例缩小,并放置在画面中间偏左的位置,按键盘上的Enter键应用变换,如图3-71所示。将此图层命名为"山2",如图3-72所示。

图3-71

图3-72

41 将"山2"图层的图层混合方式改为"强光",如图3-73所示,完成后得到如图3-74所示的混合效果。这个步骤没有使用"叠加"混合样式,因为再使用"叠加"样式,画面中的效果会更加沉重,而用户要制作的是一个有景深、有云雾效果的画面,所以使用"强光"

得到的效果会更理想。

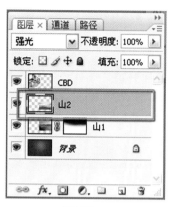

图3-73　　　　　　　　　　　　　　　　　　图3-74

42 单击"图层"面板下面的"添加图层蒙版"按钮，给"山2"图层添加一个蒙版，如图 3-75所示。选择工具栏中的画笔工具 ✐ ，笔刷样式设置与前面制作蒙版的参数相同，确 认前景色为黑色后，在蒙版中进行涂抹绘制，得到如图3-76所示的效果。

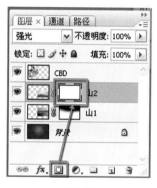

图3-75　　　　　　　　　　　　　　　　　　图3-76

43 选择"山2"图层，按键盘上的Ctrl+M组合键打开"曲线"对话框，曲线设置如图3-77所 示，单击"确定"按钮后，得到如图3-78所示的效果。

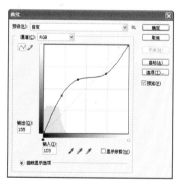

图3-77　　　　　　　　　　　　　　　　　　图3-78

44 现在的画面中存在一块黑色的山峰，如图3-79所示，这个黑色块是"山1"图层中的图 像，选择"山1"图层中的蒙版，确定前景色是黑色后，再使用画笔工具在黑色部分进行 涂抹，这样黑色就被隐藏了，如图3-80所示。

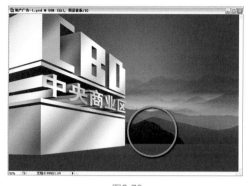

图3-79

图3-80

45 目前所选择的图层是"山1"，按住键盘上的**Ctrl**键单击"山2"图层，这样就将图层"山1"和"山2"暂时性链接，如图**3-81**所示。按键盘上的**Ctrl+T**组合键执行"自由变换"命令，再按住键盘上的**Alt**键，单击变换框左边中间的变换点向左拖动，如图**3-82**所示。按**Enter**键应用变换。

图3-81

图3-82

46 选择"山2"图层，按键盘上的**Ctrl+B**组合键，打开"色彩平衡"对话框，参数设置如图**3-83**所示。单击"确定"按钮后，得到如图**3-84**所示的蓝色云层效果。

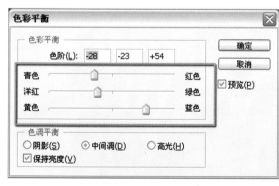

图3-83

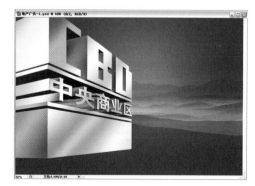

图3-84

47 打开素材文件"3-3.jpg"，如图**3-85**所示。按键盘上的**Ctrl+M**组合键，打开"曲线"对话框，曲线调整如图**3-86**所示，单击"确定"按钮后，得到如图**3-87**所示的类似黑白的效果。这样处理是为了将画面中的鸟提炼出来，而不受其他颜色的干扰。

| 图3-85 | 图3-86 | 图3-87 |

48 选择工具栏中的魔棒工具，在画面的白色部分单击一下，这样画面中白色的部分就被选中了，按键盘上的Ctrl+Shift+I组合键，将选区反选，这样画面中的鸟就被选中了，如图3-88所示。按键盘上的Ctrl+C组合键复制选区中的鸟，回到制作文件中，按Ctrl+V组合键将鸟粘贴进来，如图3-89所示。

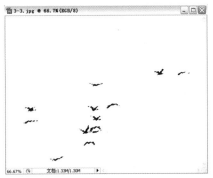

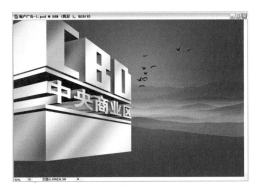

| 图3-88 | 图3-89 |

49 将粘贴进来的鸟的图层命名为"鸟"，如图3-90所示。按键盘上的Ctrl+T组合键执行"自由变换"命令，将鸟的比例缩小，然后移动到画面中字母"D"的上面，如图3-91所示。按Enter键应用变换。

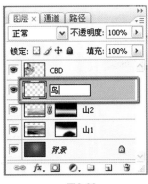

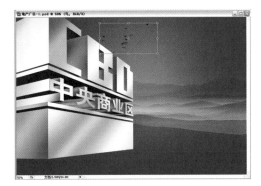

| 图3-90 | 图3-91 |

50 按键盘上的Ctrl+U组合键，打开"色相/饱和度"对话框，选中对话框右下角的"着色"复选框，参数设置如图3-92所示。单击"确定"按钮后，鸟的颜色就变成了浅蓝灰色，如图3-93所示。

图3-92   图3-93

51 打开素材文件"3-4.jpg",如图**3-94**所示。选择移动工具,将素材拖动到制作文件中,如图**3-95**所示。

图3-94   图3-95

52 将拖进来的图片所对应的图层命名为"城市",如图**3-96**所示。按键盘上的**Ctrl+T**组合键执行"自由变换"命令,将图片缩小并纵向压缩,如图**3-97**所示。按**Enter**键应用变换。

图3-96   图3-97

53 将"城市"图层的混合方式改为"强光",如图**3-98**所示,完成后得到如图**3-99**所示的混合效果。

54 单击"图层"面板下面的"添加图层蒙版"按钮,如图**3-100**所示。选择工具栏中的画笔工具 ✏,在控制栏中设置笔刷的样式,如图**3-101**所示。

55 设置好画笔工具后,在蒙版中进行涂抹,得到如图**3-102**所示的效果。

图3-98

图3-99

图3-100

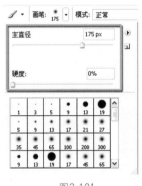

图3-101

图3-102

56 选择"城市"图层，按键盘上的Ctrl+M组合键，打开"曲线"对话框，曲线调整如图 3-103所示。单击"确定"按钮后，画面中城市的效果就更加突出了，如图3-104所示。

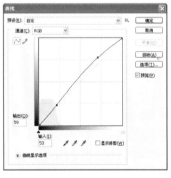

图3-103

图3-104

57 画面的背景制作到这里就完成了，观察整个画面，CBD立体效果的颜色与背景的颜色没有很好地融合到一起，所以要对CBD的颜色进行调整。选择"CBD"图层，按键盘上的Ctrl+B组合键，打开"色彩平衡"对话框，设置参数如图3-105所示。设置好后单击"确定"按钮，得到如图3-106所示的颜色，这样CBD的颜色就与画面的色调统一了。

58 在"CBD"图层上新增图层"底色"，如图3-107所示，按D键将前景色与背景色还原，选择矩形工具，在画面下方制作出一个长方形，如图3-108所示。

59 制作好这个色块，发现画面中的山以及城市都被遮住了，所以要对这两个部分进行调整，选择"城市"图层，按住键盘上的Ctrl键分别单击"山1"图层和"山2"图层，这样"城市"、"山1"和"山2"图层就被暂时地链接起来了，如图3-109所示。按键盘上的

Ctrl+T组合键执行"自由变换"命令，按住键盘上的Alt键单击变换框上边的变换点向下拖动，并适当地移动变换后的位置，如图3-110所示。按Enter键应用变换。

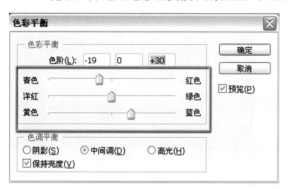

图3-105

图3-106

图3-107

图3-108

图3-109

图3-110

60 选择"底色"图层，将前景色调整为深蓝色，使用矩形工具制作出如图3-111所示的长方形。

61 将楼盘的线路图绘制出来（线路图是需要单独设计的，所以读者在设计制作时可以自己设计其他的样式），如图3-112所示。再将一些对楼盘具体的说明文字排列到画面中。

62 将楼盘的辅助说明文字以及销售电话（电话号码为虚拟）进行适当的排列，如图3-113所示。最后将LOGO以及广告语排列到画面中，这个地产广告就完成了，效果如图3-114所示。

图3-111

图3-112

图3-113

图3-114

本例总结

　　本例是地产广告，地产广告是一种非常直观的广告，要让受众群看到后马上得到必要的信息，这样才能促成交易。所以设计地产广告一定要非常精致细腻，尤其是在细节上的处理要非常到位。本例营造了一种盛世空前的效果，突出了CBD的高大与尊贵。

3.1.2 地产销售物料设计（户外广告、竖版报纸广告）

　　销售广告只是推广的手段之一，地产销售必须配合很多媒体来进行整合推广。下面开始讲解户外广告以及报纸广告的设计方法。户外广告与前面的销售广告要保持统一的风格，不同的是宣传的重点要有差异。

本例效果

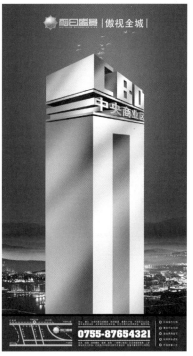

本例效果

操作步骤

01 先来设计户外广告。户外广告有很多种，例如候车厅广告牌，还有大型的户外广告等。笔者认为大型的户外广告更加有宣传的力度，如图3-115所示。所以这里制作的是大型户外广告。新建文件，尺寸设置如图3-116所示（为方便讲解，本实例的尺寸小于实际尺寸）。

图3-115

图3-116

 充电站

　　大型户外广告牌的尺寸都是不相同的，所以本例的尺寸是一个大致比例的尺寸，具体设计时，读者一定要弄清楚尺寸才能去设计，否则修改起来会比较麻烦。

02 先打开前面设计的文件"地产广告-1.psd"，将文字图层和"底色"图层以外的其他图层进行链接，如图3-117所示，选择工具栏中的移动工具，拖动这些链接的图层到新建的文件中，如图3-118所示。

图3-117　　　　　　　　　　　　　　图3-118

03 按键盘上的Ctrl+T组合键执行"自由变换"命令，出现变换框后，按住键盘上的Shift
键，并使用鼠标拖动4个角变换点中的任意一个，将图像适当地等比例缩小，并移动到如
图3-119所示的位置，按Enter键应用变换。

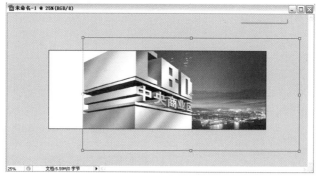

图3-119

04 现在画面中的图像就不需要再进行处理了。大型户外广告中不需要很多的文字，因为人们
看大型户外广告的距离比较远，所以只需要将必要的内容放置在画面中就足够让人直观地
了解到最重要的信息。新增图层"底色"，如图3-120所示，将前景色调整为深蓝色，选
择矩形工具，在画面左边制作出如图3-121所示的色块。

图3-120　　　　　　　　　　　　　　图3-121

05 将LOGO放置在画面中蓝色块的位置上，如图3-122所示。选择文字工具 **T**，输入销售咨询电话，并选择适当的字体，调整大小，放置在LOGO的下面，如图3-123所示。

图3-122

图3-123

06 将广告宣传语"CBD傲视全城"放置在画面的右上角，如图3-124所示。将制作好的文件保存，命名为"地产广告-2.psd"，如图3-125所示。

图3-124

图3-125

07 将制作好的文件合并图层。使用鼠标单击"图层"面板右上角的三角按钮，在弹出的下拉菜单中选择"拼合图像"命令，如图3-126所示。将合并后的图像拖动到实际户外广告图片中，使用"自由变换"命令将图像进行变形，使其与广告牌形状相同。按Enter键应用变换后，得到如图3-127所示的实际效果。户外广告就制作完成了。

08 大型户外广告制作完成后，下面开始设计竖版的报纸广告。新建文件，尺寸设置如图3-128所示。同本例步骤2一样，将文字图层以及"色块"图层以外的图层移动到新建的文件中，如图3-129所示。

09 选择"CBD"图层，按键盘上的Ctrl+T组合键执行"自由变换"命令，将CBD等比例缩小后，放置在画面上方位置，如图3-130所示。选择工具栏中的多边形套索工具 ，在画面中制作出CBD受光面的选区，如图3-131所示。

图3-126

图3-127

图3-128

图3-129

图3-130

图3-131

10 使用前面讲解的制作CBD立体效果的方法，为CBD的受光面制作出光影效果，如图3-132所示。取消选区，再使用同样的方法制作出CBD背光面的效果，如图3-133所示。再制作出如图3-134所示的效果，这样CBD立体的效果就更加丰富了。

11 按键盘上的Ctrl+A组合键将画面全选，选择"图层"|"将图层与选区对齐"|"水平居中"命令将CBD与画面水平居中。按Ctrl+S组合键保存文件，将文件命名为"地产广告-3.psd"。

图3-132   图3-133   图3-134

12 将其他图层进行大小以及位置上的调整，如图3-135所示。新增图层"色块"，将前景色调整为深蓝色，使用矩形工具在画面下方制作出如图3-136所示的色块。

13 将交通图以及说明文字摆放到色块上，如图3-137所示。再将LOGO以及广告语放置在画面的正上方，如图3-138所示。这样报纸广告就完成了。

图3-135   图3-136   图3-137   图3-138

14 将报纸广告应用到实际效果中，如图3-139所示。

图3-139

Chapter 1

Chapter 2

Chapter 3

Chapter 4

Chapter 5

Chapter 6

本例总结

地产销售需要很多的广告支持，本例只是讲解了两个相对重要的媒体广告的设计方法。其实还有很多需要设计，例如销售大厅广告、销售大厅门头、DM直邮广告、折页单张、路灯挂旗等。有兴趣的读者可以制作完每例后再自行设计这些广告，并在今后的设计中熟练地应用这些设计方法。

3.2 数码产品类广告设计

学前导读

数码产品的广告是比较灵活多变的，总体来说，数码产品的广告是趋向简单化和趣味化，因为只有这样，才可以体现科技以人为本的理念，同时也可以很好地融入到人们的日常生活中。本节将设计数码相机广告和手机广告。

3.2.1 数码相机广告

数码相机的广告设计不需要很复杂，但需要突出产品的特色，也就是说要将产品最主要的卖点表现出来，让大众去了解并接受。

本例效果

广告主题
无限连拍，无限创意！
光盘素材路径

素材和源文件\第3章\素材\3-5.jpg、3-6.jpg、3-7.jpg、3-8.jpg、3-9.psd

操作步骤

01 新建文件，参数设置如图3-140所示，再打开3个素材文件，如图3-141所示。

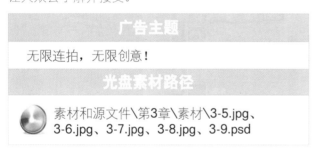

图3-140

图3-141

02 先选择素材文件"3-5.jpg"，打开"路径"浮动面板，在"路径"面板中存在一个路径层，如图3-142所示，这个层中的路径线就是画面中女人的轮廓线。使用鼠标单击这个路径图层，画面中就出现了路径线，按键盘上的**Ctrl+Enter**组合键将路径转换成选区，如图3-143所示。

图3-142　　　　　　　　　　　　　　　　图3-143

03 选择工具栏中的移动工具，将鼠标移动到选区中人的位置，单击并拖动到新建文件中，如图3-144所示。将新产生的文件命名为"1"，如图3-145所示。

图3-144　　　　　　　　　　　　　　　　图3-145

04 按键盘上的**Ctrl+S**组合键保存文件，将文件命名为"相机广告.psd"，如图3-146所示。

05 将其他两个素材文件拖动到新建的文件中，如图3-147所示。将中间的图像所对应的图层命名为"3"，将画面中右边的图像所对应的图层命名为"2"，如图3-148所示。

图3-146　　　　　　　　　图3-147　　　　　　　　　图3-148

06 选择"3"图层，按住键盘上的**Ctrl**键分别单击"2"图层和"1"图层，将这3个图层进行暂时链接，如图3-149所示。按键盘上的**Ctrl+T**组合键执行"自由变换"命令，出现变换框后，按键盘上的**Shift**键并向画面中心拖动4个角变换点中的任意一个，将3个女人等比例缩小，如图3-150所示。按Enter键应用变换。

图3-149

图3-150

07 选择"2"图层，并按住键盘上的Ctrl键单击"1"图层，将这两个图层进行暂时链接，如图3-151所示。选择工具栏中的移动工具，按住键盘上的Shift键垂直向下拖动链接的图像，如图3-152所示。

图3-151

图3-152

08 隐藏"3"图层，如图3-153所示，将画面中的两个女人调整得更近一些，如图3-154所示。

图3-153

图3-154

09 打开"3"图层，选择工具栏中的移动工具，将中间的女人放置在两个女人的中间位置，如图3-155所示。单击"图层"面板下面的"添加图层蒙版"按钮给图层"3"增加图层蒙版，如图3-156所示。

图3-155

图3-156

10 将前景色设置为黑色，选择工具栏中的画笔工具 ，在它的控制栏上设置画笔的样式，如图3-157所示。设置完成后，调整画笔大小并在蒙版中涂抹，涂抹的位置是在中间女人的头发上，这样可以显示出两边女人完整的脸的轮廓，如图3-158所示。

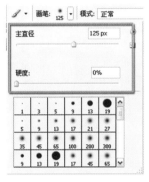

图3-157

图3-158

11 选择"3"图层，选择工具栏中的仿制图章工具，按住键盘上的Alt键，在女人的黑色毛衣处单击一下（黄色圆圈位置），如图3-159所示。松开Alt键，将鼠标移动到中间女人的左手位置进行涂抹，这样手就被仿制的毛衣部分所代替，如图3-160所示。

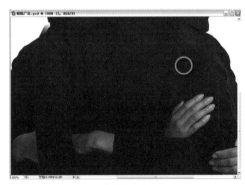

图3-159

图3-160

12 使用相同的方法对中间女人的右手进行操作，得到如图3-161所示的效果。

13 选择画笔工具 ，继续在"3"图层的蒙版中绘制，这次绘制的位置是被中间位置女人遮挡住的左边女人的手，如图3-162所示。按键盘上的X键将前景色和背景色进行调换，前景色变成白色后，使用画笔工具在手周围浅色的毛衣图像上进行涂抹，这样得到的效果就好像是左边女人的手放在中间女人的胳膊上，如图3-163所示。这是我们广告主题"无限连拍"的画面表现之一。

图3-161

图3-162

14 使用同样的方法将右边女人的手也制作出来，如图3-164所示。

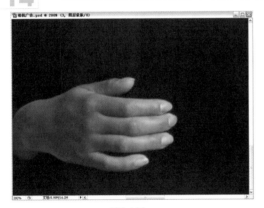

图3-163

图3-164

15 选择"3"图层的蒙版，使用画笔工具在中间女人的胳膊处进行涂抹，如图3-165所示。这样在画面效果上感觉是中间的女人抱着两边的女人，但两边的女人也各自有自己的形象，所以这样设计就会有一个视觉上的冲击力和趣味性。再将中间女人适当地向下移动，这样在画面比例上就更加真实了，如图3-166所示。

图3-165

图3-166

16 女人部分的设计就完成了，下面开始设计制作画面的背景。既然本广告是宣传相机的"连拍"功能的,所以在背景的设计上就需要有一定的逻辑性和关联性。打开素材文件 "3-8. jpg",如图3-167所示,将素材文件拖动到设计文件中,并放置在"背景"图层的上面,重命名为"底图",如图3-168所示。

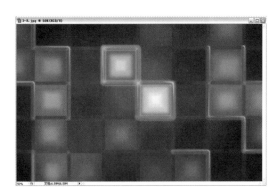
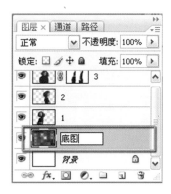

| 图3-167 | 图3-168 |

17 选择"底图"图层,按键盘上的Ctrl+M组合键,打开"曲线"对话框,曲线设置如图3-169所示。完成后,底图的颜色就更加浓重而神秘了,如图3-170所示。

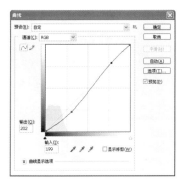

图3-169   图3-170

18 选择"1"图层,再打开"曲线"对话框,将画面中左边角度的女人的面部颜色进行调整,曲线设置如图3-171所示,得到如图3-172所示的效果。

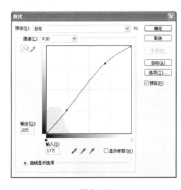

图3-171   图3-172

19 使用"曲线"命令再将其他两个女人的颜色进行调整,这样画面中女人的3个角度的照片就比较突出了,如图3-173所示。将女人的3个角度的图片暂时链接并向左边适当移动,如图3-174所示。

图3-173

图3-174

20 打开素材文件"3-9.psd",如图3-175所示。选择工具栏中的移动工具,将相机拖动到画面中并放置在"3"图层的上面,将此图层命名为"相机"。将相机移动到如图3-176所示的位置。

图3-175

图3-176

21 背面角度的相机屏幕是空的,所以要在相机的屏幕上放置图片,让相机看起来更加生动。本例使用的就是广告中女人的3个角度来制作相机的屏幕照片(读者可以使用其他组合图片素材来用做相机屏幕照片)。按键盘上的Print Screen键拍屏,然后按键盘上的Ctrl+V组合键将拍屏后的图片粘贴到设计文件中,如图3-177所示。

图3-177

充电站

拍屏的方式有很多种，也可以使用其他软件来拍屏，但最简单的方法还是按键盘上的Print Screen键。由于键盘的差异，有很多键盘的拍屏键是Prt SC、Sys Rq等，所以读者要灵活掌握。

22 选择工具栏中的矩形选框工具，在画面中粘贴后的图像上绘制出如图3-178所示的选区。按键盘上的Crtrl+Shift+I组合键将选区反选，按Delete键删除反选后选区中的图像，取消选区后，得到如图3-179所示的图像。

图3-178

图3-179

23 按键盘上的Ctrl+T组合键执行"自由变换"命令，将图像缩小后，配合键盘上的Ctrl键将图像变形，并放置在相机的屏幕上，如图3-180所示。

24 选择工具栏中的文字工具 **T**，在画面中输入相机的型号，调整大小以及字体，如图3-181所示。使用鼠标右击文字图层，在弹出的下拉菜单中选择"栅格化文字"命令，这样文字就被转换成普通图层。按键盘上的Ctrl键单击文字图层"DC-801"，画面中出现了选区，如图3-182所示。

图3-180

图3-181

图3-182

25 选择工具栏中的矩形选框工具，按住键盘上的Alt键并使用鼠标从选区的左上角向右下角拖动，直到将文字周围的选区减去一半，如图3-183所示。完成后文字的选框只剩下下半部分，如图3-184所示。

图3-183　　　　　　　　　　　　　　　　图3-184

26 选择工具栏中的渐变工具，使用鼠标单击控制栏中的渐变颜色条，打开"渐变编辑器"窗口，将渐变的颜色设置成浅灰色到白色的渐变，如图3-185所示。单击"确定"按钮后，按住键盘上的Shift键使用鼠标从选区的上面向下拖动，得到如图3-186所示的渐变。

图3-185　　　　　　　　　　　　　　　　图3-186

27 按键盘上的Ctrl+D组合键取消选区后，双击"DC-801"图层，打开"图层样式"对话框，选择对话框的"斜面和浮雕"选项，参数设置如图3-187所示。完成后画面中的"DC-801"就出现了立体效果，如图3-188所示，整体感觉更加有金属的效果。

图3-187　　　　　　　　　　　　　　　　图3-188

28 将其他辅助文字输入画面中，调整文字大小以及字体，如图3-189所示。将相机的品牌放置在画面的右上角（品牌为笔者虚构），如图3-190所示。

图3-189

图3-190

29 将本例广告语"无限连拍，无限创意！"输入到画面中，并进行排列，如图3-191所示，数码相机的广告就完成了。

图3-191

本例总结

数码相机的广告设计必须要用很多时间进行创意，而且设计的重点必须突出。本例设计宣传的重点是相机的连拍功能，所以在设计时采用的是同一个人的3个角度进行非常独特的结合，让3个人之间有联系，同时又非常有逻辑性。在设计数码产品广告时，不是说画面的色彩好就行的，还要有其独到的地方，这样才可以算是成功的广告。

3.2.2 手机广告

手机广告与数码相机广告的设计方式有很多相同的地方，都是以一个主要的卖点来进行宣传。本例将以手机的音乐功能为主题进行广告设计。

广告主题

"乐"在其中！

光盘素材路径

 素材和源文件\第3章\素材\3-10.jpg、3-11.psd

本例效果

操作步骤

01 新建文件，参数设置如图3-192所示。

02 打开素材文件"3-10.jpg"，如图3-193所示，打开"路径"浮动面板，单击"路径"面板中的路径层，画面中就出现了人物的路径轮廓线。按键盘上的Ctrl+Enter组合键，将路径转换为选区，如图3-194所示。

03 按键盘上的Ctrl+C组合键复制选区中的人物，回到新建文件，按键盘上的Ctrl+V组合键将人物粘贴进来，如图3-195所示，将此图层命名为"人"，如图3-196所示。

图3-192

图3-193　　　　　　　图3-194　　　　　　　图3-195　　　　　　　图3-196

04 选择工具栏中的移动工具，将人移动到画面的右边位置，如图3-197所示。按键盘上的Ctrl+S组合键保存文件，命名为"手机广告.psd"，如图3-198所示。

05 按键盘上的Ctrl+M组合键，打开"曲线"对话框，曲线设置如图3-199所示。单击"确定"按钮，得到如图3-200所示的效果。可以看出，人物的颜色饱和度高了很多，色彩也鲜亮很多。

06 选择工具栏中的画笔工具 ✎，在它的控制栏中设置笔刷的样式，如图3-201所示。设置好笔刷样式后，选择不同的颜色，在画面的"背景"图层进行绘制，绘制时适当地改变画笔的大小，得到如图3-202所示的颜色。

图3-197

图3-198

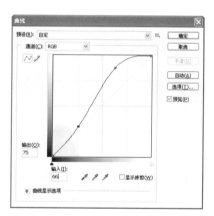

图3-199

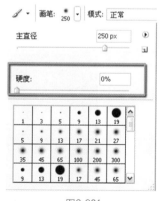

图3-201

图3-200

图3-202

07 选择"滤镜"|"像素化"|"马赛克"命令，参数设置如图3-203所示，单击"确定"按

钮后，得到如图3-204所示的效果。

图3-203　　　　　　　　　　　　　图3-204

08 选择"滤镜"|"画笔描边"|"强化的边缘"命令，参数设置如图3-205所示，单击"确定"按钮后，得到如图3-206所示的效果。

09 按Ctrl+F组合键再次使用"强化的边缘"命令，得到如图3-207所示的效果。

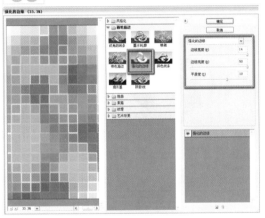

图3-205　　　　　　　　　　图3-206　　　　　　　　　图3-207

10 将前景色和背景色调整为橘黄色和黑色。选择"滤镜"|"素描"|"碳精笔"命令，参数设置如图3-208所示。单击"确定"按钮后，得到如图3-209所示的效果。

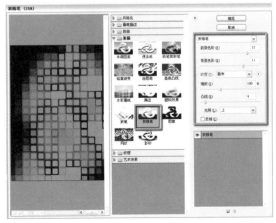

图3-208　　　　　　　　　　　　　图3-209

11 选择"滤镜"|"画笔描边"|"强化的边缘"命令，参数设置如图3-210所示，单击"确定"按钮后，得到如图3-211所示的效果。

图3-210

图3-211

12 按键盘上的Ctrl+M组合键，打开"曲线"对话框，曲线设置如图3-212所示。单击"确定"按钮后，得到如图3-213所示的效果。

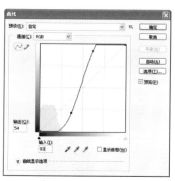

图3-212

图3-213

13 将"背景"图层复制，将复制后的图层重新命名为"背景2"，如图3-214所示。按键盘上的Ctrl+I组合键，将"背景2"图层中的图像反向，如图3-215所示。

图3-214

图3-215

14 选择工具栏中的自定义形状工具，在它的控制栏中单击"形状"选项的三角按钮，出现形状下拉列表，如图3-216所示。选择其中的音符形状的图形，将前景色调整为天蓝色，如图3-217所示。

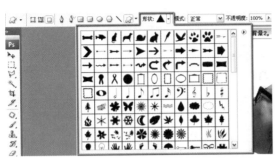

图3-216   图3-217

 充电站

在步骤14中使用自定义形状工具时，如果没有找到音乐符号，那是因为没有载入形状。载入形状的方法是：单击控制栏中"形状"选项的三角按钮，在下拉列表中选择"全部"选项，再查看"形状"面板，里面就会出现音符形状了。

15 新建图层"音符"，如图3-218所示。按住键盘上的Shift键，使用自定义形状工具制作出音符，如图3-219所示。

图3-218   图3-219

16 使用同样的方法制作出另一个音符，如图3-220所示。选择工具栏中的矩形选框工具选择新制作的音符，如图3-221所示。

图3-220   图3-221

17 选择工具栏中的移动工具，按键盘上的→方向键，这样选区就变成了音符的形状，如图 3-222所示。按键盘上的**Ctrl+T**组合键执行"自由变换"命令，出现变换框，如图**3-223**所示。

图3-222

图3-223

18 按住键盘上的**Shift**键使用鼠标拖动左上角的变换点将音符变小，如图**3-224**所示。将鼠标移动到变换框外，当鼠标形状变成了旋转的符号时，将音符进行适当的旋转，如图**3-225**所示。按**Enter**键应用变换。

图3-224

图3-225

19 按键盘上的**Ctrl+D**组合键取消选区，使用自定义形状工具制作出其他音符，并适当地改变大小以及旋转，最后将所有的音符排列成如图**3-226**所示的样式。

20 使用鼠标双击"音符"图层，打开"图层样式"对话框后，分别设置其中的"内阴影"、"内发光"、"斜面和浮雕"（包括该选项所包含的"等高线"选项）、"光泽"和"颜色叠加"选项，具体设置如图**3-227**~图**3-232**所示，完成后得到如图**3-233**所示的效果。

21 打开素材文件"3-11.psd"，如图**3-234**所示。选择工具栏中的移动工具，将手机拖动到设计文件中，如图**3-235**所示。

22 使用工具栏中的文字工具 **T**，在画面中输入手机的型号，选择适当的字体并调整大小，如图**3-236**所示。将手机的说明文字输入到画面中，调整字体以及大小后，效果如图**3-237**所示。

图3-226

图3-227

图3-228

图3-229

图3-230

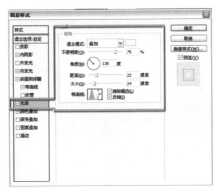

图3-231

图3-232

图3-233

图3-234

图3-235

23 将产品的LOGO（笔者虚构）以及必要的文字放置在画面中，如图3-238所示。本例的设计就完成了，但在本例的操作中还有一个深色的背景图像，就是"背景"图层。用户还可以使用深颜色的背景制作另一种风格的广告。

图3-236

图3-237

图3-238

24 将"背景2"图层隐藏，画面显示的是"背景"图层，如图3-239所示。为画面中的文字调整颜色，得到如图3-240所示的效果。

25 将音符的图层样式进行调整，将画面中橘黄色的音符调整为天蓝色，如图3-241所示，这样深色调的广告就完成了。

图3-239

图3-240

图3-241

本例总结

　　手机的广告设计需要贴近消费者，突出手机的主要功能。本例突出的是音乐功能，所以在画面的设计上采用了比较活泼的形式以及非常时尚的元素。数码产品的广告设计不能远离消费者，可以夸张，可以写意，但一定要让消费者知道宣传的重点，这样才是一个好的数码产品的宣传广告。

3·3 运动品牌广告设计

学前导读

运动品牌广告设计必须要具有运动的风格，同时画面要充满活力与动感，这样才能突出运动品牌的概念。本例将设计滑雪板的广告。

滑雪板广告设计需要体现出速度的效果，这样才能吸引人去购买，所以在设计制作时，比较夸张的手法是一种较好的表现方式。

广告主题
无限畅快！
光盘素材路径

 素材和源文件\第3章\素材\3-12.jpg、3-13.jpg

本例效果

操作步骤

01 新建文件，参数设置如图3-242所示。

图3-242

02 打开素材文件"3-12.jpg"，如图3-243所示，选择工具栏中的钢笔工具，将画面中滑雪的人勾勒出来，如图3-244所示。

图3-243

图3-244

03 按键盘上的**Ctrl＋Enter**组合键，将路径线转换为选区，如图3-245所示。按键盘上的**Ctrl＋C**组合键复制选区中的人，回到新建文件中按**Ctrl＋V**组合键，将滑雪的人粘贴进来，如图3-246所示。

图3-245   图3-246

04 按键盘上的**Ctrl＋S**组合键保存文件，将文件命名为"运动品牌广告.psd"，如图3-247所示。

05 将人物的图层重命名为"人"，如图3-248所示。按键盘上的**Ctrl＋U**组合键，打开"色相/饱和度"对话框，将对话框中"饱和度"的数值降低，如图3-249所示。单击"确定"按钮后，得到如图3-250所示的降低饱和度的效果。

图3-247   图3-248

图3-249   图3-250

06 按键盘上的**Ctrl＋M**组合键，打开"曲线"对话框，曲线调整如图3-251所示，单击"确定"按钮后，得到如图3-252所示的效果。

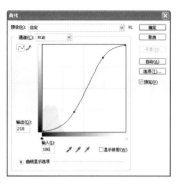

图3-251

图3-252

07 选择"编辑"|"变换"|"水平翻转"命令，将人进行水平翻转操作，如图3-253所示。
按键盘上的Ctrl+T组合键执行"自由变换"命令，按住键盘上的Shift键使用鼠标拖动左
上角的变换点，将人适当地缩小并旋转，如图3-254所示。

图3-253

图3-254

08 按键盘上的Enter键应用变换。下面开始制作画面中飘动的滑板轨迹线。新建图层"1"，
如图3-255所示，选择工具栏中的钢笔工具，制作出如图3-256所示的路径。

图3-255

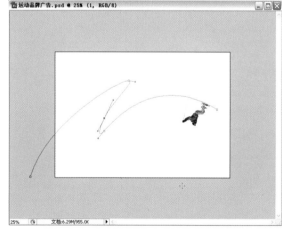

图3-256

09 打开"路径"浮动面板，将前景色改为黑色，选择工具栏中的画笔工具，在它的控制
栏中设置笔刷的大小及样式，如图3-257所示。单击"用画笔描边路径"按钮，得到如图
3-258所示的线条。

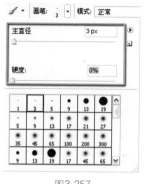

图3-257

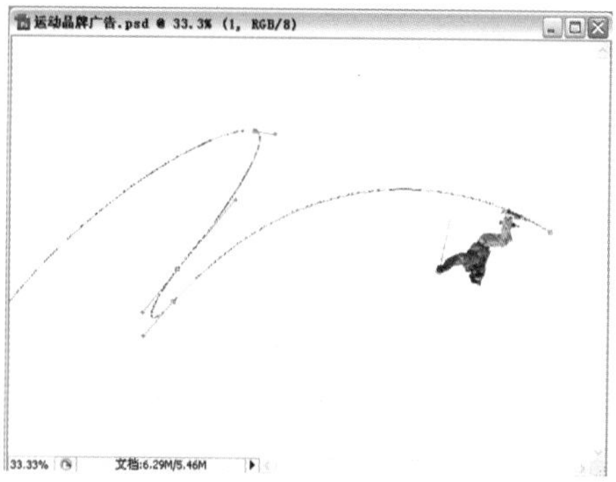

图3-258

充电站

　　描边路径线条的粗细是通过调整画笔工具或者铅笔工具的大小来控制的，所以在描边之前，需要先调整画笔工具或铅笔工具的笔刷样式以及大小。

10　　使用鼠标单击"路径"面板的空白处，以隐藏画面中的路径线。新建图层"轨迹1"，如图3-259所示，选择工具栏中的钢笔工具，沿着制作好的轨迹线制作出如图3-260所示的路径。

图3-259

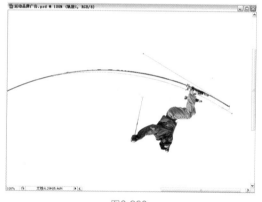

图3-260

11　　按键盘上的Ctrl+Enter组合键，将路径转换为选区，如图3-261所示。将前景色调整为70%的黑色，如图3-262所示。

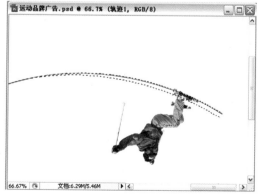

图3-261

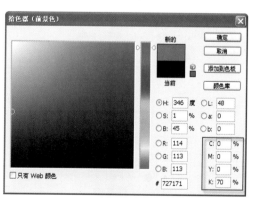

图3-262

12 按键盘上的Alt+Delete组合键将前景色填充到选区中，取消选区，如图3-263所示，这样轨迹线的第一段形状就制作出来了。将"1"图层移动到"轨迹1"图层的上面，并降低不透明度的数值，如图3-264所示。

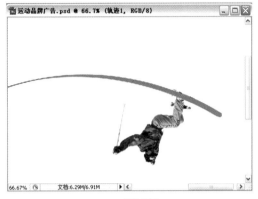

图3-263   图3-264

13 使用相同的方法将其他几段轨迹线制作出来，如图3-265所示（每制作一段轨迹线，都要新建一个图层，在新图层中填充颜色，以便于后面的精细制作和调整），新建的图层如图3-266所示。

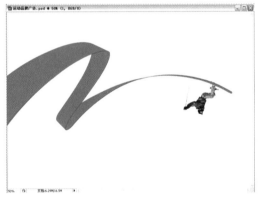

图3-265   图3-266

14 选择工具栏中的加深工具![icon]，在它的控制栏中设置笔刷的大小及样式，如图3-267所示。选择"轨迹1"图层，使用加深工具将轨迹线部分适当地加深，如图3-268所示。

图3-267   图3-268

15 选择图层1（轨迹线中间段的图层），选择加深工具，按键盘上的 】键将加深工具笔刷的主直径加大，将图层1中的轨迹线部分加深，使其看起来更加有立体感和空间感，如图3-269所示。

16 继续选择加深工具，调整笔刷大小，选择图层2，将此图层中的轨迹线部分加深，得到如图3-270所示的效果。

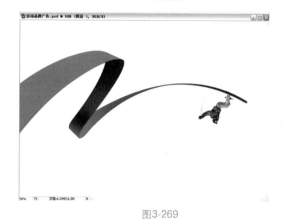

图3-269

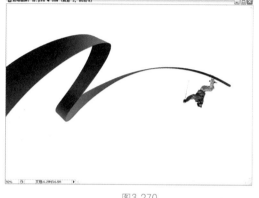

图3-270

 充电站

制作轨迹线时，读者需要耐心地调整路径线。如果路径线制作得不流畅，制作出来的轨迹线也不会具有流线感。

17 通过上面一系列的加深操作，画面中的滑板轨迹线已经非常有动感效果和空间感了。下面需要对轨迹线进行细节处理，让它看起来更加具有质感。将"1"图层的不透明度数值调整为100%，复制"1"图层，重命名为"1-1"，如图3-271所示。按键盘上的Ctrl+I组合键将黑色的线条反相，得到如图3-272所示的白色线条。

18 选择工具栏中的移动工具，按键盘上的4个方向键，将白色的线条适当地移动，这样操作的目的是为了让轨迹线更加有立体感，并且有一定的厚度，如图3-273所示。

图3-271

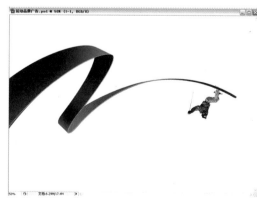

图3-272

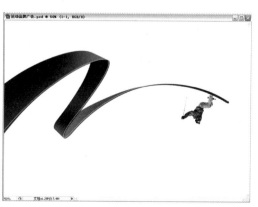

图3-273

充电站

按键盘上的4个方向键对画面中的图像进行调整属于微调。所谓微调就是每按一次方向键，画面中的图像移动一个像素的位置。当操作时，使用鼠标移动不能准确地得到理想效果时，笔者建议使用微调进行调整。

19 现在画面中白色线条的粗细是相同的，但实际上应该是近粗远细的，所以需要对白色线条近距离的部分进行加粗处理。选择工具栏中的钢笔工具，在近处的白色线条处绘制出略粗一些的路径线，如图3-274所示。按键盘上的**Ctrl+Enter**组合键将路径线转换成选区，如图3-275所示。

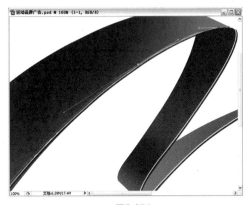

图3-274

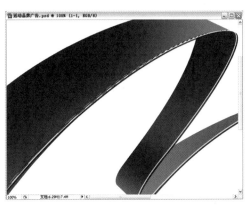

图3-275

20 将前景色调整为白色，确认目前选择的图层是"1-1"，按键盘上的**Alt+Delete**组合键将白色填充到选区中，然后按键盘上的**Ctrl+D**组合键取消选区，如图3-276所示。这样，白色的线条就有了近粗远细的效果。

21 选择工具栏中的橡皮擦工具，在它的控制栏中设置橡皮擦的笔刷样式以及大小，如图3-277所示。设置完成后，将靠近人的白色线条擦掉，如图3-278所示，这样画面中的透视感就更强了。

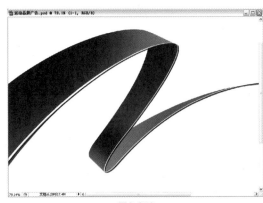

图3-276

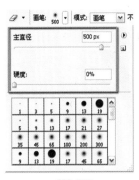

图3-277

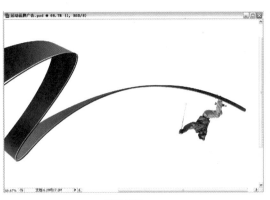

图3-278

22 选择工具栏中的加深工具，在它的控制栏中设置笔刷样式以及大小，如图3-279所示。完成设置后，在图层2的图形上进行加深处理，得到如图3-280所示的效果。

23 继续使用加深工具适当地调整大小后，分别加深"图层1"以及"轨迹1"中的图像，得到如图3-281所示的效果，这样使轨迹看起来更加丰富。

24 一个滑板轨迹制作完成了，下面开始制作第二个滑板的轨迹。使用钢笔工具制作出滑板轨迹的路径线，如图3-282所示。新建"轨迹2"图层，如图3-283所示。

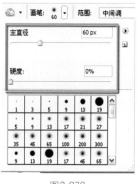

图3-279

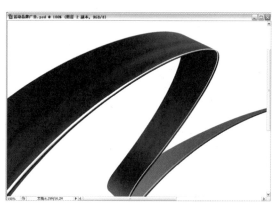

图3-280

图3-281

图3-282

图3-283

25 将前景色调整为黑色。选择画笔工具，笔刷大小以及样式的设置如图3-284所示。单击"路径"浮动面板下面的"用画笔描边路径"按钮，为路径线进行描边，得到如图3-285所示的轨迹线。

26 使用鼠标单击"路径"面板的空白处，将路径隐藏。再用制作第一条轨迹线的方法制作出第二条轨迹线，如图3-286所示。再将此轨迹线进行修饰，得到如图3-287所示的效果。

27 将属于轨迹1的图层合并，并重新命名为"轨迹1"；将属于轨迹2的图层合并，重新命名为"轨迹2"，如图3-288所示。将"轨迹1"和"轨迹2"图层放置在"人"图层下面。这样人就有踩在轨迹上的效果，如图3-289所示。

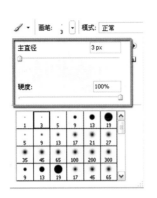

图3-284

图3-285

图3-286

图3-287

图3-288

图3-289

28 画面中人的右脚并没有踩在轨迹线上，所以要对右脚进行处理。选择"人"图层，选择工具栏中的多边形套索工具 ，将右脚前面部分的鞋勾勒出来，如图3-290所示。再按住键盘上的Shift键加选右脚后面部分的鞋，如图3-291所示。

29 按键盘上的Delete键将选区中的部分删除，按Ctrl+D组合键取消选区，如图3-292所示。再使用多边形套索工具 将左脚鞋的部分绘制出选区，如图3-293所示。

图3-290

图3-291

图3-292

图3-293

30 按Ctrl+C组合键复制，再按Ctrl+V组合键将复制的部分粘贴进来，如图3-294所示。将粘贴产生的图层移动到"人"图层的下面，这样复制的部分就被人的左腿挡住了，如图3-295所示。

图3-294

图3-295

31 按键盘上的Ctrl+T组合键，出现变换框后，将腿适当地旋转，然后按住键盘上的Shift键将图像适当缩小，使其有踩到轨迹线上的感觉，按Enter键应用变换，如图3-296所示。选择工具栏中的加深工具，将其适当加深，如图3-297所示。

32 将人的图层与腿的图层进行合并，并重新命名为"人"，如图3-298所示。打开素材图片"3-13.jpg"，如图3-299所示。

图3-296　　　　　　　　　　　　　　　　　　图3-297

33 选择"图像"｜"调整"｜"去色"命令，这样图片就被去色了，如图3-300所示。

图3-298　　　　　　　图3-299　　　　　　　　　　　图3-300

34 按键盘上的Ctrl+M组合键，打开"曲线"对话框，曲线设置如图3-301所示，完成后得到如图3-302所示的效果。

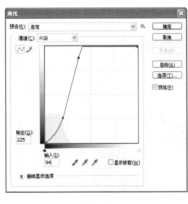

图3-301　　　　　　　　　　　　　　　　图3-302

35 将前景色调整为白色，选择画笔工具 ，将天空的灰色涂抹成白色，如图3-303所示。选择移动工具，将素材文件移动到制作文件中，并放置在"背景"图层上，如图3-304所示。

36 将图像向下移动，只露出山峰，如图3-305所示。将图层的不透明度数值降为40%，得到如图3-306所示的效果。

图3-303

图3-304

图3-305

图3-306

37 按键盘上的Ctrl+M组合键，打开"曲线"对话框，曲线调整如图3-307所示，完成后得到如图3-308所示的效果。

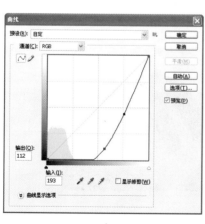

图3-307

图3-308

38 新建图层"灰色"，如图3-309所示。将前景色调整为浅灰色，如图3-310所示。

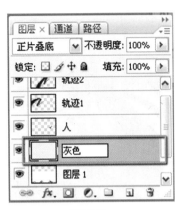

图3-309

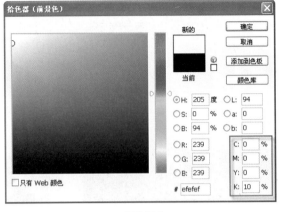

图3-310

39 按键盘上的Alt+Delete组合键将灰色填充到"灰色"图层，将图层混合方式改为"线性加深"，如图3-311所示，得到如图3-312所示的效果。

图3-311

图3-312

40 选择工具栏中的加深工具 ，在它的控制栏中设置笔刷大小以及样式，如图3-313所示。设置完成后，将灰色的边角进行加深处理，得到如图3-314所示的效果。

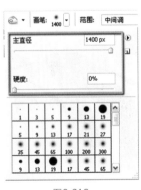

图3-313

图3-314

41 加深处理后的颜色过渡都会出现一定的带状，所以需要对这个问题进行处理。选择"滤镜"｜"模糊"｜"高斯模糊"命令，参数设置如图3-315所示。单击"确定"按钮后，带状的问题就不存在了，如图3-316所示。

图3-315　　　　　　　　　　　　　　　图3-316

42 画面中需要设计的部分都完成了，下面开始进行调整。山峰的颜色略有些深，所以将山峰对应图层的不透明度降为15%，如图3-317所示，得到如图3-318所示的效果。

图3-317　　　　　　　　　　　　　　　图3-318

43 将产品的LOGO、广告语和说明文字放置在画面中，本例就制作完成了，效果如图3-319所示。

图3-319

本例总结

运动品牌的广告设计要有运动的感觉，并突出运动的畅快感觉，这样才能吸引消费者的视线。本例采用比较抽象的设计形式来表现滑雪的畅快感觉，通过滑板的轨迹线来表现速度以及畅快的效果。学完本例后，读者可以将轨迹线制作成其他形式的感觉，也一定会有不错的效果。

3.4 食品类广告设计

学前导读

食品类广告在设计上必须突出食品的诱人之处，表现手法多样，但表达的主题只有一个，就是吊起消费者的胃口。成功的食品广告很多，日常生活中很多速食店以及快餐店都是靠设计很诱人的广告来吸引消费者的。在本节的食品广告中将设计两种食品广告：诱人食品广告和趣味食品广告。

3.4.1 诱人食品广告

本例在设计上没有用太多的表现手法，而主要在创意上做文章，这样得到的效果更加有冲击力，具有更深层次的含义。

广告主题
爽滑Tenderness！回味Savoured！
光盘素材路径
 素材和源文件\第3章\素材\3-14.jpg、3-15.psd

本例效果

操作步骤

01 新建文件，参数设置如图3-320所示。

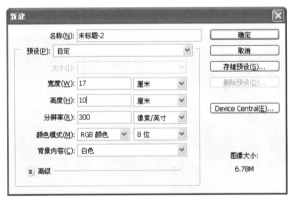

图3-320

02 先来设计画面中的勺子。选择工具栏中的钢笔工具，在画面中制作出勺子形状一半的路径线，如图3-321所示（如果读者对钢笔工具使用不熟练，可以从光盘中找到本例的源文件，按照源文件中的"勺子"图层中的形状进行绘制，也可以打开"路径"浮动面板，单击里面的"勺子"层打开路径线使用。）。按键盘上的Ctrl+Enter组合键，将路径线转换为选区，如图3-322所示。

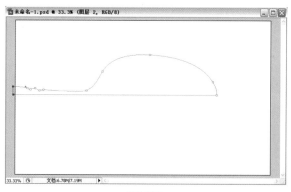

图3-321　　　　　　　　　　　　　图3-322

 充电站

　　步骤2中只制作勺子一半的路径线。可能很多读者会问，为什么只制作一半而不是整个勺子的路径线，因为在没有实物参考的情况下，用户很难保证制作出来的路径线一定是上下对称，所以制作出一半，经过复制操作后，就可以将两个图形拼合成一个完整的勺子，而且上下左右都对称。

03　　新建图层"勺子"，如图3-323所示。将前景色调整为灰色，如图3-324所示。调整好后，按键盘上的**Alt+Enter**组合键将前景色填充到选区中，取消选区后，得到如图3-325所示的半个勺子的形状。

图3-323　　　　　　　　　　　　　图3-324

04　　按键盘上的**Ctrl+S**组合键保存文件，将文件命名为"食品广告1.psd"，如图3-326所示。

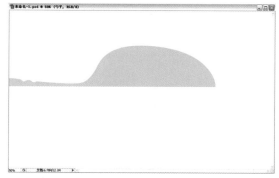　　　　

图3-325　　　　　　　　　　　　　图3-326

05　　下面将制作的路径进行保存。打开"路径"浮动面板，双击"工作路径"层，打开"存储

路径"对话框，将名称改为"勺子"，如图**3-327**所示。单击"确定"按钮后，路径就被
保存下来了，如图**3-328**所示。

图3-327   图3-328

 充电站

在制作完路径并将路径转换为选区后，如果没有进行保存路径的操作，那么下一次制作路径时，
前面制作过的路径就会被自动删除。保存路径后，再在画面中制作其他路径线，其他路径线就会在新
增的路径层中出现，而不会出现在保存的路径层中。

06 复制"勺子"图层，并重新命名为"勺子1"，如图**3-329**所示。隐藏"勺子"图层，如图
3-330所示。

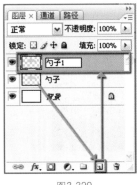   

图3-329   图3-330

07 选择工具栏中的矩形选框工具，将画面中的勺子框选，如图**3-331**所示。选择工具栏中的
移动工具，并按键盘上的↑键，得到了勺子的选区，如图**3-332**所示。

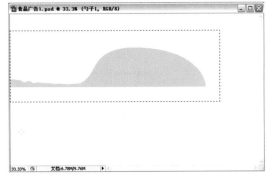   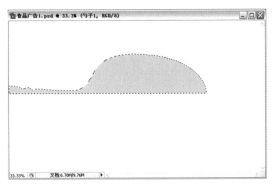

图3-331   图3-332

08 确认选择的工具为移动工具，按住键盘上的**Alt+Shift**组合键并使用鼠标向下垂直拖动勺子（这种操作是在同一图层内复制图像），得到如图3-333所示的复制结果。

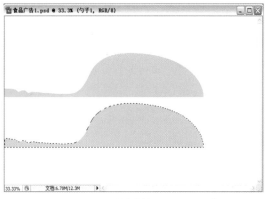

图3-333

09 选择"编辑"|"变换"|"垂直翻转"命令，这样复制的半个勺子就垂直翻转过来了，如图3-334所示。按住键盘上的解**Shift**键将鼠标移动到选区中，单击后垂直向上移动，直到与上半部分勺子的边缘重合，如图3-335所示。取消选区后，勺子的整体形状就完成了。

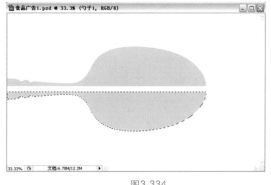

图3-334

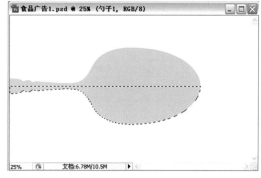

图3-335

 充电站

在步骤9的垂直向上移动选区中勺子的操作中，如果使用鼠标移动不能很准确地与上面勺子部分重合的话，在确认选择的工具为移动工具的情况下，可以按键盘上的↑键来进行垂直向上的微调移动。操作后，如果不确认是否完全重合，可以按**Ctrl+H**组合键隐藏选区，如果发现没有完全重合，可以继续移动操作直到重合。

10 下面开始对勺子进行细节上的处理，使勺子看上去充满金属质感。新建图层"黑色"，如图3-336所示。选择工具栏中的钢笔工具，绘制出勺子上面黑色暗面的路径线，如图3-337所示。

11 按键盘上的**Ctrl+Enter**组合键将路径转换为选区，如图3-338所示。按键盘上的**D**键将前景色还原为黑色，再按键盘上的**Alt+Enter**组合键将黑色填充到选区中，取消选区后效果如图3-339所示。

图3-336

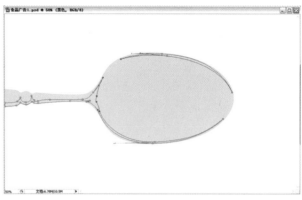

图3-337

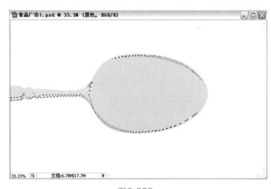

图3-338

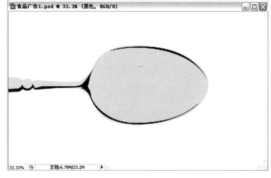

图3-339

充电站

　　绘制金属质感的勺子并不简单，所以需要大家在日常生活中多观察身边的事物，这样在做设计时才会有更深的生活经验作为支撑，设计出的效果才更加真实、更加精彩。

12　再使用钢笔工具绘制出一些细节部分，如图3-340所示。按键盘上的Ctrl+Enter组合键，将路径转换为选区，确认前景色为黑色后，按键盘上的Alt+Enter组合键将黑色填充到选区中，取消选区，效果如图3-341所示。

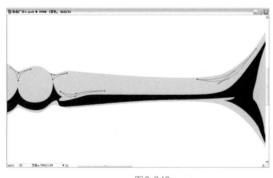

图3-340

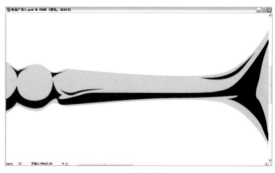

图3-341

13　新建图层"灰色"，如图3-342所示。按住键盘上的Ctrl键单击"勺子1"图层，出现了勺子的轮廓，如图3-343所示。

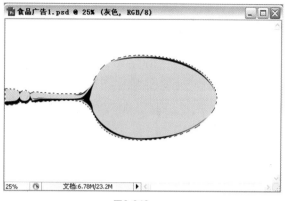

图3-342 图3-343

14 目前的背景色是白色（如果不是白色，读者将其调整为白色），按键盘上的Alt+Delete组合键将"灰色"图层填充为白色，如图3-344所示。将前景色设置为浅灰色，具体数值如图3-345所示。

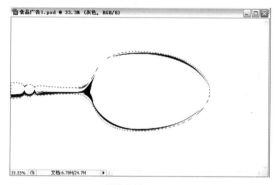

图3-344

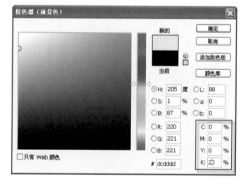

图3-345

15 选择工具栏中的画笔工具，在它的控制栏中设置画笔的大小以及样式，如图3-346所示。设置完成后，使用画笔工具绘制出如图3-347所示的效果。

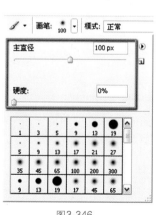

图3-346

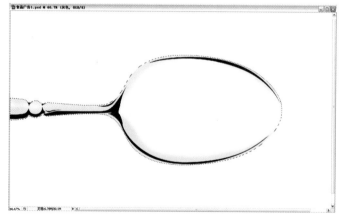

图3-347

16 选择减淡工具，在它的控制栏中设置笔刷的大小以及样式，如图3-348所示，完成后得到如图3-349所示的效果。

17 新建图层"边"，如图3-350所示。将前景色调整为灰色，如图3-351所示。

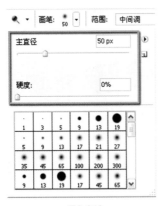

图3-348

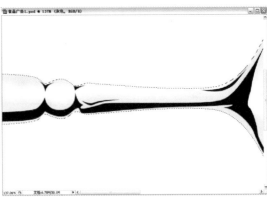

图3-349

图3-350

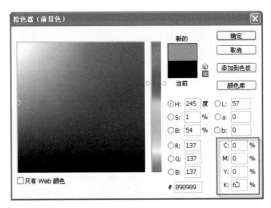

图3-351

18 选择"编辑"|"描边"命令，打开"描边"对话框，设置如图3-352所示。完成后取消选区，得到如图3-353所示的效果。

图3-352

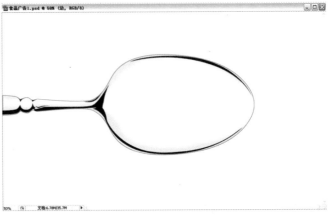

图3-353

19 选择工具栏中的橡皮擦工具，在它的控制栏中设置橡皮擦的大小以及样式，如图3-354所示。设置好后，将勺子下半部分边缘线擦拭掉，如图3-355所示。

20 现在勺子的基本立体效果已经制作出来。使用前面讲到的方法将勺子再进行细节上的处理，最后得到如图3-356所示的效果。因为勺子里面要放食物，所以勺子的前面部分不需要进行处理，放入食物之后再对勺子进行细节的处理就可以了。

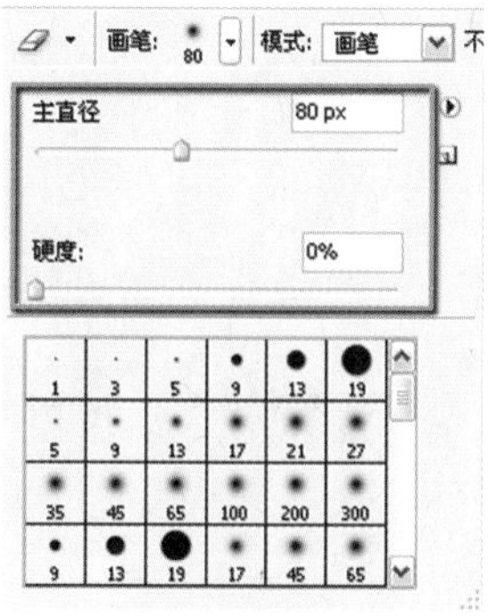

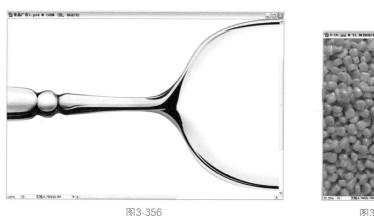

图3-354

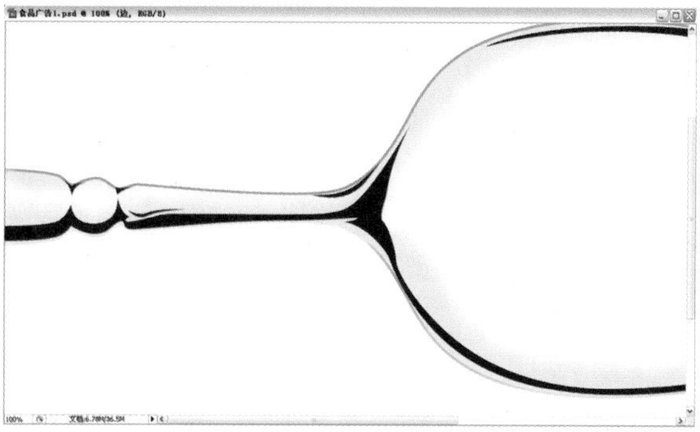

图3-355

21 打开素材文件"3-14.jpg"，如图3-357所示。使用移动工具将素材文件拖动到制作文件中，并将素材所对应的"图层1"图层放置在"边"图层和"灰色"图层之间，如图3-358所示，这样就可以知道玉米在勺子中的大小了，如图3-359所示。

图3-356

图3-357

图3-358

图3-359

22 经过观察后，发现勺子中玉米的大小比较合适，所以不需要进行放大或缩小的操作。选择工具栏中的钢笔工具，将勺子中的玉米勾勒出来，如图3-360所示。按键盘上的Ctrl+Enter组合键将路径转换为选区，如图3-361所示。

23 按键盘上的Ctrl+C组合键，将选区中的玉米复制，按键盘上的Ctrl+V组合键粘贴，将粘贴后的图层移动到"黑色"图层上面，并命名为"玉米"，将图层1删除，如图3-362所示，得到如图3-363所示的效果。

Chapter 1
Chapter 2
Chapter 3
Chapter 4
Chapter 5
Chapter 6

图3-360

图3-361

图3-362

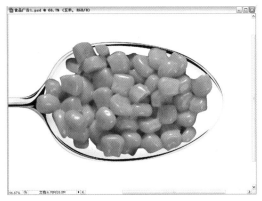

图3-363

24 按键盘上的Ctrl+T组合键，出现变换框后，按住键盘上的Shift键并使用鼠标单击拖动右下角的变换点将玉米等比例放大，适当地移动，将玉米放在勺子的中间位置，按键盘上的Enter键应用变换，如图3-364所示。

图3-364

25 选择工具栏中的模糊工具，在它的控制栏中设置笔刷的大小以及样式，如图3-365所示。设置完成后，在玉米的边缘进行模糊操作，得到如图3-366所示的效果。

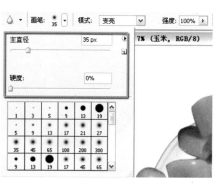

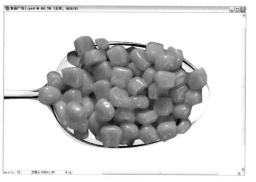

图3-365   图3-366

26 下面开始对勺子顶部进行处理，按键盘上的Ctrl键单击"灰色"图层，出现了勺子的选区，如图3-367所示。新建图层"阴影"，放置在"灰色"图层的上面，如图3-368所示。

图3-367   图3-368

27 将前景色调整为棕红色，具体数值如图3-369所示。设置完成后，选择工具栏中的画笔工具，在它的控制栏中设置它的笔刷以及大小，如图3-370所示。

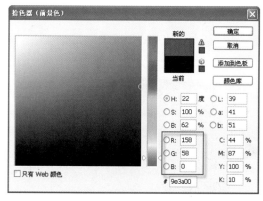

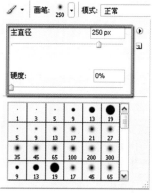

图3-369   图3-370

28 使用画笔工具在勺子里面进行随意的绘制，如图3-371所示。

29 选择工具栏中的加深工具，在它的控制栏中设置笔刷大小以及样式，如图3-372所示。完成设置后，在刚绘制的棕红色的上面进行加深操作，这样玉米的投影感觉就制作出来了，感觉更加真实，如图3-373所示。

图3-371　　　　　　　　　　图3-372　　　　　　　　　图3-373

30 将"阴影"图层的混合方式调整为"强光"，如图3-374所示，完成后得到如图3-375所示的混合效果。这样，勺子的金属质感就表现出来了。

图3-374　　　　　　　　　　　　　图3-375

31 下面开始制作勺子上的牙齿缺口效果。隐藏"玉米"图层，如图3-376所示。选择工具栏中的钢笔工具，制作出如图3-377所示的牙齿缺口的路径线。

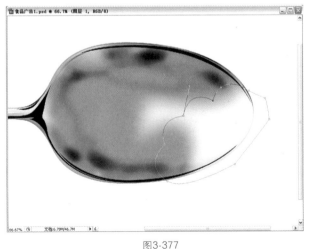

图3-376　　　　　　　　　　　　图3-377

32 按键盘上的Ctrl+Enter组合键将路径转换为选区，如图3-378所示。先选择"黑色"图层，再按键盘上的Delete键删除选区中的黑边，如图3-379所示。

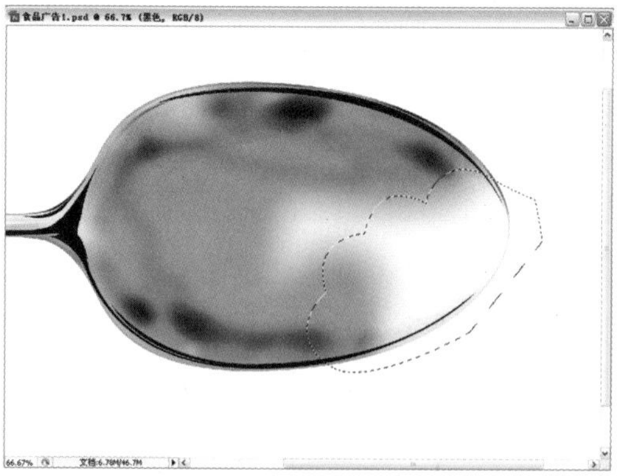

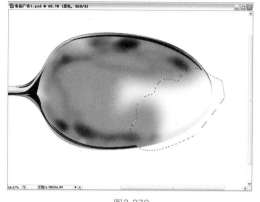

图3-378

图3-379

33 分别将"边"、"阴影"、"灰色"、"勺子"图层选区中的部分删除,如图**3-380**所示。

34 选择"边"图层,将前景色设置为灰色,具体参数如图**3-381**所示。选择"编辑"|"描边"命令,参数设置如图**3-382**所示。单击"确定"按钮后取消选区,得到如图**3-383**所示的边框。

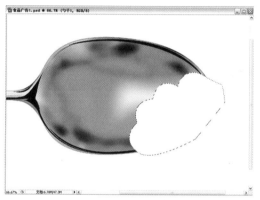

图3-380

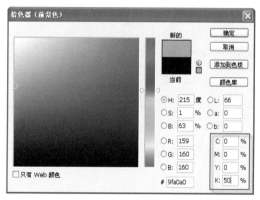

图3-381

图3-382

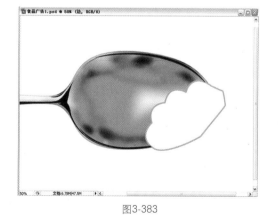

图3-383

35 选择工具栏中的多边形套索工具,制作出如图**3-384**所示的选区。按键盘上的Delete键,将选区中的边删除,取消选区后,得到如图**3-385**所示的效果。

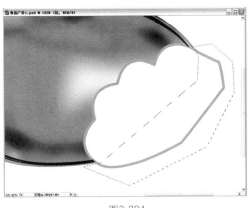

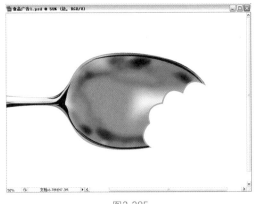

图3-384   图3-385

36 使用前面学习的方法将牙齿缺口部分制作出金属效果，如图3-386所示。打开"玉米"图层，将其不透明度值改为70%，如图3-387所示。这样玉米就呈现出半透明的状态，可以看见勺子上的缺口，如图3-388所示。

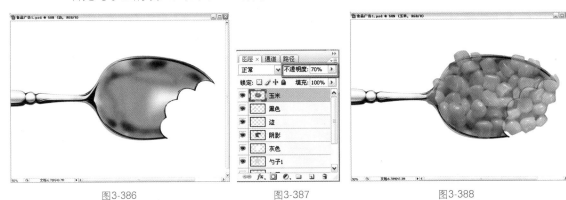

图3-386   图3-387   图3-388

37 选择工具栏中的钢笔工具，将缺口部分的玉米勾勒出来，如图3-389所示。按键盘上的Ctrl+Enter组合键将路径转换为选区，再按键盘上的Delete键删除选区中的玉米。将"玉米"图层的不透明度值调整为100%，得到如图3-390所示的效果。

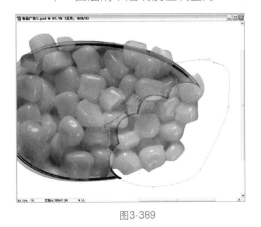

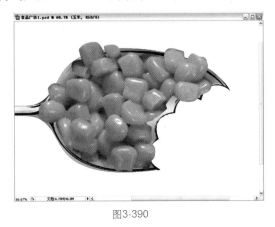

图3-389   图3-390

38 使用前面学习的方法将勺子进行细微的处理，得到如图3-391所示的效果。

39 因为玉米表面是有汁的，所以勺子里面也一定会有汁。新建图层"汁"，如图3-392所示。选择钢笔工具，在玉米周围制作出汁的轮廓线，如图3-393所示。

图3-391　　　　　　　　图3-392　　　　　　　　图3-393

40 按键盘上的**Ctrl+Enter**组合键将路径转换为选区。将前景色调整为灰色，参数设置如图
3-394所示，设置完成后按键盘上的**Alt+Delete**组合键将灰色填充到选区中，取消选区，
得到如图3-395所示的效果。

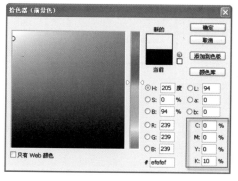

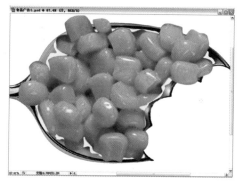

图3-394　　　　　　　　　　　　　　　　　图3-395

41 双击"汁"图层，在打开的"图层样式"对话框中分别设置"投影"、"内阴影"、"内
发光"、"斜面和浮雕"、"等高线"、"颜色叠加"选项，参数设置如图3-396～图
3-401所示，完成后得到如图3-402所示的效果。

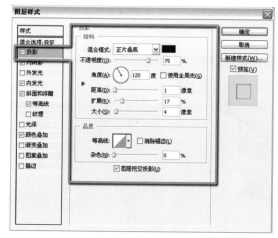

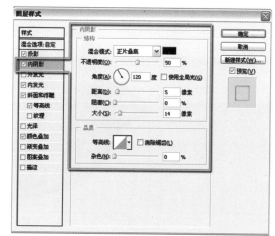

图3-396　　　　　　　　　　　　　　　　　图3-397

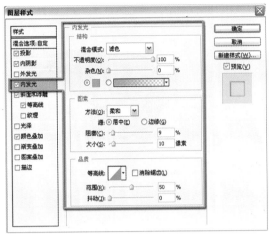

图3-398

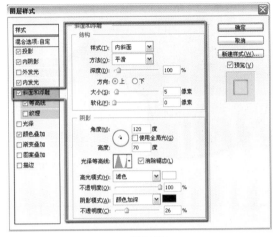

图3-399

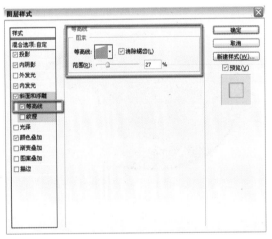

图3-400

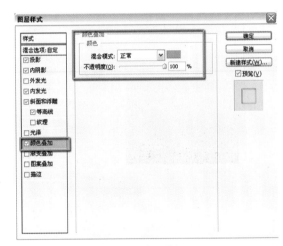

图3-401

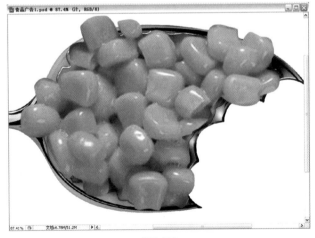

图3-402

42 受到玉米颜色的影响，勺子把也应该有一些黄色的感觉。选择"灰色"图层，按键盘上的 Ctrl+U组合键，打开"色相/饱和度"对话框，参数设置如图3-403所示。单击"确定"按钮后，得到如图3-404所示的效果。

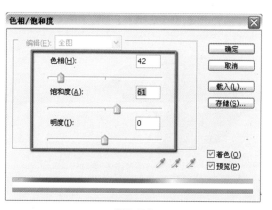

图3-403

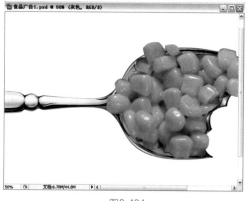

图3-404

43 选择"玉米"图层，按键盘上的Ctrl+M组合键，打开"曲线"对话框，调整曲线如图3-405所示。单击"确定"按钮后，得到如图3-406所示的效果。

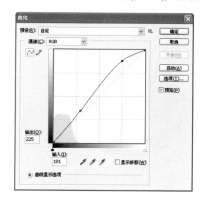

图3-405

图3-406

44 目前得到的玉米的颜色对比度比较高，颜色有些失真，所以还要进行调整。按键盘上的Ctrl+U组合键，打开"色相/饱和度"对话框，将对话框中的"饱和度"数值适当地降低，如图3-407所示。单击"确定"按钮后，得到如图3-408所示的效果比较真实的玉米。

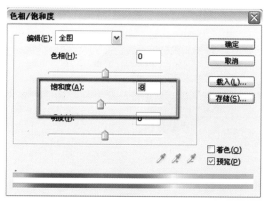

图3-407

图3-408

45 勺子和玉米的效果就制作完成了，下面制作勺子的投影，使其看上去处在一个环境中。复制"勺子1"图层，并重新命名为"投影"图层，如图3-409所示。选择工具栏中的移动工具，按住键盘上的Shift键将复制后的图形垂直向下移动，如图3-410所示。

图3-409

图3-410

46 选择"图像"|"调整"|"亮度/对比度"命令，参数设置如图3-411所示。单击"确定"按钮后，得到如图3-412所示的深灰色的效果。

图3-412

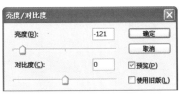

图3-411

47 选择"滤镜"|"模糊"|"高斯模糊"命令，参数设置如图3-413所示。单击"确定"按钮后，得到如图3-414所示的模糊效果。

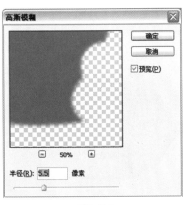

图3-413

图3-414

48 选择工具栏中的加深工具，在它的控制栏中设置笔刷大小以及样式，如图3-415所示。设置完成后，将投影部分地方进行加深处理，如图3-416所示。

49 按键盘上的Ctrl+M组合键，打开"曲线"对话框，曲线设置如图3-417所示。单击"确定"按钮后，得到如图3-418所示的效果。这样，投影的效果就非常真实了。

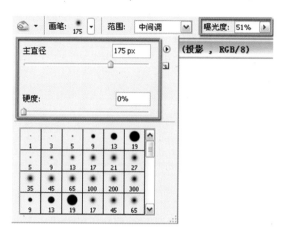

图3-415

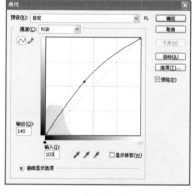

图3-417

图3-416

图3-418

50 将产品的LOGO（虚构）放置在画面中右上角的位置，如图3-419所示。

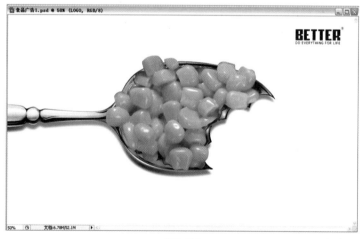

图3-419

51 选择工具栏中的文字工具，输入广告语"爽滑Tenderness！回味Savoured！"，选择适当的字体并调整大小，如图3-420所示。

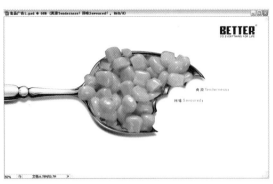

图3-420

52 打开素材文件"3-15.psd",如图3-421所示。选择工具栏中的移动工具,将包装盒拖动到设计文件中,如图3-422所示。

53 按键盘上的Ctrl+T组合键,执行"自由变换"命令,按住键盘上的Shift键,使用鼠标拖动左上角的变换点将包装盒等比例缩小一些,将包装盒移动到右下角的位置,按键盘上的Enter键应用变换后,得到如图3-423所示的效果。最后将一些简单的说明文字输入到画面中,这个食品广告就完成了,效果如图3-424所示。

图3-421

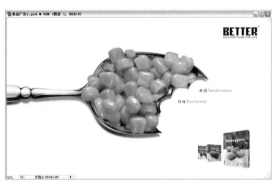

图3-422

图3-423

图3-424

本例总结

　　本例在广告设计上非常简洁,画面中只有两个元素构成,一个是勺子,一个是玉米。在创意上,勺子的前半部分有一个牙齿缺口,表现吃玉米的人由于心急,一口咬掉了勺子的前半部分,同时也表达了玉米的可口。这样的设计比较夸张，但很容易让消费者接受并认可。

在设计制作方面，勺子的制作过程比较烦琐，所以希望读者耐心去设计制作，这样才能更好地掌握设计的一些技巧。

3.4.2 趣味食品广告

本例设计的是橙子的广告，在设计形式上采用了橙子与足球的结合，巧妙地表现出了橙子的新鲜。

本例效果

操作步骤

01 新建文件，参数设置如图3-425所示。

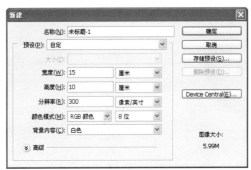

图3-425

02 打开素材文件，如图3-426所示，选择工具栏中的钢笔工具，将画面中的橙子勾勒出来，如图3-427所示。

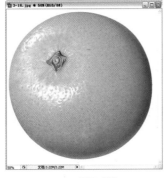

图3-426

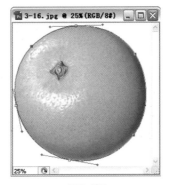

图3-427

03 按键盘上的Ctrl+Enter组合键将路径转换为选区，按键盘上的Ctrl+C组合键复制橙子，回到制作文件中，按键盘上的**Ctrl+V**组合键将橙子粘贴进来，如图**3-428**所示。将橙子所对应的图层命名为"橙子"，如图**3-429**所示。

图3-428　　　　　　　　　　　　图3-429

04 按键盘上的**Ctrl+T**组合键执行"自由变换"命令，出现变换框后，按住键盘上的**Shift**键并使用鼠标拖动右上角的变换点，将橙子等比例缩小，并将橙子移动到画面的左边偏下的位置，如图**3-430**所示。按键盘上的**Ctrl+S**组合键保存文件，将文件命名为"食品广告2.psd"，如图**3-431**所示。

图3-430　　　　　　　　　　　　图3-431

05 打开素材文件"3-17.jpg"，如图**3-432**所示。选择工具栏中的椭圆选框工具，按住键盘上的**Shift+Alt**组合键，从足球的中心位置向外拖动，将足球框选出来，如图**3-433**所示。

图3-432　　　　　　　　　　　　图3-433

06 将足球复制，粘贴到制作文件中，如图**3-434**所示。将足球的图层命名为"足球"，如图**3-435**所示。

图3-434　　　　　　　　　　　　图3-435

07 按键盘上的Ctrl+T组合键执行"自由变换"命令，出现变换框后将足球等比例放大，并放置在与橙子重合的位置，如图3-436所示。

图3-436

08 将"足球"图层的混合方式调整为"正片叠底"，如图3-437所示。这样画面中的足球就和橙子融合起来了，如图3-438所示。

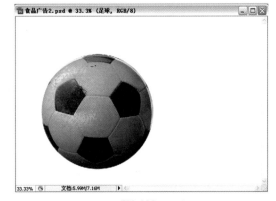

图3-437　　　　　　　　　　　　图3-438

09 改变足球的图层混合方式之后，发现橙子的顶部绿色部分与足球的黑色部分重叠，这样在后面的制作中会有一些问题，所以需要对足球进行旋转。按键盘上的Ctrl+T组合键执行"自由变换"命令，出现了变换框后，将鼠标移动到变换框外边，鼠标变成旋转符号后，旋转足球，直到橙子顶部绿色的位置与足球黑色部分错开，如图3-439所示。按键盘上的

Enter键应用旋转变换，如图3-440所示。

图3-439

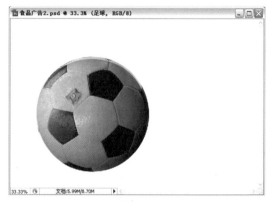

图3-440

10 选择工具栏中的钢笔工具，将画面中足球上黑色的部分勾勒出来，如图3-441所示。按键盘上的Ctrl+Enter组合键将路径转换为选区，如图3-442所示。

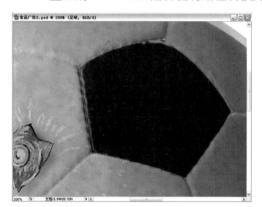

图3-441

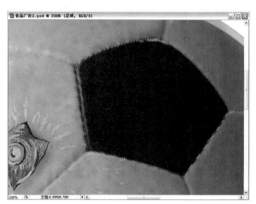

图3-442

11 将前景色调整为灰色，具体数值如图3-443所示。单击"确定"按钮后，新建图层"痕迹"，如图3-444所示。按键盘上的Alt+Delete组合键将灰色填充到选区中，取消选区，如图3-445所示。

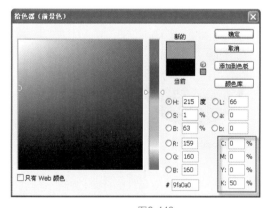

图3-443

图3-444

12 选择工具栏中的钢笔工具，制作出如图3-446所示的路径线，按键盘上的Ctrl+Enter组合键将路径转换为选区，如图3-447所示。

图3-445

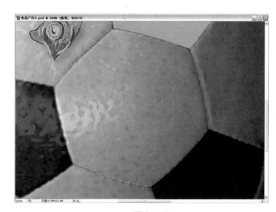

图3-446

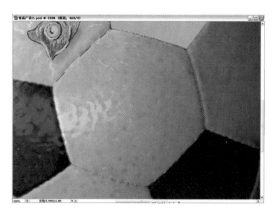

图3-447

13 确认前景色为灰色后，选择"编辑"｜"描边"命令，参数设置如图3-448所示。单击"确定"键后，按键盘上的Ctrl+D组合键取消选区，得到如图3-449所示的线。

图3-448

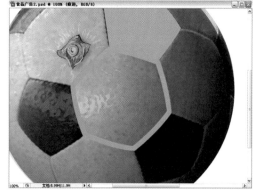

图3-449

14 使用步骤10～11中的方法将足球的黑色部分制作成灰色，如图3-450所示。再使用步骤12～13中的方法将其他线段制作出来，如图3-451所示。

15 删除"足球"图层，这样橙子上面的足球纹理就更加明显了，如图3-452所示。

175

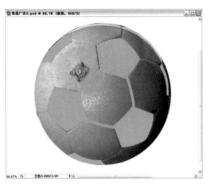

图3-450

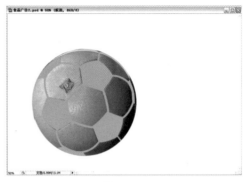

图3-451

16 下面开始深入制作橙子上的足球凹痕效果。新建图层"1"，如图3-453所示。将前景色和背景色分别调整为灰色和浅灰色，如图3-454所示。

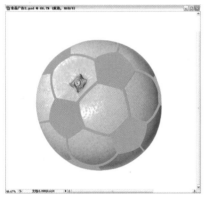

图3-452

图3-453

图3-454

17 选择"滤镜"｜"渲染"｜"云彩"命令，得到如图3-455所示的效果。反复按键盘上的Ctrl+F组合键，可以得到不同的云彩样式，如图3-456所示。

图3-455

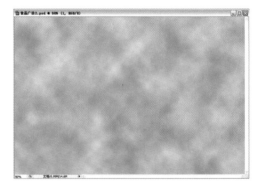

图3-456

 充电站

使用"云彩"命令制作的云彩颜色只有两种，就是前景色和背景色，所以前景色和背景色的设置直接影响到制作出的云彩的颜色。

18 将文件的边框适当地拉大，如图3-457所示。按键盘上的Ctrl+T组合键，出现变换框，如

图3-458所示。因为云彩与文件尺寸相同，所以，如果没有拉大文件的边框，就不会看到变换框。

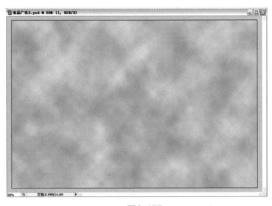

图3-457

图3-458

19 将云彩适当地缩小并旋转，移动到橙子的位置，按键盘上的Enter键应用变换，如图3-459所示。

20 按住键盘上的Ctrl键并使用鼠标单击"痕迹"图层，出现足球凹痕的选区，如图3-460所示。按键盘上的Ctrl+Shift+I组合键将选区反选，按键盘上的Delete键删除选区中的部分，取消选区后，得到如图3-461所示的效果。

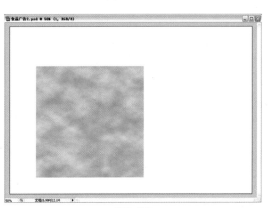

图3-459

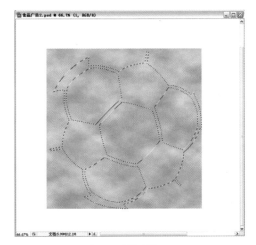

图3-460

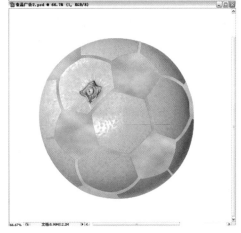

图3-461

21 隐藏"痕迹"图层。既然是对橙子表皮进行切割组成足球的效果，那么橙子表面一定有凹凸效果。选择工具栏中的钢笔工具，在橙子边缘与足球痕迹重合的地方制作出如图3-462所示的路径线，按键盘上的Ctrl+Enter组合键将路径线转换为选区，按键盘上的Delete键删除选区中的部分，如图3-463所示。

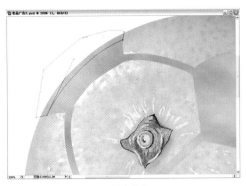

图3-462

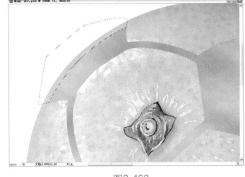

图3-463

22 选择"橙子"图层，按键盘上的Delete键删除，取消选区后，得到如图3-464所示的凸凹效果。使用同样的方法将橙子边缘进行处理，如图3-465所示。

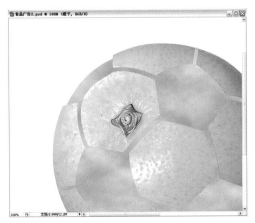

图3-464

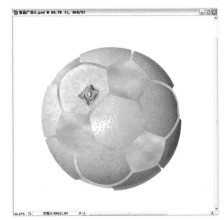

图3-465

23 选择"滤镜" | "艺术效果" | "干画笔"命令，参数设置如图3-466所示。单击"确定"按钮后，得到如图3-467所示的效果。

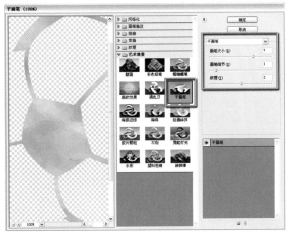

图3-466

图3-467

24 按键盘上的Ctrl+F组合键再使用一次"干画笔"命令，得到如图3-468所示的效果。

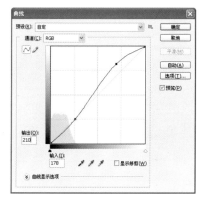

图3-468

25 按键盘上的Ctrl+M组合键，打开"曲线"对话框，曲线设置如图3-469所示。单击"确定"按钮后，得到如图3-470所示的效果。

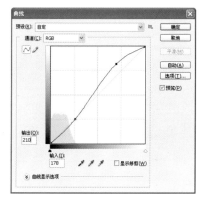
图3-469

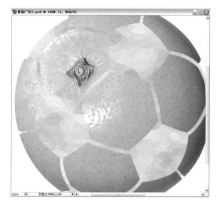
图3-470

26 按键盘上的Ctrl+U组合键，打开"色相/饱和度"对话框，参数设置如图3-471所示。单击"确定"按钮后，得到图3-472所示的效果。

图3-471

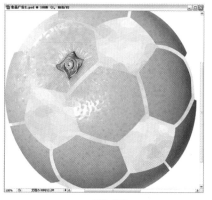
图3-472

27 按键盘上的Ctrl+B组合键，打开"色彩平衡"对话框，参数设置如图3-473所示。单击"确定"按钮后，得到如图3-474所示的效果。

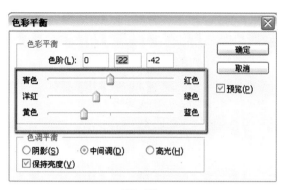

图3-473

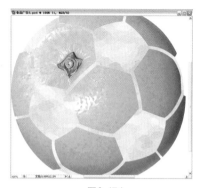

图3-474

28 将橙子局部放大，制作橙子皮被切割后的立体效果。选择工具栏中的钢笔工具，制作出如图3-475所示的路径线。按键盘上的Ctrl+Enter组合键，将路径转换为选区，如图3-476所示。

图3-475

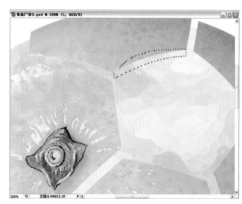

图3-476

29 按键盘上的Ctrl+Alt+D组合键，打开"羽化选区"对话框，参数设置如图3-477所示。单击"确定"按钮后，选区就被羽化了，但因为羽化的数值比较小，所以在外观上看不出来有太大的变化。

30 选择工具栏中的加深工具，在它的控制栏中设置笔刷的大小以及样式，如图3-478所示。设置完成后，使用加深工具在选区内部进行适当的加深处理，如图3-479所示。

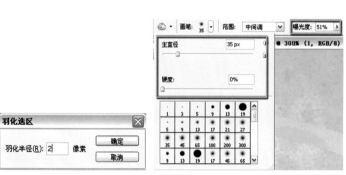

图3-477

图3-478

图3-479

31 取消选区，再使用钢笔工具制作出如图3-480所示的选区，按键盘上的Ctrl+Enter组合键将路径转换为选区后，经过羽化处理（数值与上面操作相同），使用减淡工具在选区内进行减淡处理，得到如图3-481所示的效果，这样一块橙子皮的立体效果就制作出来了。

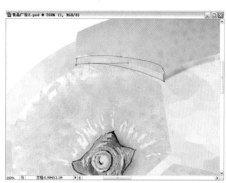
图3-480

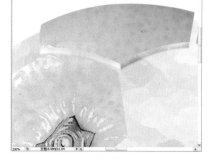
图3-481

32 使用上面的方法将其他橙子皮的立体效果制作出来，如图3-482所示。

33 橙子皮切割的立体效果制作出来了，但切口部分比较光滑，这样不符合实际，所以要对切口部分进行调整。选择工具栏中的涂抹工具，在它的工具栏中设置笔刷的大小以及样式，如图3-483所示。设置完成后，使用涂抹工具在切口边缘进行涂抹，得到如图3-484所示的比较真实的效果。

图3-482

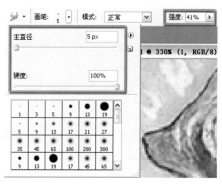
图3-483

34 使用相同的方法处理其他切口，得到如图3-485所示的效果。

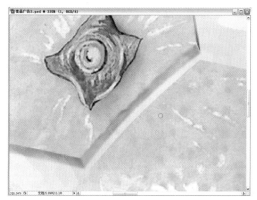
图3-484

图3-485

35 现在得到的切割部分的立体效果不够，所以要对其进行加强，按键盘上的Ctrl键，单击
"1"图层，出现了切割部分的选区，如图3-486所示。将前景色调整为浅棕色，颜色设置
如图3-487所示。

图3-486　　　　　　　　　　　　　　　　图3-487

36 新建图层"阴影"，如图3-488所示。选择画笔工具，在选区右下角部分进行绘制，得到
如图3-489所示的效果。

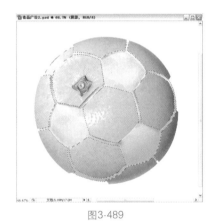

图3-488　　　　　　　　　　　　　　　　图3-489

37 取消选区，将"阴影"图层的混合方式调整为"正片叠底"，如图3-490所示，得到如图
3-491所示的混合效果。这样，切割部分的立体效果就更明显了。

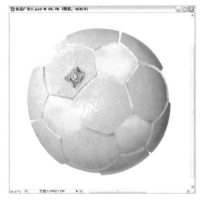

图3-490　　　　　　　　　　　　　　　　图3-491

38 按键盘上的Ctrl+M组合键，打开"曲线"对话框，曲线设置如图3-492所示。单击"确

定"按钮后，得到如图3-493所示的提亮切割部分的效果，看起来更加新鲜。

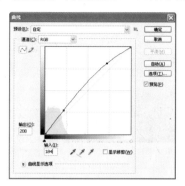

图3-492

图3-493

39 按键盘上的Ctrl+B组合键，打开"色彩平衡"对话框，参数设置如图3-494所示。单击"确定"按钮后，得到如图3-495所示的效果，这样橙子部分就处理完成了。

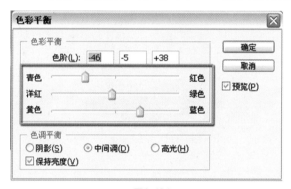

图3-494

图3-495

40 新建图层"草地"，如图3-496所示。选择工具栏中的画笔工具，在它的控制栏中单击"画笔"选项，出现一个画笔样式列表，在列表中选择草的样式，如图3-497所示。

图3-496

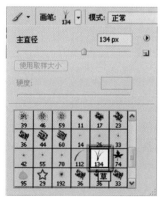

图3-497

41 将前景色调整为深绿色，参数设置如图3-498所示；将背景色调整为草绿色，如图3-499所示。颜色设置完成后，按键盘上的[键和]键改变画笔大小，在画面中喷绘出如图3-500所示的草。

42 将笔刷适当缩小，再制作出一些草，如图3-501所示。

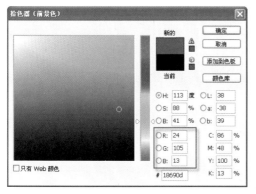

图3-498

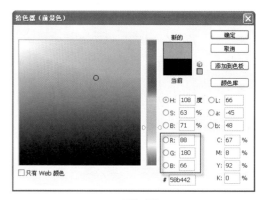

图3-499

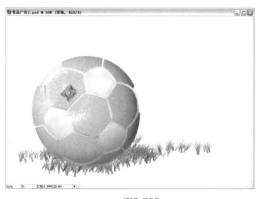

图3-500

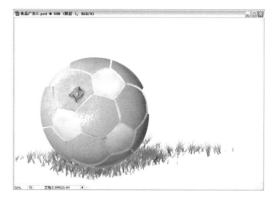

图3-501

43 新建图层"草地2"，放置在"阴影"图层上面，如图3-502所示。再使用画笔工具在橙子前面制作出一些草，如图3-503所示。这样，橙子就有一种放在草地上的效果。

图3-502

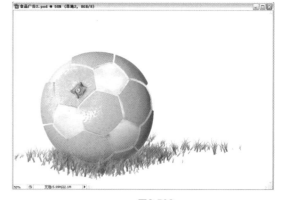

图3-503

44 新建图层"橙子阴影"，放置在"橙子"图层下面，如图3-504所示。将前景色调整为灰色，参数如图3-505所示。

45 选择画笔工具，在它的控制栏中设置画笔的大小以及样式，如图3-506所示。在橙子与草地接触的部分制作出图3-507所示的灰色。

46 将"橙子阴影"图层的混合方式调整为"正片叠底"，如图3-508所示，完成后得到如图3-509所示的阴影效果。

图3-504

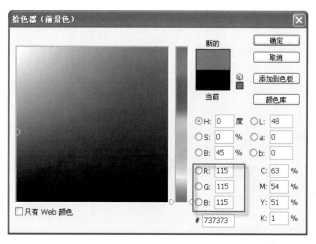

图3-505

图3-506

图3-507

47 使用工具栏中的加深工具将橙子下面的阴影加深一些，如图3-510所示，这样得到的阴影就非常自然了。

图3-508

图3-509

图3-510

48 将产品的LOGO添加到画面中，如图3-511所示。将广告语添加到画面中，选择适当的字体并进行排列，如图3-512所示。

49 最后将一些辅助的说明文字放置在画面中，本例就完成了，如图3-513所示。

图3-511

图3-512

图3-513

本例总结

　　本例在设计形式上非常简单，但在设计上需要注意的细节还是非常多的，所以，设计不是看上去简单就是简单的，是需要精心的构思以及耐心的制作才能得到理想的效果和画面形式。可能很多读者会想，如果本例中橙子皮切割的效果使用真实的橙子去进行切割，然后拍摄，效果会不会更好呢？答案是效果不会更好，因为切割时不可能有计算机设计的准确性，所以在做设计之前要选择最合理的方法去设计，才能避免浪费时间。

3.5　汽车广告设计

学前导读

　　汽车类广告的设计方式非常多，不同的定位有不同的设计方式，如果是比较家庭化、大众化的，那么在设计时就要贴近人们的实际生活，加以艺术化的处理，就很容易让消费者接受。如果是商务车，那么在设计时就要体现出它的便捷以及实用性等。所以在设计车类广告之前，需要对车的定位有充分的了解。本例设计的是一款跑车，所以在设计上要体现出速度的概念。

跑车的设计方式非常多，可以体现出速度的感觉或表现出开车人的夸张效果等。本例是从另一个角度去表现它，使其看起来更加有创意！

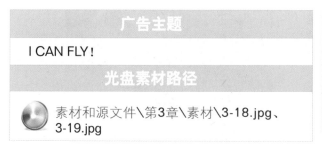

本例效果

操作步骤

01 新建文件，参数设置如图3-514所示。

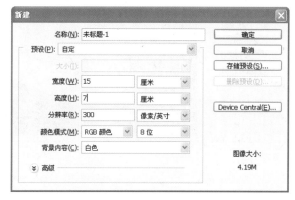

图3-514

02 按键盘上的D键将前景色改成黑色，如图3-515所示。按键盘上的Alt+Delete组合键，将前景色填充到"背景"图层中，如图3-516所示。

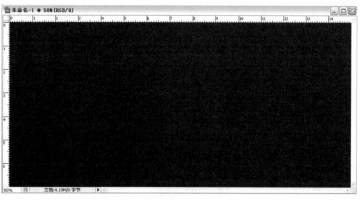

图3-515   图3-516

03 打开素材文件"3-18.jpg"，如图3-517所示。利用工具栏中的钢笔工具将车的轮廓勾勒出来，如图3-518所示。

04 按键盘上的Ctrl+Enter组合键将路径转换为选区，如图3-519所示。按键盘上的Ctrl+C组合键将选区中的车复制，回到制作文件中，按键盘上的Ctrl+V组合键将车粘贴到画面中，如图3-520所示。

图3-517

图3-518

图3-519

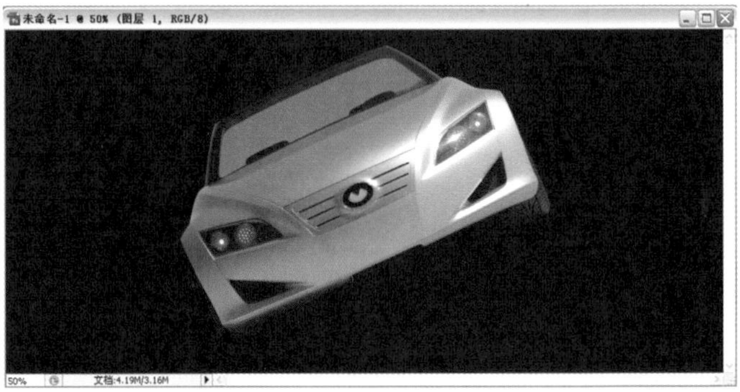

图3-520

05 保存文件，将文件命名为"车广告.psd"，如图3-521所
示。

06 按键盘上的Ctrl+R组合键，出现了标尺栏，如图3-522所
示。使用鼠标从标尺栏中拉出一条参考线，如图3-523所
示。

07 按键盘上的Ctrl+T组合键执行"自由变换"命令，出现
变换框后，将鼠标移动到变换框外面，当鼠标变成旋转符
号后，将车进行旋转，直到车体与参考线水平为止，如图
3-524所示。按键盘上的Enter键应用变换，如图3-525所
示。

图3-521

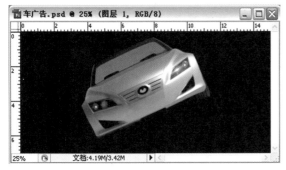

图3-522

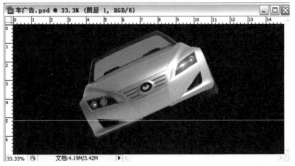

图3-523

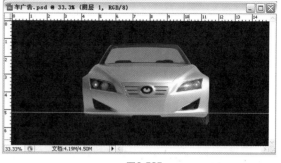

图3-524 图3-525

08 选择键盘上的移动工具，将鼠标移动到参考线上，再将参考线移动到标尺栏中，这样参考线就被取消了。按键盘上的Ctrl+M组合键，打开"曲线"对话框，曲线设置如图3-526所示。单击"确定"按钮后，得到如图3-527所示的颜色对比强烈的车体。

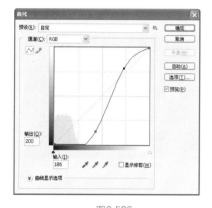

图3-526 图3-527

09 按键盘上的Ctrl+T组合键执行"自由变换"命令，按住键盘上的Shift键并使用鼠标拖动左上角的变换点，将车适当地等比例缩小。按键盘上的Enter键应用变换，如图3-528所示。

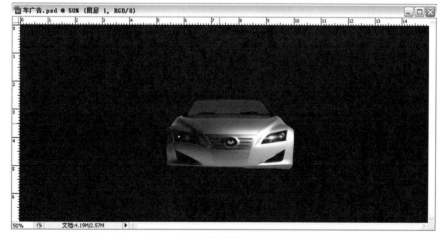

图3-528

10 按键盘上的Ctrl+A组合键将所有文件选中，选择"图层"|"将图层与选区对齐"|"水平居中"命令，这样车就处在画面垂直中央位置了，如图3-529所示。选择工具栏中的移

动工具，按住键盘上的Shift键将车适当地垂直向下移动，如图3-530所示。

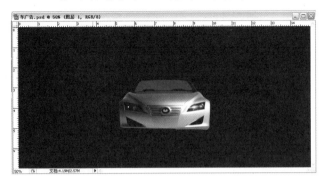
图3-529

图3-530

11 选择工具栏中的钢笔工具，在车下面制作出如图3-531所示的路径线。按键盘上的
Ctrl+Enter组合键，将路径转换成选区，如图3-532所示。

图3-531

图3-532

12 选择"背景"图层，将前景色设置为深灰色，色值如图3-533所示。选择工具栏中的画笔
工具，在它的控制栏中设置画笔的大小以及样式，如图3-534所示。

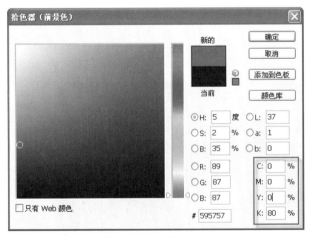
图3-533

图3-534

13 设置完成后，使用画笔工具在选区下边缘稍微绘制一下，得到如图3-535所示的效果。
再将前景色的数值调整为灰色（K50），使用画笔工具继续绘制，取消选区后得到如图
3-536所示的效果。

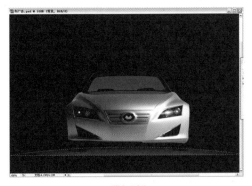

图3-535

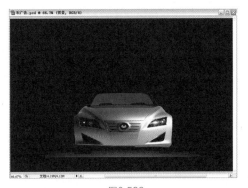

图3-536

 充电站

可能很多读者绘制的结果没有图3-536中过渡得那么柔和，在绘制过程中，将画笔工具移动到选区外面贴近选区的位置进行绘制，这样得到的效果就会非常柔和了。

14 打开素材文件"3-19.jpg"，如图3-537所示。

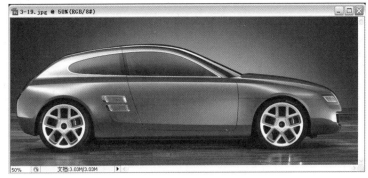

图3-537

15 按键盘上的Ctrl+M组合键，打开"曲线"对话框，曲线设置如图3-538所示，单击"确定"按钮后，得到如图3-539所示的效果。

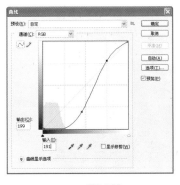

图3-538

图3-539

16 选择工具栏中的移动工具，将素材文件拖动到制作文件中，如图3-540所示，将此图层命名为"车2"，如图3-541所示。

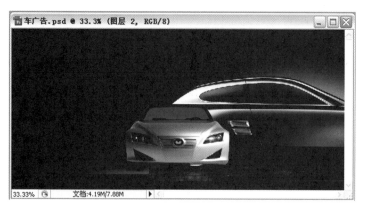

图3-540

图3-541

17 按键盘上的Ctrl+T组合键执行"自由变换"命令，将车等比例缩小，如图3-542所示。

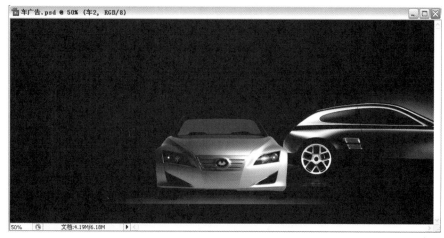

图3-542

18 选择工具栏中的橡皮擦工具，在它的控制栏中设置橡皮擦的大小以及样式，如图3-543所示。设置完成后在车上进行擦拭，剩余的部分如图3-544所示。

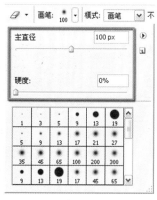

图3-543

图3-544

19 复制"车2"图层，并重新命名为"车3"，如图3-545所示。选择"编辑"｜"变换"｜"水平翻转"命令，得到如图3-546所示的效果。

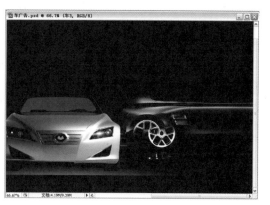

图3-545 图3-546

20 选择工具栏中的移动工具，按住键盘上的**Shift**键将车水平向左移动，得到如图**3-547**所示的效果。这样，画面中就有了汽车两边是飞机翅膀的效果。

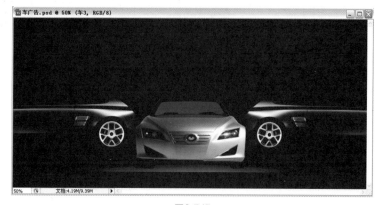

图3-547

21 选择"车2"图层，按住键盘上的**Ctrl**键单击"车3"图层，这样就将"车2"和"车3"图层暂时链接了，如图**3-548**所示。选择工具栏中的移动工具，按住键盘上的**Shift**键将车垂直向下移动，如图**3-549**所示。

图3-548

图3-549

22 选择"车1"图层，选择工具栏中的钢笔工具，在玻璃窗上制作出如图**3-550**所示的路径线，按键盘上的**Ctrl+Enter**组合键将路径转换为选区，如图**3-551**所示。

图3-550 图3-551

23 选择工具栏中的画笔工具，在它的控制栏中设置画笔的大小以及样式，如图3-552所示。设置完成后，在选区中绘制，取消选区后得到如图3-553所示的效果。

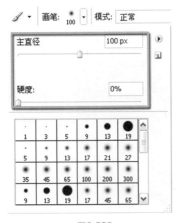

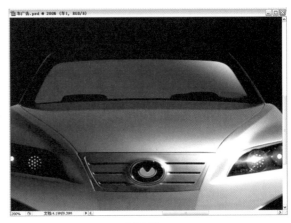

图3-552 图3-553

24 再使用钢笔工具制作出如图3-554所示的路径，转换为选区后，将前景色调整为蓝色。按键盘上的Alt+Delete组合键，将蓝色填充到选区中，按键盘上的Ctrl+D组合键取消选区，得到如图3-555所示的效果。

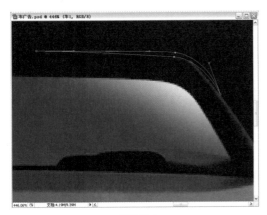

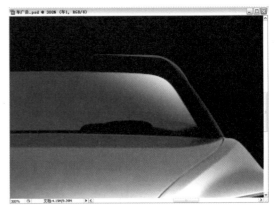

图3-554 图3-555

25 选择工具栏中的减淡工具，在它的控制栏中设置大小以及样式，如图3-556所示。设置完成后，在车玻璃窗上进行减淡处理，如图3-557所示。

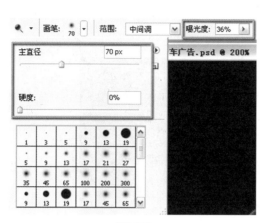

图3-556

图3-557

26 将产品的LOGO（虚构）添加到画面中，如图3-558所示。将广告语"I CAN FLY"输入到画面中，调整大小以及字体，得到如图3-559所示的效果。

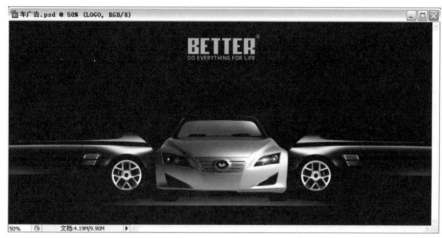

图3-558

图3-559

27 使用鼠标右键单击"I CAN FLY"图层，在出现的菜单中选择"栅格化图层"命令，如图3-560所示。这样，文字就转换成了普通图层。分别使用工具栏中的减淡工具和加深工具对文字进行处理，得到如图3-561所示的金属效果。

图3-560　　　　　　　　　　　　　　　　　图3-561

28 最后将辅助文字放置在画面中，这个车的广告设计就完成了，如图3-562所示。

图3-562

本例总结

本例的汽车广告在设计上非常简单，制作过程也非常简单，并没有使用速度感的画面表现车的速度，而是使用一种抽象的方法将汽车与飞机进行联系，从而让消费者了解汽车的主要性能。读者在设计时要多思考、多实验，才能得到更加理想的效果。

本章总结

商业广告设计可以说是设计行业中最普遍的，绝大部分设计师都以商业设计为主要工作。如何设计出好的广告是需要设计师长时间去积累的。设计一个广告之前，需要充分地思考广告的定位以及设计形式，这样设计出来的广告才能生动。本章主要讲解了一些常见的广告设计种类，还有一些类型的广告没有进行讲解，但在设计上可以触类旁通。作为设计师，任何好的形式都要吸取并为自己所用，积累得多了，设计上自然就不会乏味空洞了。

Chapter 4

商业包装设计

知识提要：

生活中的包装设计无处不在，绝大多数产品都需要进行包装然后才能销售。如何在同类产品中脱颖而出是设计的关键所在。目前包装设计的形式可以说是基本饱和了，想要标新立异是非常困难的事情，所以在包装设计上需要下非常大的功夫，才能得到相对成功的设计。设计时要考虑到不同的受众群、不同的地区、不同的消费层次等因素，这样才能有的放矢，不至于走弯路。一个好的包装设计对企业产生的实际经济利益是无法估算的；一个不好的包装或者定位不准确的包装会给企业带来很多难以解决的问题。

学习重点：

● 学会包装设计的准确定位。

● 了解在包装设计需要准确传达产品的类型以及特色。

● 学会在包装上对主要的文字以及名称进行突出设计。

4.1 食品类包装设计

食品包装通常有几个设计方向：活泼型、诱人型、尊贵型和酷旋型（以上4个类型是笔者自己的总结）。不同的市场定位，设计形式是不同的，本节将分别设计牛奶包装以及果汁包装。

4.1.1 牛奶包装设计

牛奶的包装设计要简洁活泼，毕竟牛奶的价格不是很高，是日常生活中的常用品。消费者购买牛奶时经常会考虑到几个因素：品牌、包装以及价格。所以在设计时需要尽量做到贴近生活、轻松活泼，这样才能得到更多的市场份额。

本例效果

操作步骤

01 在设计之前，需要先确定产品的尺寸，本例中拟定的尺寸为：宽8cm，高8cm。具体的包装结构图这里不进行讲解，这些将在本章最后进行详细讲解。下面通过设计必要的几个面来了解包装设计的方法。新建文件，尺寸设置如图4-1所示。

02 按键盘上的Ctrl+R组合键打开标尺栏，如图4-2所示。使用鼠标从左边的标尺栏中拖动一条参考线，拖动到画面8cm的位置，如图4-3所示。

03 使用鼠标从横向的标尺栏中拖出参考线，放置在画面8cm的位置，如图4-4所示。

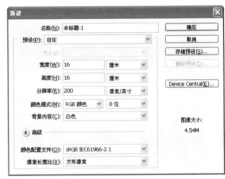

图4-1

图4-2　　　　图4-3　　　　图4-4

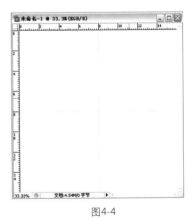

04 将前景色设置为蓝色，参数设置如图4-5所示。设置完成后，按键盘上的Alt+Delete组合

键将蓝色填充到"背景"图层，如图4-6所示。

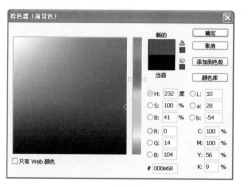

图4-5　　　　　　　　　　　　　　　　图4-6

05 选择工具栏中的钢笔工具，在画面中制作出如图4-7所示的路径。按键盘上的**Ctrl+Enter**
组合键将路径转换为选区，如图4-8所示。

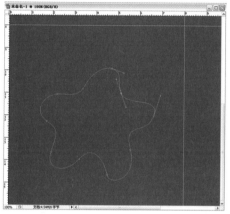

图4-7　　　　　　　　　　　　　　　　图4-8

06 将前景色调整为橘黄色，参数设置如图4-9所示。设置完成后，新建图层"1"，如图4-10
所示。

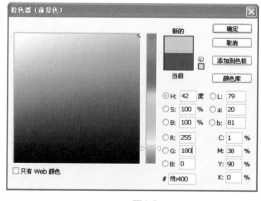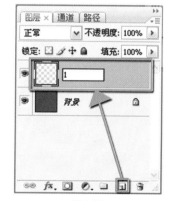

图4-9　　　　　　　　　　　　　图4-10

07 按键盘上的**Alt+Delete**组合键将前景色填充到选区中，取消选区，得到如图4-11所示的效
果。按键盘上的**Ctrl+S**组合键保存文件，将文件命名为"牛奶包装.psd"，如图4-12所
示。

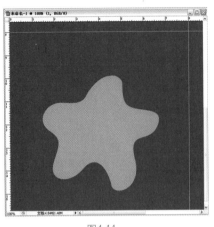

图4-11

图4-12

08 选择工具栏中的椭圆选框工具，在橘黄色图形上面制作出一个圆形的选区，如图4-13所示。按键盘上的Delete键删除选区中的内容，取消选区，得到如图4-14所示的镂空效果。

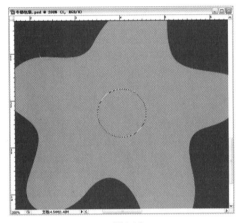

图4-13

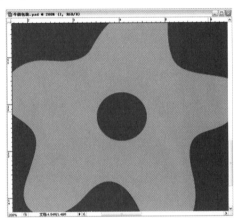

图4-14

09 打开"路径"面板，双击面板中的"工作路径"层，出现了"存储路径"对话框，如图4-15所示。单击"确定"按钮后，路径就被存储了，如图4-16所示，该路径可以在后面的操作中使用。

图4-15

图4-16

10 使用鼠标单击"路径1"层，画面中出现了路径，如图4-17所示。选择工具栏中的直接选择工具，将路径上的路径点全部框选并进行移动，如图4-18所示。

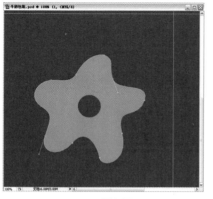

图4-17　　　　　　　　　　　　　　图4-18

11 使用直接选择工具将路径线进行调整，得到如图**4-19**所示的形状，按键盘上的**Ctrl+T**组合键执行"自由变换"命令，将路径线进行旋转，如图**4-20**所示。

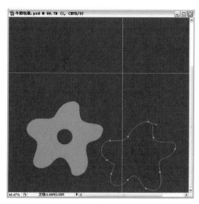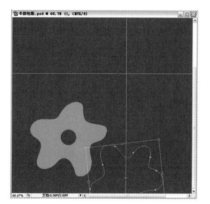

图4-19　　　　　　　　　　　　　　图4-20

12 按键盘上的**Enter**键应用变换，按键盘上的**Ctrl+Enter**组合键将路径转换为选区，如图**4-21**所示。将前景色改为白色，按键盘上的**Alt+Delete**组合键将前景色填充到选框中，取消选区，得到如图**4-22**所示的效果。

图4-21　　　　　　　　　　　　　　图4-22

13 选择工具栏中的椭圆选框工具，在白色图形部分制作出椭圆选区，如图**4-23**所示。按键盘上的**Delete**键删除选区中的白色图形。按键盘上的**Ctrl+D**组合键取消选区后，得到如图**4-24**所示的效果。

Chapter 1

Chapter 2

Chapter 3

Chapter 4

Chapter 5

Chapter 6

14 使用上面的方法制作出更多图形，如图4-25所示。

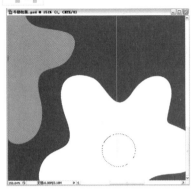

图4-23

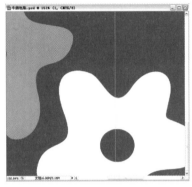

图4-24

图4-25

 充电站

可能在制作到步骤14的时候，很多读者会发现中间两个比较大的白色图形中间没有圆形镂空，因为在后面的制作设计中，这两个位置要放置LOGO以及必要的说明信息，这一点读者在设计时需要注意。

15 将产品的LOGO放置在画面中，如图4-26所示。再将其他一些必要的文字放置在如图4-27所示的位置。

图4-26

图4-27

16 新建图层"白色"，放置在"图层"面板的最上方，如图4-28所示。将前景色改成白色，选择工具栏中的矩形工具，在画面上方制作出如图4-29所示的长方形。这部分要制作一些如何打开包装的提示性符号或者文字。

图4-28

图4-29

17 下面开始制作撕口位置的指示符号。新建图层"图标"，如图4-30所示。利用工具栏中的吸管工具吸取画面中的蓝色，这样前景色就变成了与制作文件相同的蓝色。选择工具栏中的椭圆工具，按住键盘上的Shift键在画面中白色条上制作出正圆，如图4-31所示。

图4-30

图4-31

18 在"图标"图层上新建图层"箭头"，如图4-32所示。选择工具栏中的自定义形状工具，在它的控制栏中单击"形状"选项，出现形状面板，在形状面板中选择箭头形状，如图4-33所示。

图4-32

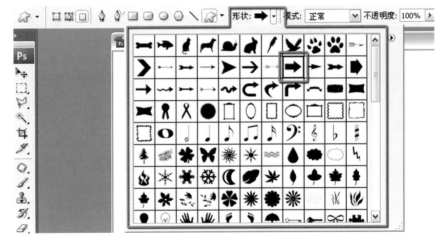

图4-33

 充电站

在步骤18中，在自定义形状工具的控制栏中选择形状时，如果面板中没有笔者讲解时显示出来的多，那么单击形状面板中右上角的三角箭头，在出现的菜单中选择"所有"命令，这样形状面板中就出现了笔者操作时的形状。

19 将前景色调整为白色，使用自定义形状工具在前面制作好的蓝色圆形上制作出箭头，如图4-34所示。选择"编辑"|"变换"|"水平翻转"命令将白色的箭头翻转，如图4-35所示。

20 按住键盘上的Ctrl键，使用鼠标单击"图标"图层，出现了圆形的选区，如图4-36所示。分别选择"图层"|"将图层与选区对齐"中的"垂直居中"和"水平居中"命令，这样白色的箭头就处在蓝色正圆图形的正中央，取消选区，如图4-37所示。

图4-34

图4-35

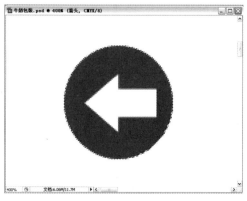

图4-36

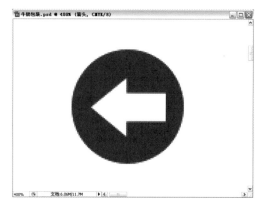

图4-37

21 将一些必要的说明文字输入到箭头后面，如图**4-38**所示。这样包装盒的正面和侧面就完成了。包装设计只看平面效果图是看不出实际效果的，因为包装设计和平面设计不同，包装设计看的是立体感觉，包括给客户的提案都是要制作出包装盒的立体效果，这样更加直观，所以后面需要制作出牛奶包装的立体效果图。

22 新建文件，参数设置如图**4-39**所示。

图4-38

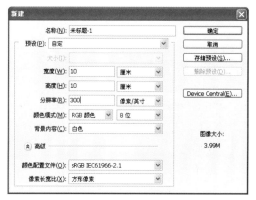

图4-39

23 选择工具栏中的渐变工具，在它的控制栏中选择"径向渐变"样式，设置渐变的颜色，如图**4-40**所示。设置完成后，使用鼠标从画面中心向边缘拉伸渐变线，得到如图**4-41**所示的效果。

图4-40　　　　　　　　　　　　图4-41

24　新建图层"1"，如图4-42所示。将前景色调整为灰色，参数如图4-43所示。

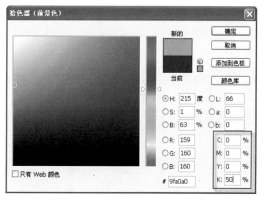

图4-42　　　　　　　　　　　　图4-43

25　选择工具栏中的矩形工具，按住键盘上的Shift键在画面中制作正方形，如图4-44所示。保存文件，将文件命名为"牛奶包装效果图.psd"，如图4-45所示。

图4-44　　　　　　　　　　　　图4-45

26　按键盘上的Ctrl+T组合键执行"自由变换"命令，出现变换框后，按住键盘上的Ctrl+Shift组合键，使用鼠标垂直向下拖动左上角的变换点，如图4-46所示。再使用同样的方法向上拖动左下角的变换点，松开键盘，使用鼠标向右拖动左边中间的变换点。再按住键盘上的Shift键将图形等比例缩小一些，按Enter键应用变换，得到如图4-47所示的透视效果。

Chapter 1

Chapter 2

Chapter 3

Chapter 4

Chapter 5

Chapter 6

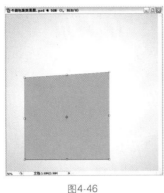

图4-46

图4-47

充电站

读者在使用"自由变换"命令时，一定要熟练掌握变换的方法，以及如何配合键盘上的Ctrl、Shift和Alt键进行相应的变化，这样才能在制作时快速得到理想的变形效果。

27 新建图层"2"，如图4-48所示。将前景色中K的数值调整为70%，其他数值不变。选择工具栏中的矩形工具，配合键盘上的Shift键制作出正方形，如图4-49所示。

图4-48

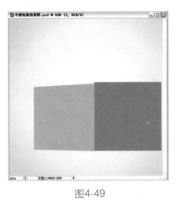

图4-49

28 使用"自由变换"命令将图形变形，如图4-50所示。再新建图层，制作出包装盒其他几个面的立体效果，如图4-51所示。

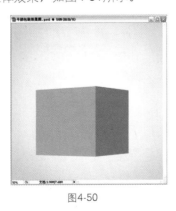

图4-50

图4-51

29 将"背景"图层以外的其他图层合并，并重新命名为"立体盒子"，如图4-52所示。打开包装盒的平面制作文件，使用鼠标单击图层右上角的三角箭头按钮，在弹出的菜单中选择

"拼合图像"命令，如图4-53所示。这样画面中所有的图层就合并了。

充电站

在进行"拼合图像"操作时，如果在"图层"面板中存在隐藏的图层，那么在拼合时会出现如图4-54所示的提示，单击"确定"按钮，那么隐藏的图层也会被合并在一起。单击"取消"按钮，则隐藏的图形就会继续保留在图层中，而其他的显示的图层就合并在一起了。

图4-52

图4-53

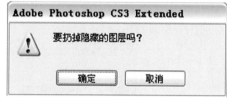

图4-54

30 选择工具栏中的矩形选框工具，在画面中选择左边下半部分的图像，也就是包装盒的正面，如图4-55所示，选择工具栏中的移动工具，将鼠标移动到选区内，拖动选区内的图像到"牛奶包装效果图.psd"文件中，如图4-56所示。

图4-55

图4-56

31 按键盘上的Ctrl+T组合键执行"自由变换"命令，出现变换框后，按照步骤26中的操作对包装盒正面的图形进行变形，直到与包装盒立体效果中的正面吻合，按键盘上的Enter键应用变换，得到如图4-57所示的效果。将该图层命名为"正面"，如图4-58所示。

充电站

在步骤31中进行"自由变换"操作时，如果发现变换点不能与制作好的立体效果的盒子吻合或者不确定是否吻合时，在画面中存在变换框的条件下，按键盘上的Ctrl+Space（空格）组合键，鼠标就变成放大镜工具，这时对画面局部放大就可以对变换点进行精准的定位。也可以按键盘上的Ctrl++组合键来进行放大，按Ctrl+-组合键进行缩小。

图4-57 图4-58

32 回到前面的制作文件中，再使用工具栏中的矩形选框工具选择包装盒侧面的图形，如图4-59所示。将选区中的图形拖动到立体效果图文件中去，然后进行"自由变换"操作，使其与包装盒效果图中的侧面完全吻合，如图4-60所示。然后将此图层命名为"侧面"。

图4-59 图4-60

充电站

在步骤32中进行矩形选框工具的操作时，可以不需要重新制作如图4-59所示的选区，还有更加简单的方法。在确定选择的工具为矩形选框工具后，将鼠标移动到步骤30制作的选区中，按住键盘上的Shift键水平向右移动选区，因为画面中存在参考线，所以选区移动到参考线附近时，选区的边缘就会自动吸附到参考线上，这样可以准确定位选区的位置。

33 选择工具栏中的矩形选框工具，在画面中制作出如图4-61所示的选区，选区中不要包含白色的部分。选择移动工具，将选区中的图形拖动到立体包装盒的文件中，如图4-62所示。

图4-61 图4-62

34 将此图形变形，使其与包装盒正面上方的顶面形状相同，如图4-63所示。将此图层命名为"顶面1"，如图4-64所示。

图4-63 图4-64

35 包装盒侧面部分有一个如图4-65所示的结构，这个结构的制作与其他面不同，它需要单独去制作。使用矩形选框工具制作出如图4-66所示的选区。

图4-65 图4-66

36 使用移动工具将选区中的图形拖动到立体效果盒文件中，如图4-67所示。将此图形变形，如图4-68所示，按Enter键应用变换。

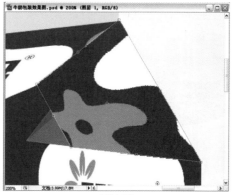

图4-67 图4-68

37 将此图层命名为"顶面2"，如图4-69所示。将"顶面2"的不透明度值调整为50%，如图4-70所示。

Chapter 1

Chapter 2

Chapter 3

Chapter 4

Chapter 5

Chapter 6

图4-69 图4-70

38 降低不透明度值之后，就可以显示出"立体盒子"图层中的折面效果。选择工具栏中的多边形套索工具，沿着折线边缘制作出选区，如图4-71所示。按Delete键删除选区中的部分。取消选区，将"顶面2"图层的不透明度值改为100%，得到如图4-72所示的效果。

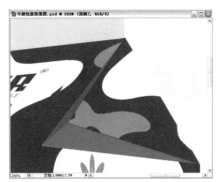

图4-71 图4-72

39 使用相同的方法制作出其他两个面的效果，如图4-73所示。最后再将立体效果盒最上方的部分制作出来，如图4-74所示。

40 包装盒的每一个面都制作完成了，下面开始制作包装盒整体的立体效果。选择"正面"图层，配合工具栏中的加深工具和减淡工具将正面进行处理，如图4-75所示。

图4-73 图4-74 图4-75

41 选择"侧面"图层，按键盘上的Ctrl键单击"侧面"图层的预览框，出现侧面图形的选区，如图4-76所示。将前景色调整为灰色，具体的数值如图4-77所示。

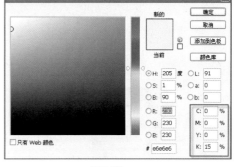

图4-76　　　　　　　　　　　　　　　　　　　图4-77

42 选择工具栏中的画笔工具，在它的控制栏中将"模式"选项设置为"正片叠底"，再设置画笔的大小以及样式，如图4-78所示。设置完成后，使用画笔工具在选区中绘制，得到如图4-79所示的效果，最后取消选区。

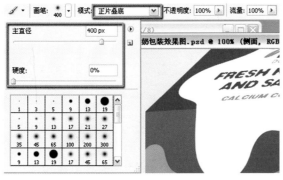

图4-78　　　　　　　　　　　　　　　　　图4-79

43 使用工具栏中的加深工具将侧面局部进行加深处理，如图4-80所示。

44 使用上面步骤中处理正面以及侧面的方法，将画面中其他几个面进行处理，得到如图4-81所示的效果。将所有包装盒的面合并，并重新命名为"立体包装盒"，如图4-82所示。

图4-80　　　　　　　　　　图4-81　　　　　　　　　　图4-82

45 下面开始对包装盒进行更加真实化的处理。因为牛奶包装的纸张比较特殊，使用几种特殊的纸张制成，所以手感上比较厚，视觉上也不会像现在制作的这样有边缘清晰的效果。选择工具栏中的矩形选框工具，在正面与侧面的交界处制作出如图4-83所示的选区。按键盘上的Ctrl+Alt+D组合键，打开"羽化选区"对话框，羽化参数设置如图4-84所示，单击"确定"按钮后，选区就被羽化了。

46 按键盘上的Ctrl+M组合键，打开"曲线"对话框，曲线设置如图4-85所示。单击"确定"按钮后，取消选区，得到如图4-86所示的效果。

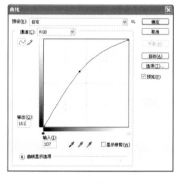

图4-83   图4-84   图4-85

47 使用同样的方法将其他边的效果制作出来，如图4-87所示。

图4-86   图4-87

48 包装盒比较厚的材质效果制作出来了，但边角部分还是比较生硬，所以要对包装盒的边角效果进行处理。选择工具栏中的钢笔工具，在包装盒的左下角位置制作出如图4-88所示的路径线，按键盘上的Ctrl+Enter组合键将路径转换为选区，如图4-89所示。

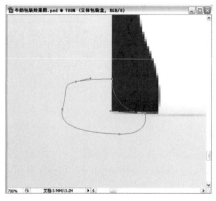

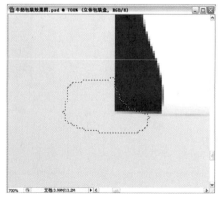

图4-88   图4-89

49 隐藏"立体盒子"图层。按键盘上的Delete键删除选区中的角，取消选区后，得到如图4-90所示的效果。使用同样的方法将其他棱角部分进行处理，得到如图4-91所示的非常真实的包装盒效果。

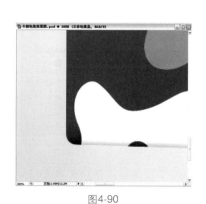

图4-90　　　　　　　　　　　　　图4-91

50 盒子的包装效果制作完成了，但现在缺少的是投影。好的投影效果能将画面效果烘托得更加理想，所以投影的制作也马虎不得。新建图层"阴影"，如图4-92所示。选择工具栏中的钢笔工具，在包装盒下面制作出如图4-93所示的阴影轮廓线。

图4-92　　　　　　　　　　　　　图4-93

51 按键盘上的Ctrl+Enter组合键将路径转换成选区，如图4-94所示。按键盘上的Ctrl+Alt+D组合键，打开"羽化选区"对话框，羽化数值设置如图4-95所示。单击"确定"按钮后，选区就被羽化了。

图4-94　　　　　　　　　　　　　图4-95

52 将前景色设置为深灰色，参数设置如图4-96所示。选择工具栏中的画笔工具，在它的控制栏中设计笔刷的大小以及样式，如图4-97所示。

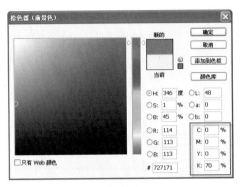

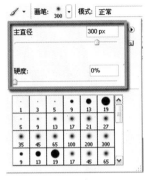

图4-96

图4-97

53 设置好画笔工具后，在选区中进行绘制，取消选区后，得到如图4-98所示的阴影效果。选择工具栏中的加深工具，将靠近包装盒的阴影进行加深处理，得到如图4-99所示的非常真实的阴影效果。这样，包装盒的立体效果就制作完成了。

图4-98

图4-99

54 既然是牛奶包装设计，所以肯定会有一个系列的产品投放，因此在设计时也要设计出其他的款式，如图4-100所示。

图4-100

本例总结

本例是牛奶包装的设计，在设计平面图时不难发现，平面图的效果并不是非常好，这是因为包装设计讲究的是一个立体的感觉。一个好的立体造型可以将非常平常的设计烘托得很好，这就是包装设计的艺术。在设计时不能只照顾一个面好看而忽略其他几个面，这样得到的包装是不成功的。设计时要统筹大局，每个面都进行细致、认真的设计，就算平面效果不是很好，但做成立体效果也可以非常不错。

4.1.2 果汁包装设计

果汁的包装设计必须要体现出水果的鲜美和诱人，所以在设计果汁包装时要体现出水果最鲜嫩的一面，要多注意水果在画面中的比例以及质感的体现。

光盘素材路径

 素材和源文件\第4章\素材\4-1.jpg、4-2.jpg、4-3.jpg、4-4.jpg、4-5.jpg

本例效果

操作步骤

01 本例中只讲解包装中两个面的设计——正面和侧面。新建文件尺寸设置如图4-101所示。

图4-101

02 按键盘上的**Ctrl+R**组合键，打开标尺栏，如图4-102所示。使用鼠标从左边的标尺栏中拖出一条参考线，拖动到8cm的位置，如图4-103所示。

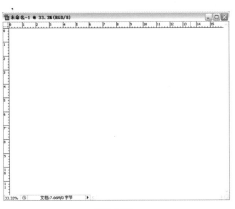

图4-102

图4-103

03 打开素材文件"4-1.jpg"，如图4-104所示。选择工具栏中的"钢笔工具"，将草莓勾勒出来，如图4-105所示。

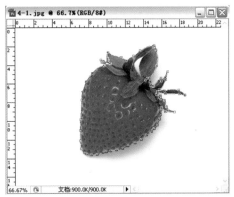

图4-104

图4-105

04 按键盘上的Ctrl+Enter组合键，将路径转换为选区，如图4-106所示。按键盘上的Ctrl+C组合键复制，回到制作文件中，按键盘上的Ctrl+V组合键将草莓粘贴到画面中，如图4-107所示。

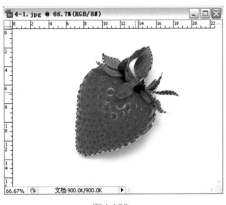

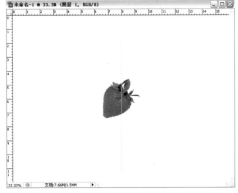

图4-106

图4-107

05 选择工具栏中的放大镜工具，将草莓局部放大。再使用钢笔工具将草莓叶子中间白色的部分制作出路径，如图4-108所示。按键盘上的Ctrl+Enter组合键将路径转换为选区，如图4-109所示。

图4-108　　　　　　　　　　图4-109

06 按键盘上的Delete键删除选区中的图形，按键盘上的Ctrl+D组合键取消选区，如图4-110所示。按键盘上的Ctrl+S组合键保存文件，将文件命名为"果汁包装.psd"，如图4-111所示。

07 将草莓对应的图层命名为"草莓1"，如图4-112所示。打开素材文件"图4-2.jpg"和"图4-3.jpg"，如图4-113所示。使用与处理素材"图4-1.jpg"相同的方法将草莓复制到制作文件中，如图4-114所示。

图4-110

图4-111

图4-112

图4-113

图4-114

08 将新增加的草莓图层分别命名为"草莓2"和"草莓3"，如图4-115所示。下面开始调整草莓的颜色，使3个图层中的草莓颜色上看起来一致。选择"草莓1"图层，按键盘上的Ctrl+M组合键打开"曲线"对话框，曲线调整如图4-116所示，单击"确定"按钮后，得到如图4-117所示的效果。

图4-115

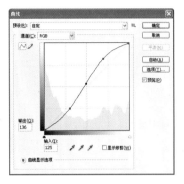

图4-116

图4-117

09 草莓的颜色现在非常鲜嫩，但草莓上面的叶子的颜色就不是很新鲜，所以需要对叶子进行处理。选择工具栏中的钢笔工具，制作出如图4-118所示的叶子的路径线，按键盘上的Ctrl+Enter组合键将路径线转换为选区，如图4-119所示。

图4-118

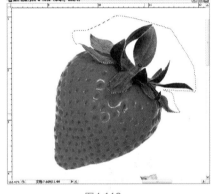

图4-119

10 按键盘上的Ctrl+B键，打开"色彩平衡"对话框，在"色彩平衡"对话框中先选中"中间调"单选按钮，参数设置如图4-120所示，再选中"高光"单选按钮，参数设置如图4-121所示。单击"确定"按钮后，按键盘上的Ctrl+D组合键取消选区，得到如图4-122所示的鲜嫩的绿色叶子。

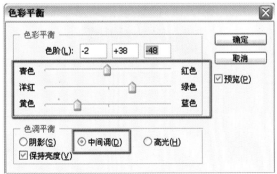

图4-120

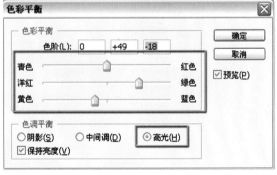

图4-121

充电站

　　可能很多读者在制作完步骤9和10之后有些不理解，为什么制作草莓叶子路径线的时候，与草莓相交的叶子的路径形状与叶子相同，而草莓上面的叶子的路径则没有按照叶子的边缘制作路径，而是制作比叶子的范围更大呢？其实这个道理很简单，因为草莓的图层是单独的，周围没有任何干扰，所以不管路径或者选区制作成什么形状，只要包含叶子，就可以进行只针对叶子的调整。所以读者在设计制作时一定要灵活掌握设计中的主次，不要将不必要的工作也做出来，这样会耽误很多时间，也会造成设计上的一些问题。

11 　使用相同的方法将其他两个图层的草莓也进行颜色上的处理，使画面中的草莓视觉上颜色统一，如图4-123所示。

图4-122

图4-123

12 　选择"草莓2"图层，按键盘上的Ctrl+T组合键执行"自由变换"命令，出现变换框后，按住键盘上的Shift键，使用鼠标向变换框内拖动左上角的变换点，将草莓等比例缩小，缩小到与"草莓1"图层中的大小类似，如图4-124所示。按键盘上的Enter键应用变换。使用相同的方法将"草莓3"图层等比例放大，使其与其他两个图层中的草莓大小类似，如图4-125所示。

图4-124

图4-125

13 　将3个图层的草莓放置在包装盒正面左上角的位置，如图4-126所示。因为草莓是叠加在一起的，上面的草莓一定会有投影在下面的草莓上面，所以现在需要制作草莓上面的投影效果，使其看起来更加真实与立体。选择最下面的"草莓1"图层中的草莓，使用工具栏中的钢笔工具制作出投影的路径线轮廓，如图4-127所示。

图4-126

图4-127

充电站

在读者移动草莓时，可能会与笔者草莓摆放的位置不同，所以制作投影的路径线时只要根据上面的草莓形状制作出路径线即可。

14 按键盘上的**Ctrl+Enter**组合键将路径转换成选区，如图4-128所示，按键盘上的**Ctrl+Alt+D**组合键执行"羽化"命令，参数设置如图4-129所示。单击"确定"按钮后，选区就被羽化了，但因为羽化的数值比较小，所以羽化后的选区与羽化前的选区的变化不明显。

15 按住键盘上的**Ctrl+Alt+Shift**组合键，单击"草莓1"图层，这样选区的形状就只剩下草莓部分了，如图4-130所示。

图4-128

图4-129

图4-130

充电站

在步骤15的操作中，可能很多读者都不清楚，为什么这样操作就可以得到如图4-130所示的草莓形状的选区，其实这个道理很简单，只是操作上不好理解。用户首先要弄清楚：

（1）按键盘上的**Ctrl**键并单击"图层"面板中的独立图层，可以制作出图层中图形的选区。

（2）画面中存在选区的时候，按键盘上的**Shift**键，再配合制作选区的工具，可以增加选区的范围。

（3）画面中存在选区的时候，按键盘上的**Alt**键，再配合制作选区的工具，可以减少选区的范围。

知道以上3种制作或者改变选区的方法后，下面来学习一个小例子，相信读者很快就明白选区的高级使用方法。新建文件后，新建两个图层，图层1中是圆形，图层2中是方形，如图4-131所示。按键盘上的**Ctrl**键单击图层1，出现了圆形的选区，如图4-132所示。按键盘上的**Ctrl+Alt**组合键单击图层2，这时圆形与方形交错的地方的选区就被删除了，如图4-133所示。按键盘上的**Ctrl+Z**组合键还原操作。再按键盘上的**Ctrl+Shift**组合键单击图层2，这样画面中的选区就增加了方形部分的选区，如图4-134所示。还原上一步骤的操作，保持画面中只存在圆形选区，按键盘上的**Ctrl+Shift+Alt**组合键单击图层2，这样就得到了圆形与方形相交部分的选区，如图4-135所示。

只要读者多练习，很快就能掌握这些选区的高级处理方法。

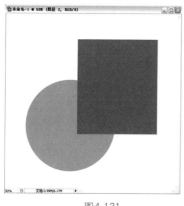

图4-131

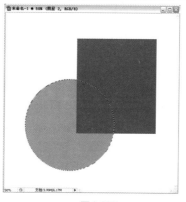

图4-132

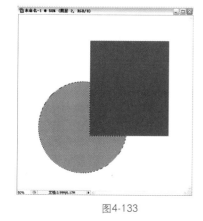

图4-133

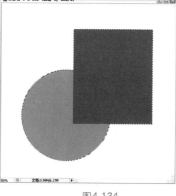

图4-134

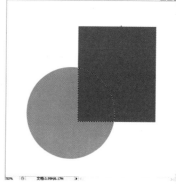

图4-135

16 在"草莓1"图层上新建图层"阴影1"，如图4-136所示。将前景色改为灰色，参数如图4-137所示。

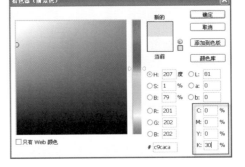

图4-136　　　　　　　　　　　　图4-137

17 按键盘上的Alt+Delete组合键，将前景色的灰色填充到选区中，取消选区，得到如图4-138所示的效果。将"阴影1"图层的混合方式调整为"线性加深"，如图4-139所示，得到如图4-140所示的效果。

图4-138　　　　　　　　　　图4-139　　　　　　　　　　图4-140

18 将画面中的草莓进行复制，并摆放到适当的位置（复制之后要适当地旋转草莓，使画面更加活泼），如图4-141所示。再使用步骤13~17中的方法将部分草莓制作出投影，得到如图4-142所示的效果。这样，画面中的层次感就非常丰富了。

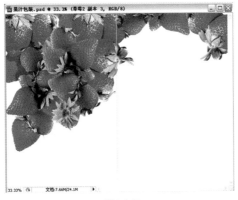
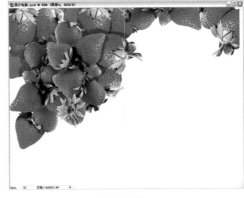

图4-141　　　　　　　　　　　　　图4-142

19 选择"背景"图层，将前景色调整为橘黄色，然后按键盘上的Alt+Delete组合键将前景色填充到"背景"图层中，如图4-143所示。再将前景色分别设置成不同的颜色，然后使用工具栏中的画笔工具进行随意的绘制，得到如图4-144所示的背景。

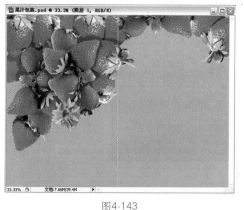

图4-143   图4-144

20 按键盘上的Ctrl+M组合键执行"曲线"命令，曲线调整如图4-145所示，单击"确定"按钮后，得到如图4-146所示的更加饱和的颜色效果。

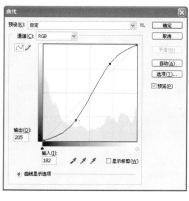

图4-145   图4-146

21 将产品的LOGO（虚拟）放置在画面中，并摆放至如图4-147所示的位置。新建图层"色条"，如图4-148所示，利用工具栏中的钢笔工具制作出如图4-149所示的路径线。

图4-147   图4-148   图4-149

22 按键盘上的Ctrl+Enter组合键，将路径转换成选区，如图4-150所示。将前景色调整为红色，具体参数设置如图4-151所示。

23 按键盘上的Alt+Delete组合键将前景色填充到选区中，如图4-152所示。选择工具栏中的矩形选框工具，按住键盘上的Shift键，使用鼠标垂直向下移动选区，如图4-153所示。

图4-150

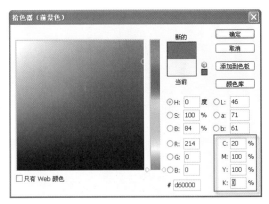

图4-151

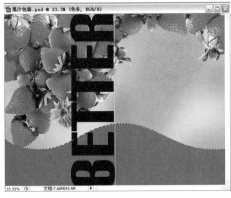

图4-152

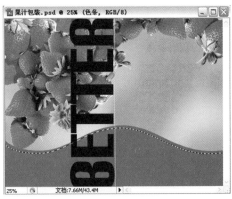

图4-153

24 按键盘上的Ctrl+Shift+I组合键将选区反选，再按键盘上的Ctrl+Shift+Alt组合键单击 "色条"图层，得到色条上面部分的选区，如图4-154所示。新建图层"金色"，如图 4-155所示。

图4-154

图4-155

25 将前景色调整为橙色，参数设置如图4-156所示。设置完成后，按键盘上的Alt+Delete组 合键，将前景色填充到选区中，取消选区后，得到图4-157所示的效果。

26 选择"色条"图层，选择工具栏中的加深工具，在它的控制栏中设置笔刷的大小以及样 式，如图4-158所示。设置完成后，使用加深工具在红色条上进行加深处理，得到如图 4-159所示的有起伏的效果。

图4-156

图4-157

27 选择"金色"图层，然后使用同步骤26相同的方法对金色条进行处理，得到如图4-160所示的效果。

图4-158

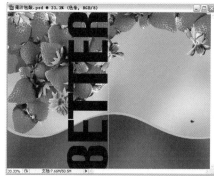

图4-159

图4-160

28 选择产品的LOGO图层，即本例中虚拟的"BETTER"，双击此图层，出现"图层样式"对话框，选择其中的"外发光"选项，具体参数如图4-161所示。完成设置后，单击"确定"按钮，得到如图4-162所示的效果。

图4-161

图4-162

29 再设置"图层样式"对话框中的"投影"选项，参数设置如图4-163所示。完成设置后，得到如图4-164所示的阴影效果，这样文字的感觉就更突出了。

30 现在得到了文字的白色边框，与画面中心的参考线没有重合，如图4-165所示。因为在包装的时候，白色的部分会被折到包装盒的侧面，所以需要对文字进行移动。选择工具栏中

Chapter 1

Chapter 2

Chapter 3

Chapter 4

Chapter 5

Chapter 6

的移动工具，按住键盘上的Shift键，将文字水平向左移动，直到确认白色的边框与参考线重合，如图4-166所示。

图4-163   图4-164

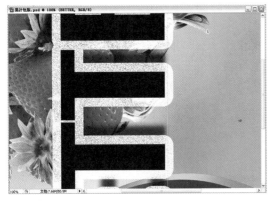

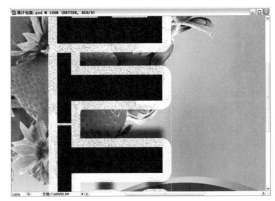

图4-165   图4-166

31 选择"图层"面板中的"色条"图层，按键盘上的Ctrl键单击"金色"图层，这样就将"色条"图层与"金色"图层链接起来，拖动链接的图层，将这两个图层移动到"背景"图层上面，如图4-167所示。这样就可以将草莓突出来，使草莓在色条的上面，如图4-168所示。

图4-167   图4-168

32 最后将一些文字以及辅助信息和LOGO放置在画面中并排列成如图4-169所示的样式，这个包装设计就完成了。按键盘上的Ctrl+S组合键保存文件。

33 下面开始制作出其他口味的果汁包装。选择"图像"|"复制"命令，将制作好的文件进行复制，将文件名改为"果汁包装2"，如图4-170所示。单击"确定"按钮后，得到如图4-171所示的复制文件。

图4-169　　　　　　　　　　　　　　　　图4-170

34 将文件中所有的草莓图层和草莓的阴影图层删除，如图4-172所示。

图4-171　　　　　　　　　　　　　　　　图4-172

35 选择"背景"图层，按键盘上的Ctrl+U组合键执行"色相/饱和度"命令，参数设置如图4-173所示。单击"确定"按钮后，得到如图4-174所示的颜色效果。

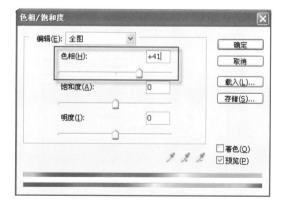

图4-173　　　　　　　　　　　　　　　　图4-174

36 选择"色条"图层，再使用"色相/饱和度"命令，参数设置如图4-175所示。完成后单击"确定"按钮，得到如图4-176所示的墨绿色效果。

图4-175

图4-176

37 打开素材 "4-4.jpg"、"4-5.jpg"，如图4-177所示。使用工具栏中的钢笔工具将这些素材文件中的橙子勾勒出来，复制并粘贴到设计制作文件中，如图4-178所示。

图4-177

图4-178

38 将橙子进行位置移动并复制，得到如图4-179所示的效果。

39 选择一半橙子的图层，按键盘上的Ctrl+M组合键执行 "曲线" 命令，曲线设置如图4-180所示。单击 "确定" 按钮后，得到如图4-181所示的色彩更加饱和的橙子效果。

图4-179

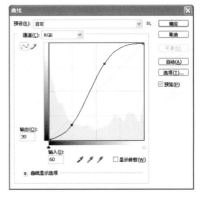

图4-180

40 继续执行 "曲线" 命令将其他橙子进行颜色上色处理，得到如图4-182所示的效果。

图4-181   图4-182

41 再将画面中的说明文字进行更换，颜色填充为深绿色，得到如图4-183所示的完成效果。按键盘上的**Ctrl+S**组合键保存文件，如图4-184所示。

图4-183   图4-184

42 果汁包装就完成了，下面需要制作的是果汁包装的立体效果。按照牛奶包装立体效果的制作方法，将果汁包装制作出立体效果，最终效果如图4-185所示。

图4-185

Chapter 1

Chapter 2

Chapter 3

Chapter 4

Chapter 5

Chapter 6

本例总结

通过本例的设计，读者应该对食品包装设计有一定的了解。食品包装设计需要体现出产品的特点等，包括在设计之后，需要制作出立体效果来观察最终效果，因为立体的包装盒与平面的视觉是不同的。

4.2 软件类包装设计

软件包装设计在设计形式上需要非常前卫的视觉效果，或者是非常有科技感的设计形式，这样才能突出科技的感觉。本例设计的是网络加速软件的外包装盒，在此感谢深圳市昱迅科技发展有限公司的支持，本例设计的是他们公司的网络加速产品"鹰讯TM网络加速软件"的产品外包装，相信很多使用过网络软件的朋友应该见过。

因为这是一个高新技术的加速软件产品，所以在设计时需要注意包装盒上面软件的信息传达，而不可能会设计得非常前卫简洁，但也要注意整体的美感。

光盘素材路径

 素材和源文件\第4章\素材\4-6.psd

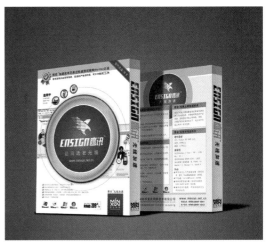

本例效果

操作步骤

01 在设计之前，需要先确定产品的尺寸，本例产品的包装盒尺寸为：宽14cm，高19cm，厚度1.5cm，整体展开的尺寸如图4-186所示。新建文件，参数设置如图4-187所示（包含出血尺寸，其中最左边的尺寸1cm为包装盒接口粘合处，原则上是不需要进行任何设计的）。

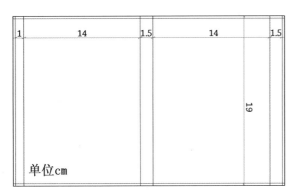

图4-186

图4-187

02 新建图层"圆形",如图4-188所示。按键盘上的D键,将前景色和背景色还原为黑色和白色。选择工具栏中的椭圆工具,按住键盘上的Shift键,在画面中制作出如图4-189所示的正圆。

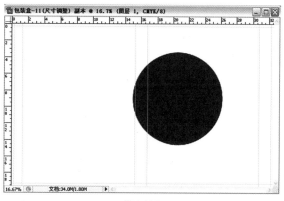

图4-188

图4-189

03 拟定画面右边的部分为正面。选择工具栏中的矩形选框工具,在右边的正面部分制作出如图4-190所示的选区,选择"图层"|"将图层与选区对齐"|"水平居中"命令,这样圆形就处在选区的水平中央位置,也就是包装盒正面的水平中间位置,如图4-191所示。

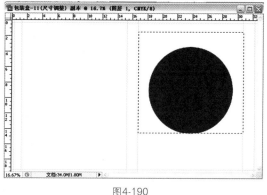
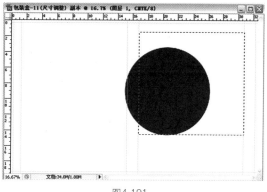

图4-190

图4-191

04 按键盘上的Ctrl+A组合键将文件全选,再选择"图层"|"将图层与选区对齐"|"垂直居中"命令,这样圆形就处在正面的正中央位置了。取消选区,效果如图4-192所示。按键盘上的Ctrl+S组合键保存文件,如图4-193所示。

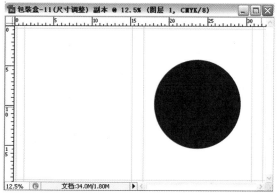

图4-192

图4-193

05 双击"圆形"图层，出现"图层样式"对话框，分别设置对话框中的"投影"、"内阴影"、"外发光"、"内发光"、"斜面和浮雕"（包括其中的"等高线"选项）、"光泽"和"颜色叠加"选项，如图4-194~图4-201所示，完成后得到如图4-202所示。

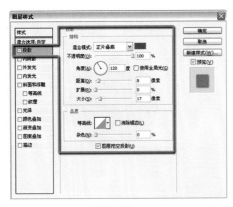

图4-194

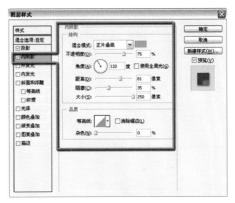

图4-195

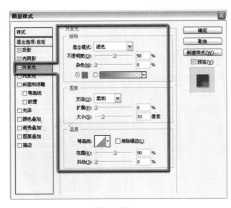

图4-196

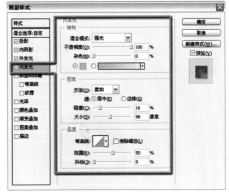

图4-197

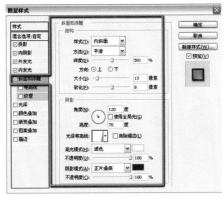

图4-198

图4-199

06 新建图层"圆形2"，如图4-203所示。将前景色调整为白色，选择工具栏中的椭圆工具，按住键盘上的Shift键制作出正圆，如图4-204所示。

07 按键盘上的Ctrl键单击"圆形"图层，出现圆形的选区，如图4-205所示。分别选择"图层"|"将图层与选区对齐"中的"水平居中"与"垂直居中"命令，按键盘上Ctrl+D组合键取消选区，得到如图4-206所示的居中效果。

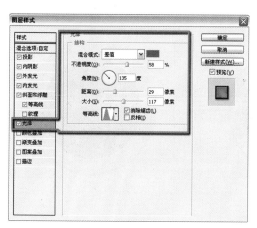

图4-200

图4-201

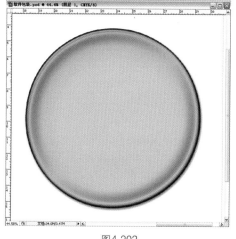

图4-202

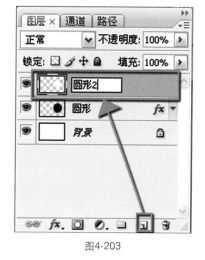

图4-203

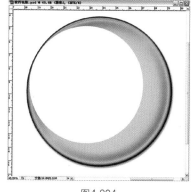

图4-204

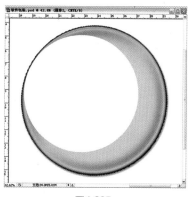

图4-205

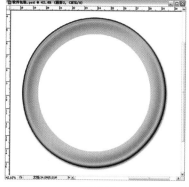

图4-206

08 复制"圆形2"图层，并重新命名为"圆形3"，如图4-207所示。按键盘上的Ctrl+I组合键将白色反向，得到如图4-208所示的黑色圆形。

09 按键盘上的Ctrl+T组合键执行"自由变换"命令，出现变换框后，按住键盘上的Shift+Alt组合键，使用鼠标向圆形的中心拖动左上角的变换点，将圆形等比例缩小一些，按Enter键应用变换，得到如图4-209所示的效果。

图4-207

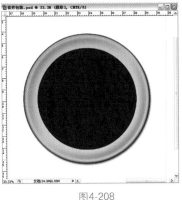

图4-208

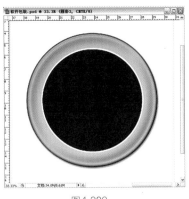

图4-209

 充电站

　　在步骤8中有一个反向的操作，将白色反向后变成黑色。可能很多读者认为没必要这样做，因为后面只是将这个复制的圆形缩小，笔者这样做是为了在操作步骤9的时候方便视觉上的观察，以使控制缩放的比例。

10　　选择工具栏中的渐变工具，在它的控制栏中选择"径向渐变"样式，如图4-210所示，将渐变色设置为如图4-211所示的颜色。

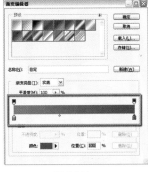

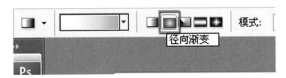

图4-210

图4-211

11　　按键盘上的Ctrl键单击"圆形3"图层，在画面中出现黑色圆形的选区，如图4-212所示。使用渐变工具从黑色圆形的中心向外制作渐变，取消选区，得到如图4-213所示的效果。

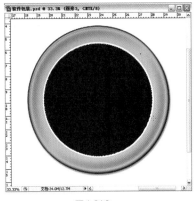

图4-212

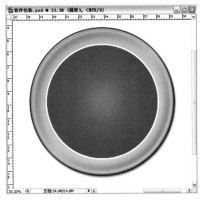

图4-213

12 新建图层"圆圈1"，如图4-214所示。选择工具栏中的椭圆选框工具，按住键盘上的Shift键制作出略大于绿色圆形的选区，如图4-215所示。

13 将前景色设置为草绿色，如图4-216所示。选择"编辑"|"描边"命令，出现"描边"对话框，参数设置如图4-217所示。单击"确定"按钮后取消选区，得到如图4-218所示的绿色圆圈。

图4-214

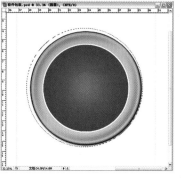

图4-215

图4-216

图4-217

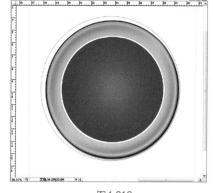

图4-218

14 现在得到的绿色圆圈并没有与制作好的圆形居中对齐。按键盘上的Ctrl键单击"圆形"图层，出现绿色的圆形选区，如图4-219所示。分别选择"图层"|"将图层与选区对齐"中的"水平居中"和"垂直居中"命令，取消选区后，绿色圆圈就与圆形完全居中对齐了，如图4-220所示。

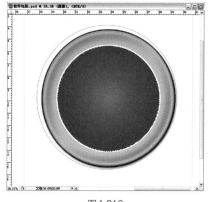

图4-219

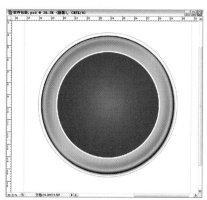

图4-220

15 新建图层"圆圈2"，如图4-221所示。再使用工具栏中的椭圆选框工具制作出正圆选区，如图4-222所示。它略大于之前做的圆形，执行"描边"命令后得到如图4-223所示的圆圈。再使用步骤14中的居中方法将圆圈与圆形居中处理，如图4-224所示。

图4-221

图4-222

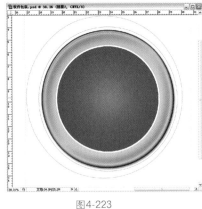

图4-223

图4-224

16 选择"圆圈1"图层，选择"滤镜"|"模糊"|"高斯模糊"命令，参数设置如图4-225所示。单击"确定"按钮后，得到如图4-226所示的模糊效果。

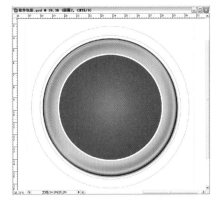

图4-225

图4-226

17 下面将两个网站的截图放置在画面中的"背景"图层上面，如图4-227所示（截图素材读者可以自行找网站代替使用）。

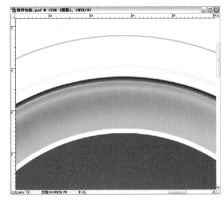

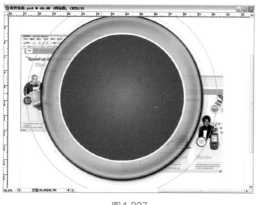

图4-227

![充电站图标]

充电站

截图的方法很多，很多人喜欢使用截图软件，但笔者使用的就是键盘上的**Print Screen**按键。按**Print Screen**键后，在Photoshop中新建文件，按键盘上的**Ctrl+V**组合键就可以将整个屏幕内容粘贴到新建文件中，然后使用裁切工具进行裁切就可以得到需要的图片。

18 将网站的截图放置在画面中后，绿色圆形部分可以透出截图，所以需要在绿色圆形下面加一个与其大小相同的白色圆形。复制"圆形"图层，并重新命名为"白色圆形"。使用鼠标右键单击"白色圆形"图层后面的"**fx**"符号，在出现了菜单中选择"清除图层样式"命令，这样圆形的颜色就恢复到最初的黑色了，如图4-228所示。按键盘上的**Ctrl+I**组合键将黑色反向，得到了浅灰色的圆形，如图4-229所示。

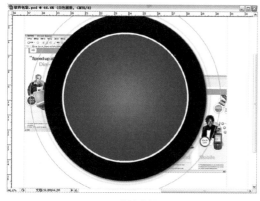

图4-228

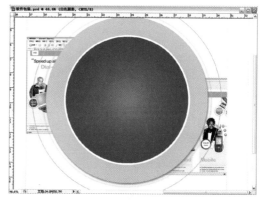

图4-229

19 按键盘上的**Ctrl+M**组合键执行"曲线"命令，曲线设置如图4-230所示。单击"确定"按钮后，得到如图4-231所示的白色圆形。

20 将"白色圆形"图层移动到"圆形"图层下面，如图4-232所示，这样绿色的圆形就不会透出下面的截图了，如图4-233所示。

21 新建图层"小圆圈1"，如图4-234所示。选择工具栏中的椭圆工具，按键盘上的**D**键将前景色恢复默认的黑色，按住键盘上的**Shift**键在画面中绿色圆圈上制作出如图4-235所示的正圆。

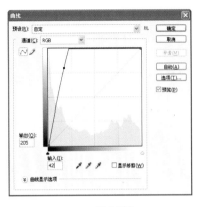

图4-230

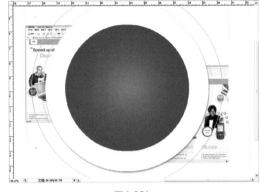

图4-231

图4-232

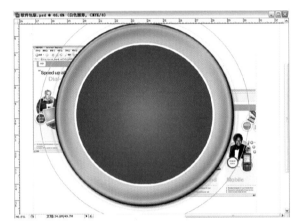

图4-233

图4-234

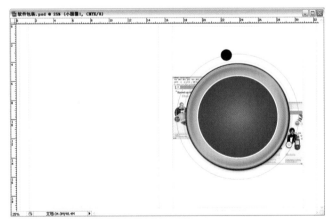

图4-235

22 复制"小圆圈1"图层，如图4-236所示。按键盘上的Ctrl+I组合键将复制的圆形反向处理，如图4-237所示。按键盘上的Ctrl+T组合键执行"自由变换"命令，出现变换框后，按住键盘上的Shift+Alt组合键，并使用鼠标向内拖动变换点，将圆形等比例缩小，如图4-238所示。按键盘上的Enter键应用变换。

23 按键盘上的Ctrl键单击复制的图层，出现如图4-239所示的圆形选区，删除"小圆圈1副本"图层，如图4-240所示。按键盘上的Delete键删除选区中黑色的部分，按键盘上的

Ctrl+D组合键取消选区后，得到如图4-241所示的圆圈。

图4-236

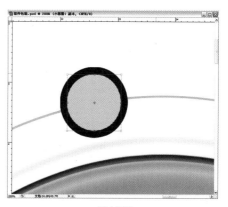

图4-237 图4-238

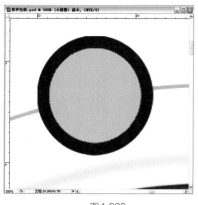

图4-239

图4-240

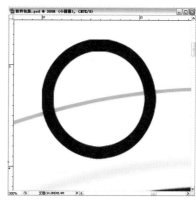

图4-241

24 使用鼠标双击"小圆圈1"图层，出现"图层样式"对话框，分别设置里面的"内阴影"、"外发光"、"内发光"、"斜面和浮雕"、"光泽"以及"颜色叠加"选项，如图4-242～图4-248所示，完成后得到如图4-249所示的有立体感效果的圆圈。

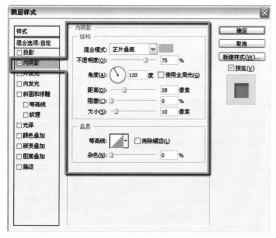

图4-242

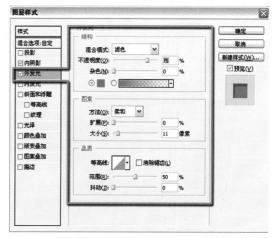

图4-243

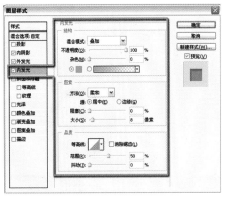

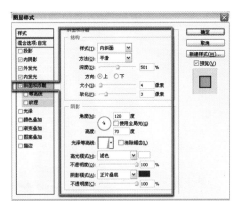

图4-244　　　　　　　　　　　　　　　　图4-245

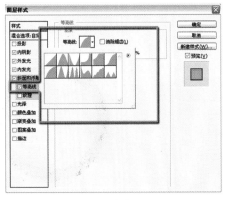

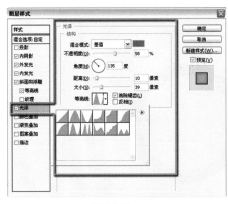

图4-246　　　　　　　　　　　　　　　　图4-247

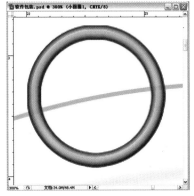

图4-248　　　　　　　　　　　　　　　　图4-249

25 选择工具栏中的矩形选框工具，将小圆圈框选，如图4-250所示。选择工具栏中的移动工具，将鼠标移动到选区中，按住键盘上的Alt键将其向左拖动，选区中的圆形被复制。将复制的图形移动到如图4-251所示的位置，保持选区的存在，继续进行复制操作，得到如图4-252所示的3个圆圈。最后取消选区。

26 打开素材文件"图4-6.psd"，如图4-253所示。选择工具栏中的矩形选框工具，选择左边第一个笔记本电脑，如图4-254所示。

27 使用工具栏中的移动工具将选区中的电脑拖动到制作文件中，并放置在小圆圈的中间，如图4-255所示。使用同样的方法将素材文件中的其他两个电子设备也拖动到画面中并放在圆圈的中间，如图4-256所示。将这3个图层合并，并重新命名为"电子产品"，如图4-257所示。

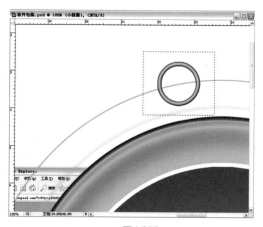

图4-250

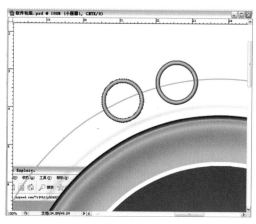

图4-251

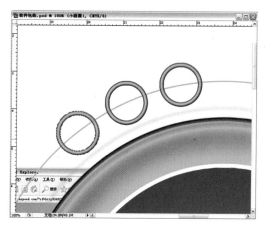

图4-252

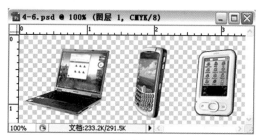

图4-253

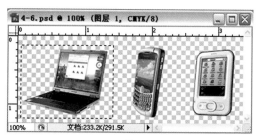

图4-254

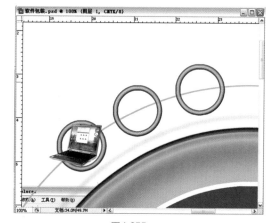

图4-255

28 从现在得到的圆圈中可以看到下面绿色的大圆圈的线，所以需要将3个小圆圈中透出的线条隐藏。选择"圆圈2"图层，单击"图层"面板下面的"添加矢量蒙版"按钮增加图层蒙版，如图4-258所示。按住键盘上的Ctrl键单击"小圆圈1"图层，出现3个圆圈的选区，如图4-259所示。

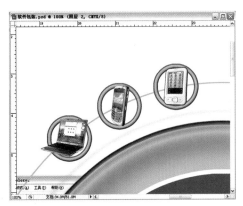

图4-256

图4-257

图4-258

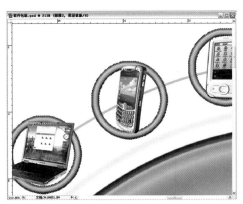

图4-259

29 选择工具栏中的魔棒工具，选择"小圆圈1"图层，按住键盘上的Shift键分别在3个小圆圈中间单击，这样选区的范围就包括了小圆圈中间空心的部分，如图4-260所示。确认前景色为黑色，再选择"圆圈2"图层中的蒙版框，按键盘上的Alt+Delete组合键将黑色填充到蒙版中，取消选区后，得到如图4-261所示的隐藏绿色线条的效果。

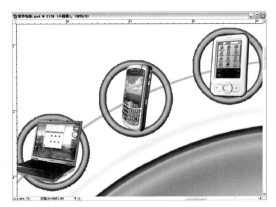

图4-260

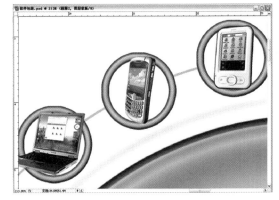

图4-261

30 新建图层"长方形"，如图4-262所示。选择工具栏中的吸管工具，吸取图4-263中橘红色圆圈中的颜色。

图4-262   图4-263

31 选择工具栏中的矩形工具，制作出如图4-264所示的长方形，选择工具栏中的矩形选框工具，在长方形中间位置制作出高度略小于长方形的选区，如图4-265所示。

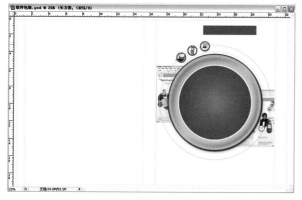

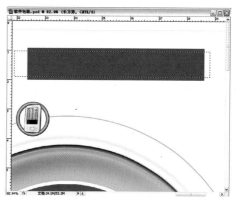

图4-264   图4-265

32 按键盘上的Ctrl+Shift+I组合键执行"反选"操作，按键盘上的Ctrl+M组合键执行"曲线"命令，曲线设置如图4-266所示。单击"确定"按钮后，得到如图4-267所示的效果，取消选区。

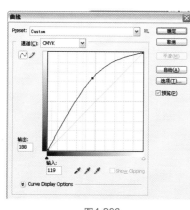

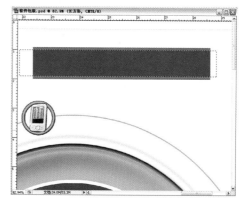

图4-266   图4-267

33 按键盘上的Ctrl+T组合键执行"自由变换"命令，出现变换框后，按住键盘上的Shift键将变换框等比例旋转45°，按键盘上的Enter键应用变换，得到如图4-268所示的效果。选择工具栏中的移动工具，将长方形移动到如图4-269所示的位置（包装盒正面右上角）。

Chapter 1

Chapter 2

Chapter 3

Chapter 4

Chapter 5

Chapter 6

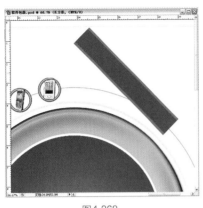

图4-268

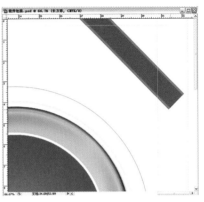

图4-269

34 选择工具栏中的文字工具，将前景色调整为白色，使用文字工具在画面中输入"软件光盘/年卡"，如图4-270所示。在文字控制栏中设置字体为"黑体"，并将字号调整为"14点"，如图4-271所示。

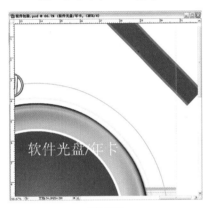

图4-270

图4-271

35 按键盘上的**Ctrl+T**组合键执行"自由变换"命令，旋转45°，并放置在长方形上面，如图4-272所示。

36 按键盘上的**Ctrl+E**组合键将文字图层与"长方形"图层合并，再执行"自由变换"命令将长方形等比例缩小一些，如图4-273所示。选择工具栏中的矩形选框工具，贴近参考线制作出如图4-274所示的选区，将长方形的一部分框选。

图4-272

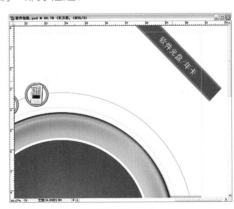

图4-273

37 按键盘上的Delete键删除选区中的部分，取消选区，如图4-275所示。

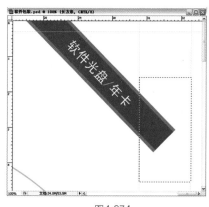

图4-274

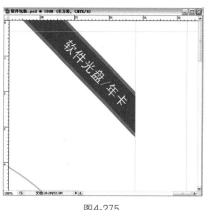

图4-275

38 下面开始制作包装盒正面的小勋章。新建图层"1"，如图4-276所示。将前景色调整为黑色，使用工具栏中的椭圆工具，按住键盘上的Shift键在画面中拖出一个黑色的正圆，如图4-277所示。

图4-276

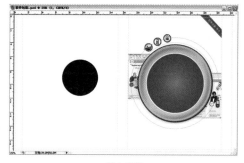

图4-277

39 双击"1"图层，在出现的"图层样式"对话框中设置"内阴影"、"外发光"、"内发光"、"斜面和浮雕"、"等高线"、"光泽"和"颜色叠加"，具体设置如图4-278~图4-284所示，完成后得到如图4-285所示的效果。

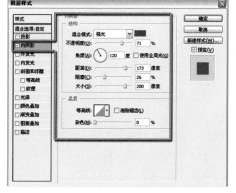

图4-278

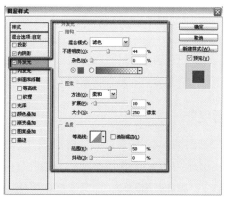

图4-279

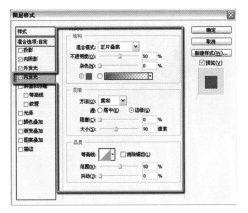

图4-280

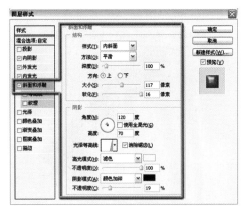

图4-281

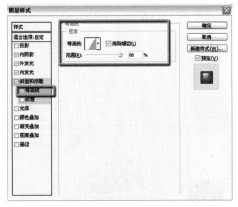

图4-282

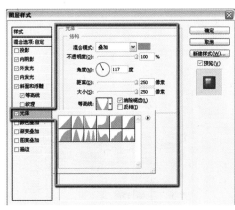

图4-283

图4-284

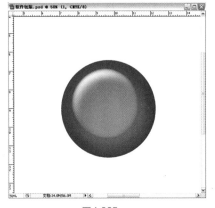

图4-285

 充电站

　　读者制作时可能会与笔者制作的圆形大小不同，那么得到的图层样式效果也不会相同，这时可以使用图层样式缩放功能来调整效果。使用鼠标右键单击"1"图层后面的"fx"符号，选择"缩放效果"命令，如图4-286所示，出现如图4-287所示的调整对话框。调整百分比的大小或者拖动滑块，就可以调整已经制作好的图层样式效果。

40 新建图层 "2"，并放置在 "1" 图层的下面，如图4-288所示。将前景色调整为浅黄色，同样使用椭圆工具制作出正圆，如图4-289所示。

图4-286

图4-287

图4-288

41 按键盘上的Ctrl键单击 "1" 图层，出现圆形选区，如图4-290所示。分别选择 "图层" | "将图层与选区对齐" 中的 "水平居中" 和 "垂直居中" 命令，画面中的两个圆形就中心对齐了，如图4-291所示。

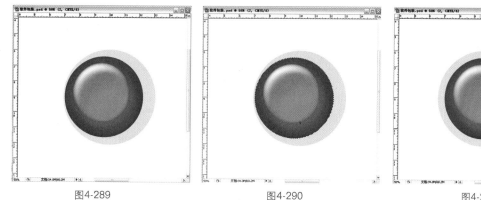

图4-289   图4-290   图4-291

42 新建图层 "3"，放置在 "2" 图层下面，如图4-292所示。选择工具栏中的多边形工具，在它的控制栏中设置边数为12，其他设置如图4-293所示。

图4-292

图4-293

43 设置好后，按键盘上的D键将前景色调整为黑色。按住键盘上的**Shift**键制作出等比例的多边形，如图4-294所示。使用前面学习的方法将其与其他两个圆形居中对齐，如图4-295所示。

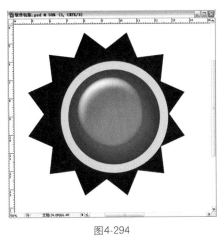

图4-294

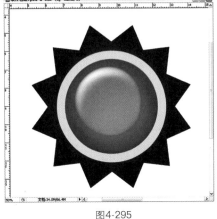

图4-295

44 双击"3"图层，出现了"图层样式"对话框，设置对话框中的"内阴影"、"内发光"、"斜面和浮雕"、"等高线"、"光泽"和"颜色叠加"选项，如图4-296~图4-301所示，完成后得到如图4-302所示的效果。

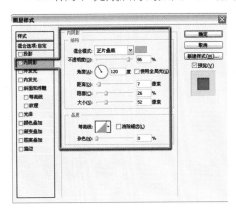

图4-296

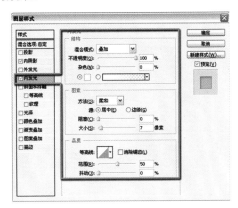

图4-297

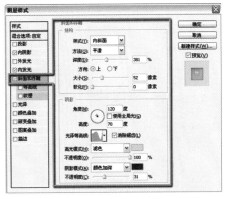

图4-298

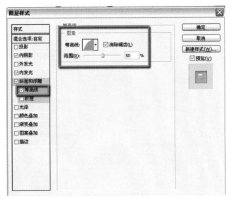

图4-299

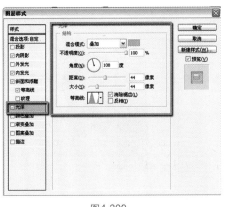

图4-300

图4-301

45 按住键盘上的Ctrl键，分别单击"1"、"2"和"3"图层将它们进行链接，如图4-303所示。按键盘上的Ctrl+E组合键合并这3个链接的图层，并重新命名为"徽章"，如图4-304所示。

图4-302

图4-303

图4-304

46 新建图层"飘带"，如图4-305所示。选择工具栏中的矩形选框工具制作出如图4-306所示的选区，再选择工具栏中的多边形套索工具，按住键盘上的Alt键对选区进行删减处理，得到如图4-307所示的选区样式。

图4-305

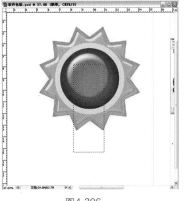

图4-306

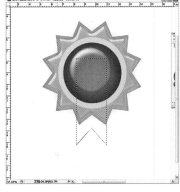

图4-307

47 将前景色调整为红色，如图4-308所示，按键盘上的Alt+Delete组合键将前景色填充到选区中，取消选区，如图4-309所示。

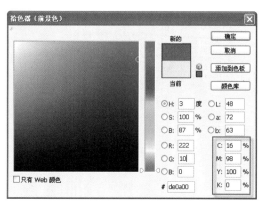

图4-308

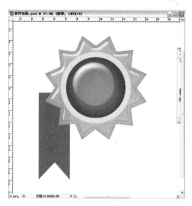

图4-309

48 再使用矩形选框工具制作出略微小于飘带宽度的选区，如图4-310所示，按键盘上的 Ctrl+Shift+I组合键将选区反选，按键盘上的Ctrl+U组合键执行"色相/饱和度"命令，参数设置如图4-311所示。单击"确定"按钮后取消选区，得到如图4-312所示的效果。

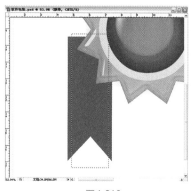

图4-310

图4-311

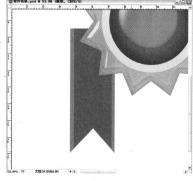

图4-312

49 利用工具栏中的加深工具和减淡工具对飘带进行处理，得到如图4-313所示的效果。按键盘上的Ctrl+T组合键执行"自由变换"命令，将飘带适当地旋转，按Enter键应用变换，得到如图4-314所示的效果。

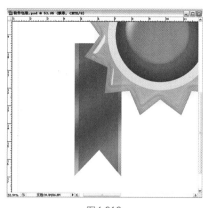

图4-313

图4-314

50 复制"飘带"图层，选择"编辑"|"变换"|"水平翻转"命令，如图4-315所示，将两个飘带适当地移动，放置在如图4-316所示的位置。

51 将"徽章"与两个飘带的图层合并，选择工具栏中的多边形选框工具，制作出一个对号的选区，如图4-317所示。将前景色调整为白色，按键盘上的**Alt+Delete**组合键将白色填充到选区中，取消选区后得到如图4-318所示的效果。

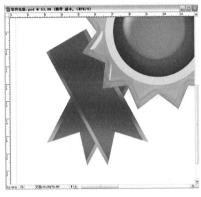
图4-315

图4-316

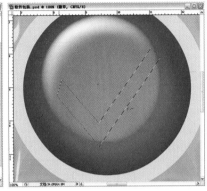
图4-317

52 徽章制作完成，现在需要将它缩小并摆放在包装盒正面的左上角位置。按键盘上的**Ctrl+T**组合键执行"自由变换"命令，配合键盘上的**Shift**键将其等比例缩小，并适当旋转，按键盘上的**Enter**键应用变换，得到如图4-319所示的效果。

图4-318

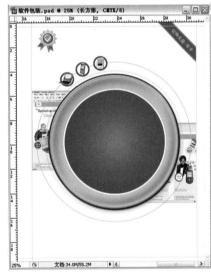
图4-319

53 双击"徽章"图层，出现"图层样式"对话框，设置其中的"投影"选项，如图4-320所示。完成后单击"确定"按钮，得到如图4-321所示的带有阴影效果的徽章，使徽章在画面中有凸起的立体效果。

54 将软件适用的操作环境的图标放置在画面中，如图4-322所示。再将公司的LOGO以及价格放置在画面中，如图4-323所示（由于该产品已经投放市场，所以LOGO和操作环境的图标不可以提供，希望读者谅解）

55 将"鹰讯"的LOGO放置在画面中，如图4-324所示。按住键盘上的**Ctrl**键单击"圆形3"图层，出现了选区，如图4-325所示。选择"图层"｜"将图层与选区对齐"｜"水平居中"命令，取消选区后，"鹰讯"的LOGO就与圆形水平居中对齐，如图4-326所示。

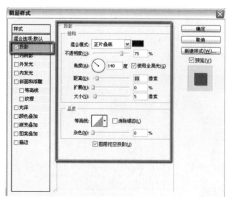

图4-320

图4-321

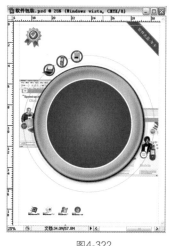

图4-322

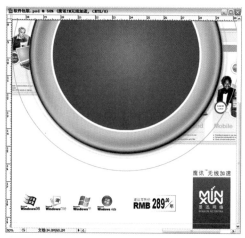

图4-323

图4-324

图4-325

 充电站

在进行步骤55的操作中，制作选区时，因为现在的文件中存在很多图层，要想快速地找到要选择图形的图层，可以在当前选择的工具不是抓手工具的情况下，将鼠标放在需要知道图层名称的图形上，按键盘上的**Ctrl**键并单击鼠标右键，就可以出现相关图层的信息，如图**4-327**所示。直接选择下拉菜单中的图层就可以避免在图层面板中慢慢地寻找了。

图4-326

图4-327

 充电站

通过图4-327可以发现，在弹出的菜单中除了需要了解的"圆形3"之外，还有很多其他的图层信息，这表示在鼠标放置的位置上还有其他图层。

56 选择工具栏中的移动工具，按住键盘上的**Shift**键将产品**LOGO**垂直向下移动，移动到如图**4-328**所示的位置。选择工具栏中的文字工具，在画面中**LOGO**旁边单击一下，出现光标之后，输入"**TM**"，如图**4-329**所示。选择适当的字体，并调整大小后，将"**TM**"填充上白色，放置在**LOGO**的右上角，如图**4-330**所示。

图4-328

图4-329

57 再使用文字工具分别输入产品的广告语"让沟通更无线"以及网址，并摆放在如图**4-331**所示的位置。双击中文字的图层，在出现的"图层样式"对话框中设置"投影"选项，如图**4-332**所示，完成后得到如图**4-333**所示的效果。

58 使用鼠标右键单击中文图层后面的"**fx**"符号，在菜单中选择"拷贝图层样式"命令，如图**4-334**所示。选择网址所对应的图层，右击后选择"粘贴图层样式"命令，这样，网址的英文也有了投影效果，如图**4-335**所示。

图4-330

图4-331

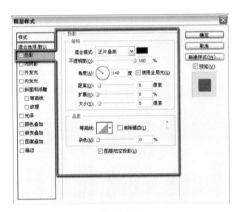

图4-332

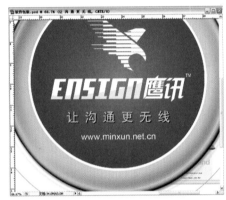

图4-333

图4-334

图4-335

59 在"背景"图层上新建图层"绿色条",如图4-336所示。将前景色设置为绿色,参数设置如图4-337所示,设置完成后,使用矩形工具在画面顶部制作出如图4-338所示的绿色条。

 充电站

在顶部制作绿色条时,可以适当地将文件边框拉大,这样制作出来的绿色条就不会出现小于画面的情况了。

图4-336

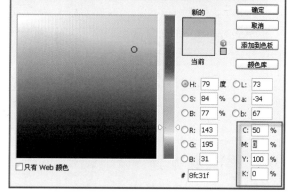

图4-337

60 将包装盒正面的文字输入到画面中，并调整文字大小以及颜色，如图4-339所示。

图4-338

图4-339

61 下面开始制作包装盒的侧面，将产品LOGO文字部分放置在画面中，如图4-340所示。按键盘上的Ctrl+T组合键执行"自由变换"命令，配合键盘上的Shift键将其顺时针旋转90°，按键盘上的Enter键应用变换，并摆放在如图4-341所示的书的侧面位置。

图4-340

图4-341

62 选择工具栏中的文字工具，在画面中输入"无线加速"，然后调整文字大小，如图4-342所示。按键盘上的Ctrl+T组合键执行自由变换，将"无线加速"也顺时针旋转90°，如图4-343所示。

图4-342

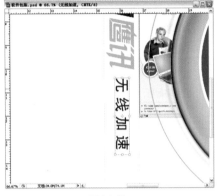

图4-343

63 按住键盘上的Ctrl+Shift组合键，向下垂直拖动图4-344中橘红色圆圈中的变换点，使其倾斜，倾斜的角度与上面的LOGO文字基本相同，完成后按Enter键，得到如图4-345所示的效果。

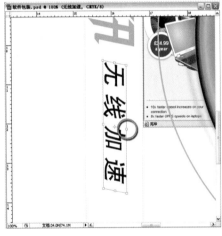

图4-344

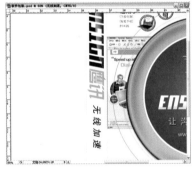

图4-345

64 将公司的LOGO放置在画面中，侧面的设计就完成了，如图4-346所示。合并侧面的3个图层，将其复制后摆放到另一个侧面中，这样包装盒的两个侧面就完成了，如图4-347所示。

图4-346

图4-347

65 下面开始设置包装盒的背面。使用吸管工具吸取画面上方绿色条的颜色，新建图层"绿色圆形"，选择工具栏中的椭圆工具，按住键盘上的Shift键制作出如图4-348所示的绿色正圆。选择工具栏中的矩形选框工具，制作出与包装盒背面宽度相同的选区，如图4-349所示。

图4-348 　　　　　　　　　　　　　　图4-349

66 选择"图层"|"将图层与选区对齐"|"水平居中"命令，这样圆形就与选区水平居中了，取消选区，如图4-350所示。选择移动工具，按住Shift键将圆形垂直向上移动，如图4-351所示。

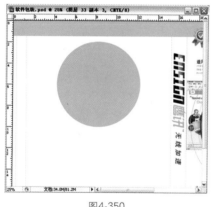 

图4-350 　　　　　　　　　　　　　　图4-351

67 再使用前面学习的方法制作出如图4-352所示的效果。将产品的LOGO以及文字添加到圆形中，如图4-353所示。

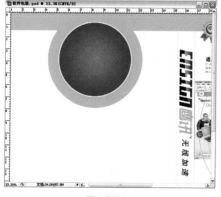 

图4-352 　　　　　　　　　　　　　　图4-353

68 使用前面学习的方法制作出如图4-354所示的文字框，然后将说明文字放置在4个文字框内，如图4-355所示。

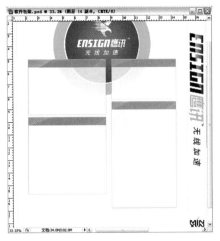

图4-354   图4-355

69 再将一些必要的信息以及电话等放置在画面中，如图4-356所示。最后在包装盒背面加一个灰色的底色，这个包装设计就完成了，如图4-357所示。

图4-356   图4-357

70 使用前面学习的方法制作出包装盒的立体效果，如图4-358所示。

图4-358

本例总结

本例设计的是目前已经在市场上销售的高端笔记本等电子设备的无线上网加速产品的软件包装，用户必须在设计时传达准确的信息，才能让消费者了解到产品会使自己的笔记本等电子产品得到什么样的网速提升。本例在设计时就已经在正面和背面准确地传达了产品的信息，这样的包装设计虽然没有国外非常成熟的软件的简洁感，但同样具有很鲜明的行业特色。另外，因为是已经上市的产品，所以本例没有提供分层的源文件，希望读者谅解。

4.3 数码产品类包装设计

学前导读

前面介绍了软件类产品的包装，下面将介绍数码产品的包装。数码产品的包装设计中一定要包含很多的信息，尤其是一些突出的特点和功能，设计的形式上不需要很复杂，主要突出产品的本身。下面开始设计数码类产品的包装，本例中设计的是数码相机的包装设计。

数码产品的包装设计不需要复杂，笔者个人比较欣赏简约感觉的包装。本例要设计的相机包装也是非常简约的。

光盘素材路径

 素材和源文件\第4章\素材\4-7.jpg、
4-8.jpg、4-9.jpg

本例效果

操作步骤

01 本例中设定的长、宽、高分别为15cm、12cm和8cm。下面先来制作包装盒的正面。新建文件，参数如图4-359所示。

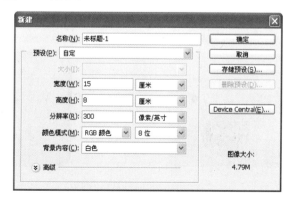

图4-359

02 打开素材文件"图4-7.jpg"，如图4-360所示。选择工具栏中的钢笔工具将相机勾勒出来，如图4-361所示。

Chapter 1
Chapter 2
Chapter 3
Chapter 4
Chapter 5
Chapter 6

图4-360   图4-361

03 按键盘上的**Ctrl+Enter**组合键将路径转换为选区，如图**4-362**所示。按键盘上的**Ctrl+C**组合键复制选区中的相机，回到制作文件中，按键盘上的**Ctrl+V**组合键将相机粘贴到画面中，如图**4-363**所示。

图4-362   图4-363

04 选择工具栏中的移动工具，将相机移动到画面右边偏下的位置，如图**4-364**所示，将此图层重新命名为"相机"。

05 选择工具栏中的钢笔工具，制作出相机阴影的路径线，如图**4-365**所示。按键盘上的**Ctrl+Enter**组合键将路径线转换成选区，如图**4-366**所示。

图4-364   图4-365

06 按键盘上的**Ctrl+Alt+D**组合键执行"羽化"命令，设置羽化的数值如图**4-367**所示，单击"确定"按钮后，得到的选区就被羽化了。

图4-366

图4-367

07 将前景色调整为灰色，如图4-368所示。新建图层"阴影"，并放置在"相机"图层下面，如图4-369所示。使用画笔工具在选区中进行绘制，取消选区，得到如图4-370所示的效果。

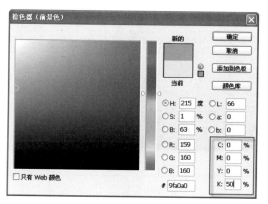

图4-368

图4-369

08 选择工具栏中的加深工具，在它的控制栏中设置笔刷大小以及样式，如图4-371所示。使用加深工具在阴影处进行局部加深处理，得到如图4-372所示的比较真实的阴影效果。

图4-370

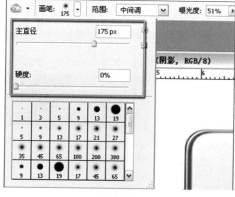

图4-371

09 按键盘上的Ctrl+S组合键保存文件，将文件命名为"相机包装正面.psd"，如图4-373所示。

图4-372

图4-373

10 下面开始设计背景图案。新建图层"背景图案"，如图**4-374**所示。将前景色设置为浅灰色，参数设置如图**4-375**所示。

图4-374

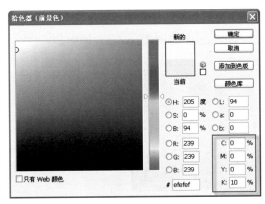

图4-375

11 按键盘上的**Ctrl＋Delete**组合键将浅灰色填充到新图层中，如图**4-376**所示。选择工具栏中的多边形套索工具，在画面中随意地制作出选区，如图**4-377**所示。

图4-376

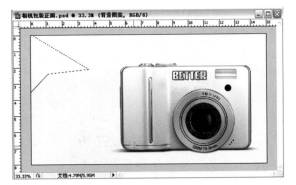

图4-377

12 选择工具栏中的加深工具，在它的控制栏中设置笔刷大小以及样式，如图**4-378**所示。设置完成后，在选区中进行适当的加深处理，取消选区后，得到如图**4-379**所示的加深效果。

13 使用相同的方法制作出如图**4-380**所示的背景效果。

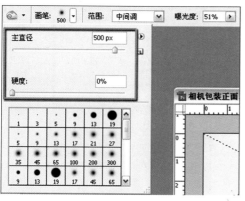

图4-378

图4-379

图4-380

14 选择工具栏中的文字工具，在画面中输入相机的型号，如图4-381所示。适当地调整文字字体以及大小，如图4-382所示。

图4-381

图4-382

15 将文字移动到画面的右边，如图4-383所示。双击文字图层，在出现的"图层样式"对话框中分别设置"描边"以及"投影"选项，参数设置如图4-384、图4-385所示，完成后得到如图4-386所示的效果。这样，相机的型号就在画面中非常突出。

16 选择工具栏中的文字工具，在画面左边输入一些主要的相机参数，如图4-387所示。适当地调整大小以及字体，并放置产品的LOGO，得到如图4-388所示的效果。

图4-383

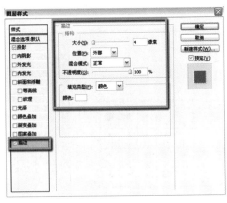

图4-384

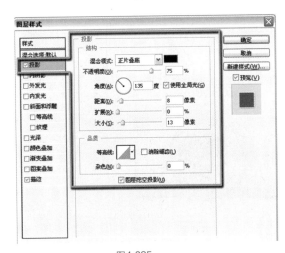

图4-385

图4-386

图4-387

图4-388

17 打开素材文件"4-8.psd",如图4-389所示。将素材文件拖动到画面中,并放置在设计文件中如图4-390所示的位置。

18 新建图层"长方形",如图4-391所示,利用工具栏中的矩形选框工具制作出如图4-392所示的选区。

19 将前景色调整为浅灰色,参数设置如图4-393所示。完成后按键盘上的Alt+Delete组合键,将灰色填充到选区中,取消选区,得到如图4-394所示的效果。

图4-389

图4-390

图4-391

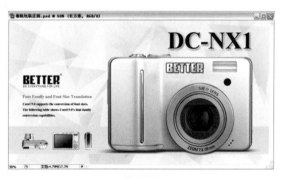

图4-392

图4-393

图4-394

20 将"长方形"图层的混合方式调整为"线性加深",如图4-395所示,得到如图4-396所示的混合效果。这样,正面的设计就完成了。

图4-395

图4-396

21 下面开始制作包装盒的顶面。新建文件，尺寸设置如图4-397所示。

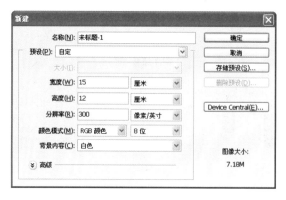

图4-397

22 打开素材文件"4-9.jpg"，如图4-398所示。利用工具栏中的钢笔工具将相机勾勒出来，如图4-399所示。

图4-398　　　　　　　　　　　　　　　　图4-399

23 按键盘上的Ctrl+Enter组合键将路径转换成选区，如图4-400所示。按键盘上的Ctrl+C组合键将相机复制，回到制作文件中，按键盘上的Ctrl+V组合键将相机粘贴到画面中，如图4-401所示。

图4-400　　　　　　　　　　　　　　　　图4-401

24 将新图层重新命名为"相机"，如图4-402所示。按键盘上的Ctrl+S组合键保存文件，将文件命名为"相机包装顶面.psd"，如图4-403所示。

图4-402　　　　　　　　　　　　　　　　图4-403

25 使用制作正面时的方法制作出相机的阴影，如图4-404所示，再将正面的相机型号、产品LOGO以及一些必要的信息和背景效果放置在顶面的设计文件中。这样，顶面的设计就完成了，效果如图4-405所示。

图4-404　　　　　　　　　　　　　　　图4-405

26 下面开始制作包装盒的侧面。侧面一般是相机详细参数的信息以及厂商的信息，所以在设计时需要做到排版简洁大方，便于消费者阅读，并得到最直接的信息。使用前面学习过的方法制作出相机的侧面，这里就不再进行讲解了，完成后得到如图4-406所示的效果。

27 使用前面学习的方法制作出包装盒的立体效果图，如图4-407所示。至此，本例的设计就完成了。

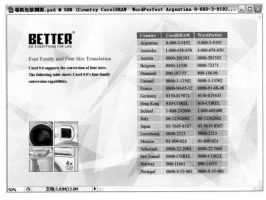 

图4-406　　　　　　　　　　　　　　　图4-407

本例总结

可能读者学习完本节之后会觉得这个数码产品的包装盒设计步骤很简单，但效果却非常不错。其实设计并不是多么复杂就是好的，越是简约的设计，越考验设计师的能力。所以笔者建议读者，在学习设计的同时，也要多开阔自己的思路，丰富自己的设计符号和形式，这样才能使自己的设计更加精彩。

4.4 　酒类产品包装设计

学前导读　　酒类产品的包装设计是比较考验设计功力的，在设计酒类产品之前，需要对该类产品的市场进行调研，了解目前产品包装的趋向以及各种设计风格和感觉，这样设计出来的产品才能得到好的市场反馈。

本例中拟定的酒产品的设计风格是欧洲风格，所以设计上需要体现出一种尊贵以及大气的视觉效果。

光盘素材路径

 素材和源文件\第4章\素材\4-10.ai

本例效果

操作步骤

01　本例中设计的酒瓶贴是不规则的形状。新建文件，尺寸设置如图4-408所示。

图4-408

02　新建图层"1"，如图4-409所示。将前景色调整为灰色，背景色调整为白色，如图4-410所示。

03 选择"滤镜"｜"渲染"｜"云彩"命令，得到如图4-411所示的效果。

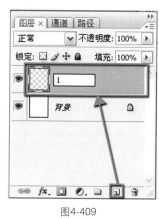

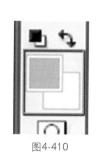

图4-409　　　　　　　　　　图4-410　　　　　　　　图4-411

充电站

　　在步骤2中之所以将前景色和背景色改为灰色和白色，是因为在步骤3中要使用到"云彩"命令，得到的云彩图案的颜色就是根据前景色和背景色为基础得到的。如果前景色为蓝色，背景色为白色，那么得到的云彩效果就是蓝白色。

04 选择工具栏中的矩形选框工具，在画面中制作一个矩形选区，如图4-412所示。按键盘上的Ctrl+C组合键复制选区中的云彩，按键盘上的Ctrl+V组合键粘贴，将粘贴后新增加的图层命名为"底图"，如图4-413所示。

05 将"1"图层隐藏，如图4-414所示。选择"底图"图层，按键盘上的Ctrl+T组合键执行"自由变换"命令，出现变换框后按住键盘上的Shift键，并拖动变换框4个角变换点中的任意一个，将其拖动到全画面，按键盘上的Enter键应用变换，得到如图4-415所示的效果，这样得到的云彩效果就比较大气一些，同时也便于后面效果的处理和制作。

图4-412　　　　　　　　　　图4-413　　　　　　　　图4-414

06 按键盘上的Ctrl+M组合键执行"曲线"命令，曲线设置如图4-416所示。单击"确定"按钮后，得到如图4-417所示的效果。

07 按键盘上的Ctrl+I组合键将云彩反向操作，得到如图4-418所示的效果。按键盘上的Ctrl+S组合键保存文件，将文件命名为"酒包装.psd"，如图4-419所示。

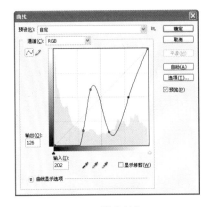

| 图4-415 | 图4-416 | 图4-417 |

08 选择"滤镜"｜"杂色"｜"添加杂色"命令，参数设置如图4-420所示。单击"确定"按钮后，得到如图4-421所示的杂色效果。

| 图4-418 | 图4-419 | 图4-420 |

09 按键盘上的Ctrl+A组合键将文件全选，出现了选区后，按键盘上的Ctrl+C组合键复制，打开"通道"面板，新建通道"Alpha1"，如图4-422所示。按键盘上的Ctrl+V组合键将复制的图像粘贴到通道中，取消选区，如图4-423所示。

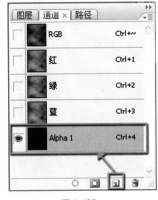

| 图4-421 | 图4-422 | 图4-423 |

10 回到"图层"面板中，选择"底图"图层，选择"滤镜"｜"渲染"｜"光照效果"命令，参数设置如图4-424所示，注意在面板下面的纹理通道选项中选择刚才新建的通道"Alpha1"。单击"确定"按钮后，得到如图4-425所示的有立体颗粒效果的背景。

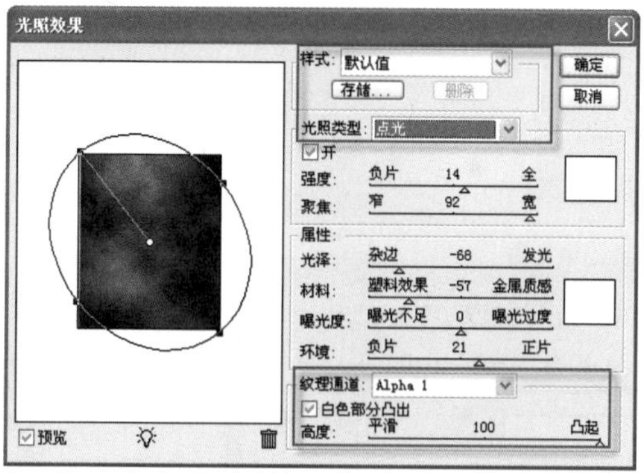

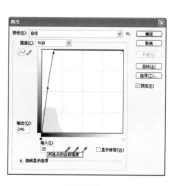

图4-424

图4-425

11 按键盘上的**Ctrl+M**组合键执行"曲线"命令，曲线设置如图**4-426**所示。单击"确定"按钮后，得到如图**4-427**所示的效果。

图4-426

图4-427

12 底图的效果就先制作到这里，后面的操作中还会有颜色上的调整。下面开始制作瓶贴的外型。按键盘上的**Ctrl+R**组合键打开标尺栏，并使用鼠标从左边的标尺栏中拖出参考线放置在画面的中央，如图**4-428**所示。选择钢笔工具，在画面中参考线左边的部分制作出如图**4-429**所示的路径线（路径的起始点和终点都在参考线所在的位置）。

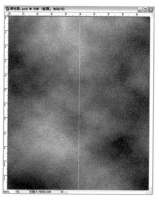

图4-428

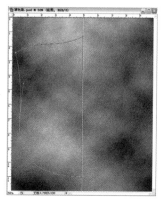

图4-429

13 按键盘上的Ctrl+Enter组合键将路径转换成选区，如图4-430所示。新建图层"2"，如图4-431所示。

14 将前景色调整为白色，按键盘上的Alt+Delete组合键将选区填充上白色，取消选区，如图4-432所示。复制图层"2"，如图4-433所示。

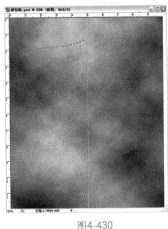

图4-430

图4-431

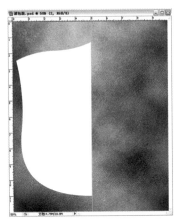

图4-432

15 选择"编辑"|"变换"|"水平翻转"命令，得到如图4-434所示的效果。选择工具栏中的移动工具，按住键盘上的Shift键将其水平向右移动，如图4-435所示。

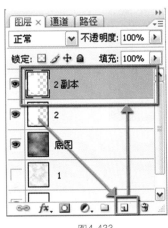

图4-433

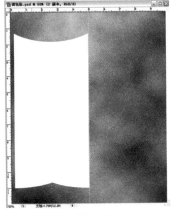

图4-434

图4-435

16 将"2"图层和"2副本"图层合并，并重新命名为"2"。按键盘上的Ctrl键，单击"2"图层，出现了它对应的选区，如图4-436所示。隐藏"2"图层，如图4-437所示。

17 按键盘上的Ctrl+C组合键复制，按键盘上的Ctrl+V组合键粘贴，隐藏"底图"图层，效果如图4-438所示。将新图层命名为"底图2"，如图4-439所示。

18 按键盘上的Ctrl键单击"底图2"图层，出现了相对应的选区，新建图层"边框"，如图4-440所示。

19 将前景色设置为金黄色，参数如图4-441所示，设置完成后，选择"编辑"|"描边"命令，参数设置如图4-442所示。单击"确定"按钮后，得到如图4-443所示的描边效果。

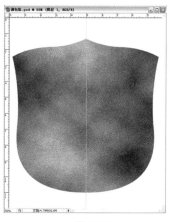

图4-436　　　　　　　　　　　　图4-437　　　　　　　　　　　　图4-438

图4-439

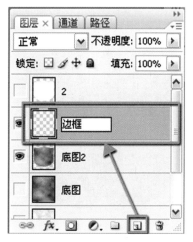

图4-440

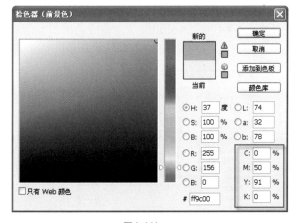

图4-441

图4-442

20 选择工具栏中的加深工具，在它的控制栏中设置画笔的大小以及样式，如图4-444所示。设置完成后，使用加深工具在描边上进行局部加深处理，使其看起来更加绚丽，如图4-445所示。

21 选择工具栏中的减淡工具，参数设置与前面的加深工具相同，在边框上进行减淡处理，得到如图4-446所示的效果。

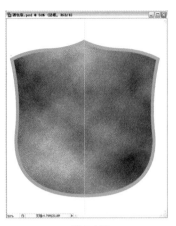

图4-443　　　　　　　　　　　　　　图4-444

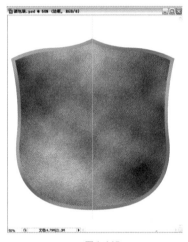

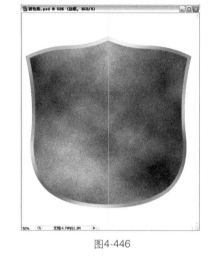

图4-445　　　　　　　　　　　　图4-446

22 　双击"边框"图层，出现"图层样式"对话框，设置其中的"投影"、"外发光"、"斜面和浮雕"和"纹理"命令，参数设置如图4-447～图4-450所示，完成后得到如图4-451所示的边框立体效果。

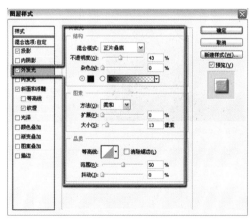

图4-447　　　　　　　　　　　　　　图4-448

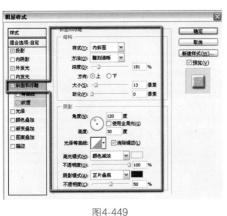

图4-449

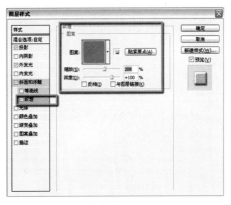

图4-450

23 选择工具栏中的文字工具，在画面中输入酒的名字"WHISKEYS"，如图4-452所示。调整文字的大小并选择适当的字体，如图4-453 所示，本例使用的字体是"Trajan Pro"。

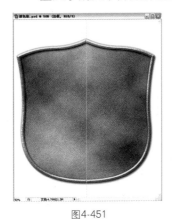

图4-451

图4-452

图4-453

24 利用文字工具将文字全部选择，如图4-454所示，使用鼠标单击文字控制栏中的"创建文字变形"按钮，如图4-455所示。

图4-454

图4-455

25 单击"创建文字变形"按钮后，出现如图4-456所示的"变形文字"对话框，在下拉列表中选择"下弧"选项，其他参数设置如图4-457所示。

26 完成后得到如图4-458所示的弧形效果，这样得到的文字就更加具有欧美设计风格了。

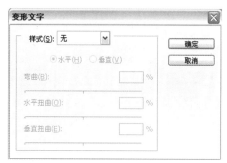

图4-456

图4-457

 充电站

在步骤25中使用"变形文字"命令时，如果读者发现无法使用，不要认为是自己操作的文字有问题，而是此命令并不是对所有的字体都支持变形的，此时最简单的解决办法就是换另一种字体。一般来讲，中文字体不支持变形命令的要多于英文字体。

27 按键盘上的Ctrl+A组合键将文件全选，选择"图层"|"将图层与选区对齐"|"水平居中"命令，这样文字就和画面水平居中，取消选区，如图4-459所示。

图4-458

图4-459

28 按键盘上的Ctrl键单击文字图层，出现文字的选区，如图4-460所示。新建图层"3"，如图4-461所示。

图4-460

图4-461

29 将前景色设置为灰色，参数设置如图4-462所示。设置完成后，选择"编辑"|"描边"命令，具体参数和选项的设置如图4-463所示。单击"确定"按钮后，取消选区，得到如图4-464所示的效果。

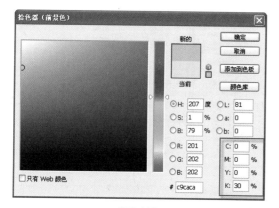

图4-462

图4-463

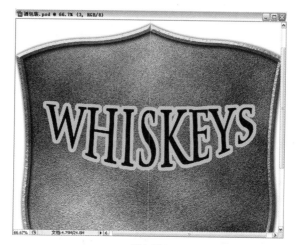

图4-464

30 双击"3"图层，在出现的"图层样式"对话框中设置"投影"、"斜面和浮雕"、"等高线"、"光泽"、"颜色叠加"和"渐变叠加"选项，具体的参数和选项设置如图4-465~图4-470所示，完成后得到如图4-471所示的效果。

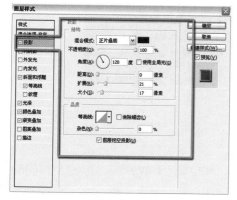

图4-465

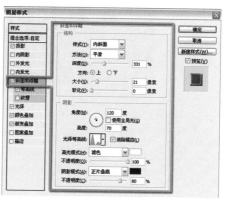

图4-466

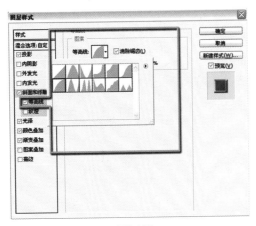

图4-467

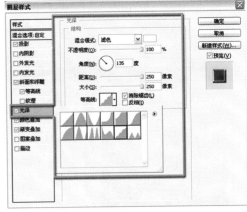

图4-468

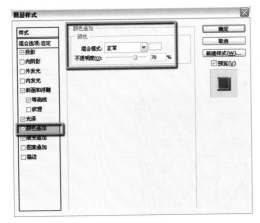

图4-469

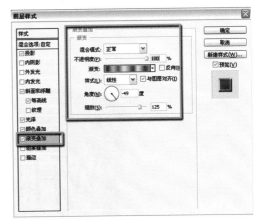

图4-470

图4-471

31 下面再对文字进行处理。双击文字图层，在出现的"图层样式"对话框中设置"投影"、"内阴影"、"内发光"、"斜面和浮雕"、"等高线"、"光泽"、"颜色叠加"以及"图案叠加"选项，具体的参数设置如图4-472至图4-479所示。完成后得到图4-480所示的效果，这样在视觉上就有一种很神秘的感觉。也好象是一种液体在流动的效果。

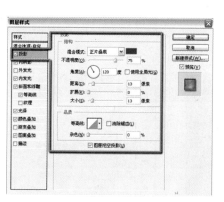

图4-472

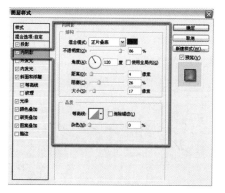

图4-473

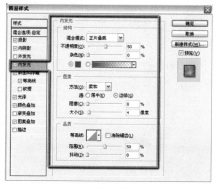

图4-474

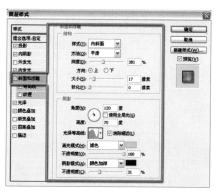

图4-475

图4-476

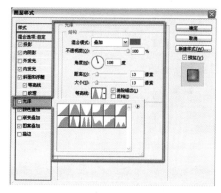

图4-477

图4-478

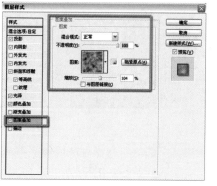

图4-479

Chapter 1

Chapter 2

Chapter 3

Chapter 4

Chapter 5

Chapter 6

32 将"3"图层与文字图层链接，如图4-481所示，按键盘上的Ctrl+E组合键将两个图层合并，并重新命名为"名称"，如图4-482所示。

图4-480　　　　　　　　　　　　　　　　图4-481

33 选择工具栏中的文字工具，输入辅助文字"OF THE WORLD"，如图4-483所示。调整文字的大小以及字体，得到如图4-484所示的效果。将文字放置在画面水平中央位置，如图4-485所示。

图4-482　　　　　　　　　　　　　　　　图4-483

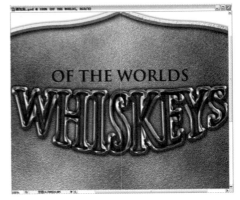

图4-484　　　　　　　　　　　　　　　　图4-485

34 双击文字图层，在出现的"图层样式"对话框中设置"外发光"选项，如图4-486所示，完成后得到如图4-487所示的效果。

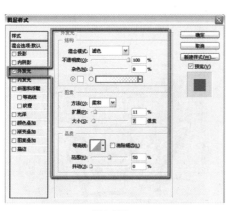

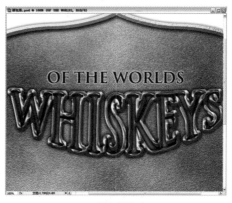

图4-486　　　　　　　　　　　　　　　　图4-487

35 使用Illustrator 10（或者以上版本）打开素材文件"图4-10.ai"，如图4-488所示，按键盘上的Ctrl+A组合键全选。使用移动工具直接将画面中的图形拖动到Photoshop CS3中，如图4-489所示。

图4-488　　　　　　　　　　　　　　　　图4-489

 充电站

　　有时候直接将Illustrator中的图形拖动到Photoshop中，或者使用复制粘贴的操作时，会出现如图4-490所示的提示对话框，通常来说是选中"像素"单选按钮就可以直接使用图形了。

　　直接将Illustrator的文件拖动到Photoshop中也是很便捷的方法，但同样会出现一个设置对话框，如图4-491所示，尽量将尺寸和分辨率设置得大些，这样在使用时会比较方便。

图4-490　　　　　　　　　　　　　　　　图4-491

36 将拖进来的图形适当地拉大、变宽，使用鼠标双击图形即可应用，如图4-492所示。将图形与画面水平居中处理，如图4-493所示。

图4-492

图4-493

37 将此图形对应的图层命名为"翅膀"，如图4-494所示。将"翅膀"图层的混合方式调整为"滤色"，如图4-495所示，完成后得到如图4-496所示的混合效果。

图4-494

图4-495

图4-496

38 将"翅膀"图层进行复制，并重新命名为"翅膀2"，如图4-497所示。选择"编辑"|"变换"|"垂直翻转"命令，如图4-498所示。

39 选择工具栏中的移动工具，按键盘上的Shift键将翅膀垂直向上移动，移动到如图4-499所示的位置。

图4-497

图4-498

图4-499

40 单击"图层"面板下面的"添加图层蒙版"按钮，给"翅膀2"图层添加图层蒙版，如图4-500所示，这样前景色就自动变成黑色。选择工具栏中的画笔工具，在它的控制栏中设置笔刷大小以及样式，如图4-501所示。

图4-500

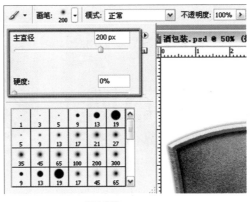

图4-501

41 设置好画笔工具后，在蒙版中进行绘制，在文字部分的翅膀上进行绘制，如图4-502所示。选择文字工具，在画面上方的水晶形状上面输入酒的容量，如图4-503所示。

图4-502

图4-503

42 将光标移动到数字和英文字母之间，如图4-504所示。按键盘上的Enter键将"ml"移动到第二行，如图4-505所示。

图4-504

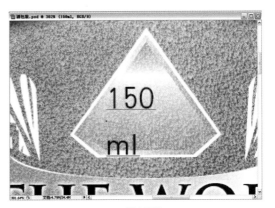

图4-505

43 调整文字的行距、字体以及大小，如图4-506所示。选择文字工具，在画面中输入"Ethyl

Atcohol<45"如图4-507所示。调整文字的大小以及字体，如图4-508所示。

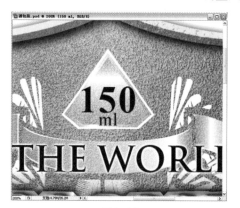

图4-506

图4-507

44 将文字全选，如图4-509所示。单击文字控制栏中的"创建文字变形"按钮，在出现的"变形文字"对话框中选择"扇形"选项，具体参数设置如图4-510所示，完成后得到如图4-511所示的变形效果。

图4-508

图4-509

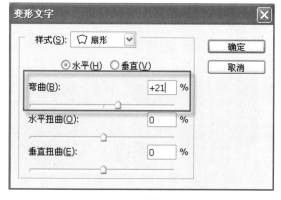

图4-510

图4-511

45 现在得到的文字略微大与翅膀中的框，按键盘上的Ctrl+T组合键执行"自由变换"命令，出现变换框后，按住键盘上的Shift键拖动变换框等比例缩小，按键盘上的Enter键应用变换，如图4-512所示。选择移动工具，将文字移动到如图4-513所示的位置。

图4-512   图4-513

46 最后将其他文字放置到画面中，使用前面学习的方法制作出如图4-514所示的文字效果。

47 下面开始设计酒瓶口处的包装纸。新建文件，尺寸设置如图4-515所示。

图4-514   图4-515

48 打开前面制作好的文件，将文件中隐藏的"底图"图层直接拖动到新建的文件中，操作如图4-516所示。完成操作后，得到如图4-517所示的底图效果。

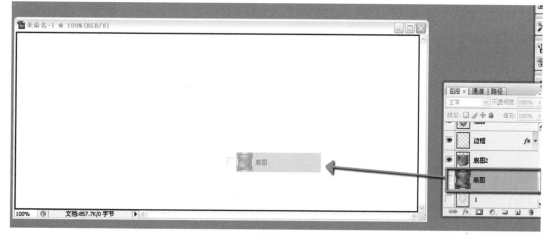

图4-516

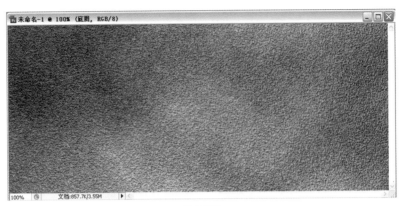

图4-517

 充电站

将其他分层文件中的图层直接拖动到新建的文件中或者另一个文件中，得到的图层名称与原图层相同。如果直接使用移动工具从分层文件中拖动画面中的图像到另一个文件中，那么得到的图层名称就相当于新建一个图层的名称，与图像对应的原图层名称不同。

49 新建图层"边"，如图4-518所示，将前景色调整为橘红色，如图4-519所示。

图4-518

图4-519

50 选择工具栏中的矩形工具，在画面上方制作出如图4-520所示的橘红色的长方形。

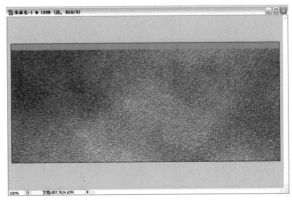

图4-520

51 按键盘上的**Ctrl**键并单击"边"图层，出现边的选区，如图4-521所示。选择工具栏中的移动工具，配合键盘上的**Shift+Alt**组合键将选区中的长方形垂直向下复制，复制到画面的最下方，如图4-522所示。最后取消选区。

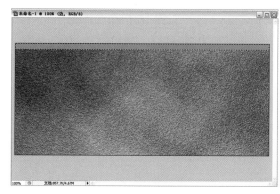 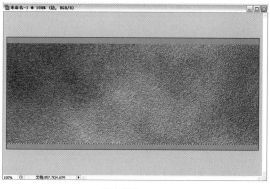

图4-521   图4-522

52 选择工具栏中的减淡工具，在它的控制栏中调整笔刷的大小以及样式，如图4-523所示。完成设置后，在画面中上下两个边上进行减淡处理，完成后得到如图4-524所示的效果。

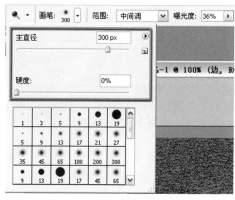 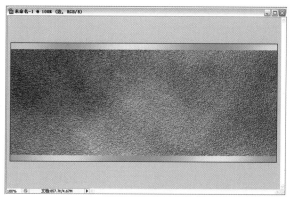

图4-523   图4-524

53 按键盘上的**Ctrl+M**组合键执行"曲线"命令，曲线设置如图4-525所示。单击"确定"按钮后，得到如图4-526所示的更加有金属质感的效果。

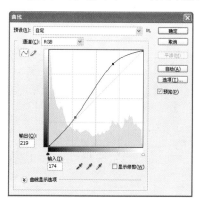 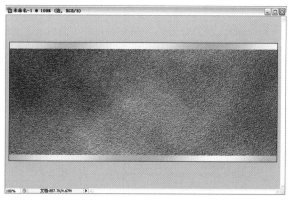

图4-525   图4-526

54 选择文字工具，在画面中输入英文"CAREFULLY CHOOSEN"，如图4-527所示。调整文字的大小以及字体，得到如图4-528所示的文字排列方式。

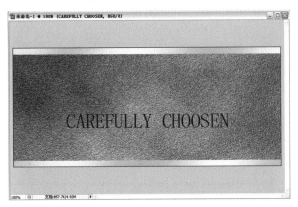

图4-527

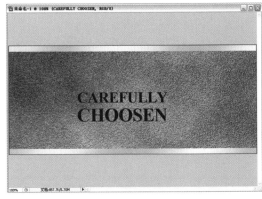

图4-528

55 按键盘上的Ctrl+A组合键将画面全选，选择"图层"｜"将图层与选区对齐"｜"水平居中"命令，取消选区，文字就在画面的水平中心的位置，如图4-529所示。

56 选择移动工具，按住键盘上的Shift键将文字垂直向上移动一定的位置，如图4-530所示。双击文字图层，在出现的"图层样式"对话框中设置"外发光"选项，如图4-531所示。单击"确定"按钮后，得到如图4-532所示的外发光效果。

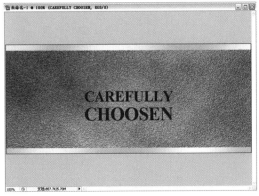

图4-529

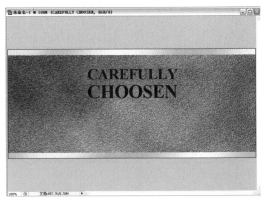

图4-530

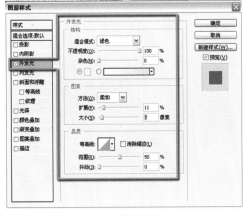

图4-531

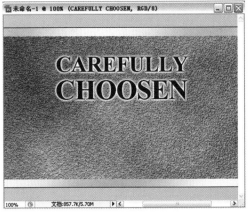

图4-532

57 将其他一些说明的辅助文字输入到画面中并进行调整（辅助文字读者可以使用假字来代

替），完成后得到如图4-533所示的效果。这样，瓶口包装也设计完成了。按键盘上的
Ctrl+S组合键保存文件，命名为"瓶口贴纸.psd"。

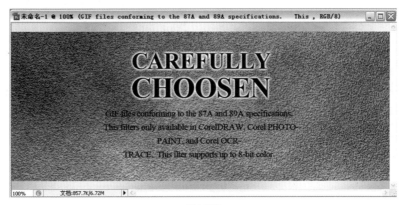

图4-533

58 下面开始制作酒瓶子。新建文件，尺寸设置如图4-534所示。

59 选择工具栏中的渐变工具，在它的控制栏中单击"径向渐变"按钮，如图4-535所示。然
后设置渐变的颜色为从深灰色到浅灰色的渐变，如图4-536所示。

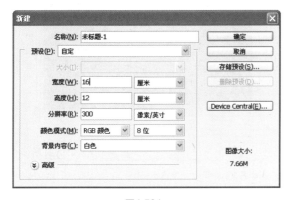

图4-534

图4-535

60 设置好渐变色后，使用渐变工具从画面的中心向边缘拖动，得到如图4-537所示的效果。

图4-536

图4-537

61 按键盘上的Ctrl+R组合键打开标尺栏，如图4-538所示。从左边的标尺栏中拖一条参考
线，拖到画面正中央，如图4-539所示。

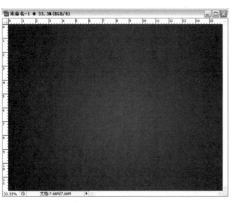
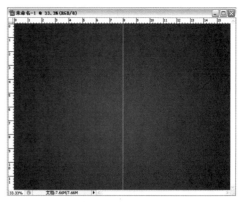

图4-538   图4-539

62 选择工具栏中的钢笔工具在参考线的左边制作出瓶子一半的路径形状，如图4-540所示。
完成后按键盘上的**Ctrl+Enter**组合键，将路径转换成选区，如图4-541所示。

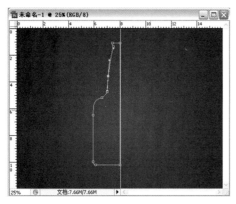
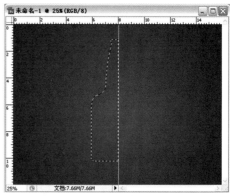

图4-540   图4-541

63 新建图层"瓶子"，如图4-542所示，将前景色改为白色，按键盘上的**Alt+Delete**组合键
将前景色填充到选区中，取消选区，如图4-543所示。

图4-542   图4-543

64 复制"瓶子"图层，如图4-544所示。选择移动工具，按住键盘上的**Shift**键将复制的图形
向右水平移动，如图4-545所示。

图4-544

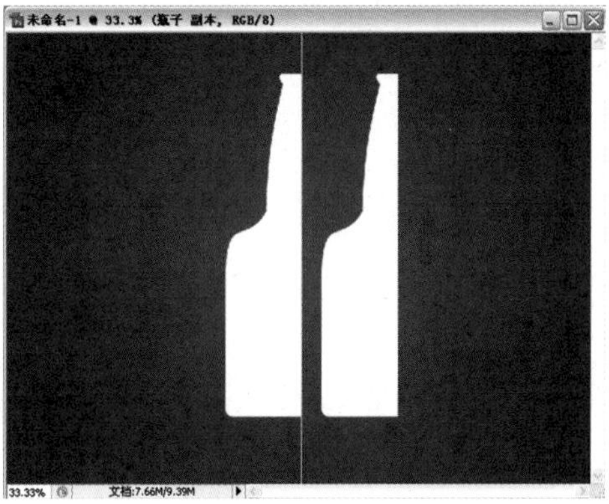

图4-545

65 选择"编辑"|"变换"|"水平翻转"命令,将其水平翻转过来,如图4-546所示。选择工具栏中的移动工具,配合Shift键水平向左移动到参考线位置,将两个图形拼合,如图4-547所示。

图4-546

图4-547

66 按住键盘上的Ctrl键,使用鼠标单击"瓶子"图层,就将两个图层暂时链接,如图4-548所示。按Ctrl+E组合键合并图层,并将合并后的图层重新命名为"瓶子",如图4-549所示。

图4-548

图4-549

67 假设瓶子是绿色的,下面开始制作瓶子的立体效果。按键盘上的Ctrl键单击"瓶子"图层,出现瓶子的选区,如图4-550所示。将前景色设置为墨绿色,参数如图4-551所示。

图4-550

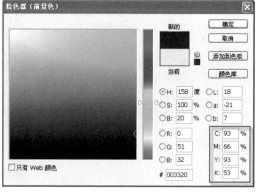

图4-551

68 按键盘上的**Alt+Delete**组合键将墨绿色填充到选区中，取消选区，如图**4-552**所示。新建图层"**1**"，如图**4-553**所示。

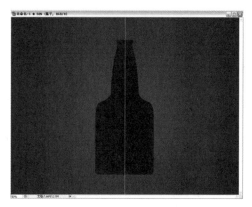

图4-552

图4-553

69 选择工具栏中的椭圆工具，将前景色调整为白色。在画面中从瓶子的左边边缘拖动到右边边缘，如图**4-554**所示。选择工具栏中的移动工具，按键盘上的**Shift**键将椭圆垂直移动到瓶底，如图**4-555**所示。

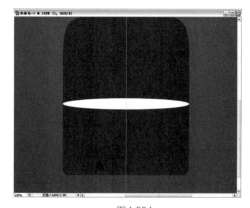

图4-554

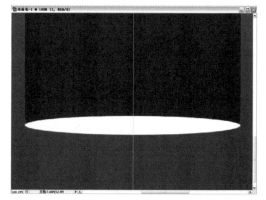

图4-555

70 按键盘上的**Ctrl+T**组合键执行"自由变换"命令，按键盘上的**Shift+Alt**组合键，并使用鼠标拖动左上角的变换点，将椭圆等比例缩小一些，直到与瓶子底结合得更加好。按**Enter**键应用变换，如图**4-556**所示。

71 按键盘上的**Ctrl**键单击"1"图层，出现椭圆的选区，利用工具栏中的吸管工具吸取画面中瓶子的墨绿色，按键盘上的**Alt+Delete**组合键填充到选区中，取消选区，如图4-557所示。将"1"图层与"瓶子"图层合并，并重新命名为"瓶子"。

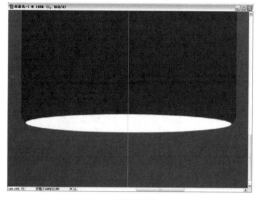

图4-556　　　　　　　　　　　　图4-557

72 下面开始制作瓶子的立体效果。选择工具栏中的钢笔工具在瓶子上半部分制作出如图4-558所示的路径线，按键盘上的**Ctrl+Enter**组合键将路径转换为选区，如图4-559所示。

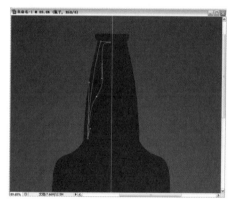

图4-558　　　　　　　　　　　　图4-559

73 选择工具栏中的减淡工具，在它的控制栏中的设置笔刷大小以及样式，如图4-560所示。完成设置后，在选区中进行减淡处理，取消选区，得到如图4-561所示的效果。

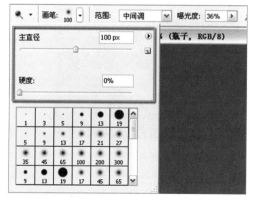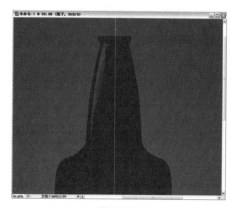

图4-560　　　　　　　　　　　　图4-561

74 使用相同的方法对瓶子其他的细节部分进行处理，注意在处理瓶子细节时适当地将减淡工具和加深工具结合使用，最后得到如图4-562所示的立体效果。

75 打开"酒包装.psd"文件，将画面中的可见图层（不包括"背景"层）链接，使用鼠标单击"图层"面板中右上角的三角按钮，在出现的下拉菜单中选择"向下合并"命令，如图4-563所示。将合并后图层中的图像拖动到酒瓶子的画面中，如图4-564所示。

76 使用"自由变换"命令将酒瓶帖纸等比例缩小，如图4-565所示。再将文件"瓶口贴纸.psd"合并图层，然后拖到酒瓶子立体效果的文件中，并等比例缩小，如图4-566所示。

图4-562

图4-563

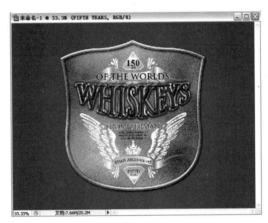

图4-564

图4-565

图4-566

77 给"瓶口贴纸"所对应的图层添加图层蒙版，如图4-567所示。按住键盘上的Ctrl键单击"瓶子"图层，出现瓶子的选区后，按键盘上的Ctrl+Shift+I组合键将选区反选，将前景色改为黑色，按键盘上的Alt+Delete组合键将黑色填充到蒙版中。这样，瓶子外面部分的瓶口贴纸就被蒙版遮住了，如图4-568所示。

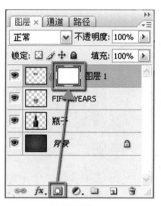

图4-567 图4-568

78 再将选区进行反选，使用鼠标单击瓶口贴纸所对应图层的图层预览框（即蒙版框前面的预览框），按住键盘上的Ctrl+Shift+Alt组合键，使用鼠标单击瓶口贴纸对应的图层，这样选区范围缩小到瓶子部分的瓶口贴纸，如图4-569所示。新建图层"1"，如图4-570所示。将前景色设置为灰色，使用工具栏中的画笔工具在选区两侧进行绘制，取消选区，如图4-571所示。

图4-569 图4-570 图4-571

79 将"1"图层的混合方式改为"正片叠底"，如图4-572所示，得到如图4-573所示的效果。

图4-572 图4-573

80 现在瓶子的效果完成了，使用前面学习的方法将瓶子的瓶盖制作出来，如图4-574所示。

81 再将画面丰富一下，最后得到如图4-575所示的效果。

图4-574

图4-575

本例总结

酒品的包装非常复杂，涉及到很多特殊的工艺，所以在设计时需要认真了解目前比较先进的印刷工艺，这样才能做出更加时尚大气的设计，同时也能锻炼自己的设计能力。读者在设计之前也需要多吸取其他类型的设计，这样才能有的放矢，设计出精彩的作品。

附件 包装盒结构分析

学前导读

目前市场上的包装盒种类多得数不清楚，很多包装盒的结构设计都不同。作为设计师，需要对最基本的包装结构进行了解，这样才能在制作各种不同结构的包装盒时很快地制作出来。本节只是介绍一些最基本的结构知识，但并不能包括所有的类型，所以当读者遇到其他类型的包装结构时，就需要认真地去分析，相信在对基本的知识了解后，其他各种复杂的包装盒也能轻松地制作出来。

所谓的普通包装盒就是人们常见的手机包装盒、化妆品包装盒、软件包装盒、大型风扇包装盒、电视包装盒等。这些包装盒都有一个特点——比较简单的外观形状，比如方形。这个类型的包装盒在设计时不需要很复杂的结构。

在制作结构图之前，需要先了解包装盒的几个面，如正面、侧面以及底面等。下面以最基础的包装盒举例。

如图4-576所示的是目前最常见的方形包装盒。

这个类型的包装盒的结构设计很简单，如图4-577所示。当然，也可以是其他的结构，如图4-578所示。

图片中黑色的线是在制作印刷文件时的切线版（切线版需要单独出片，印刷时切线版文件要单独制作出来，不能与印刷的图形放在一个页面中）。所谓的切线版就是在成品文件制作完成后（不管盒子的形状是什么样，成品的图形印刷在整张的纸上），需要将成品进行裁切，就像上中学时学习的几何课程中使用剪刀剪出需要折叠的形状，但在印刷中是专门制作一个切线版来切割纸张，快速地得到折叠的形状。这就是目前市面上最简单、也是最常见的包装盒的结构设计。

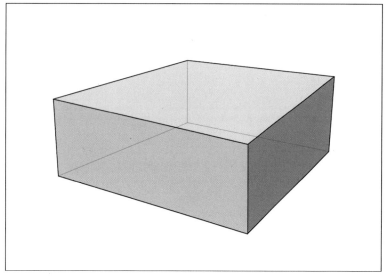

图4-576

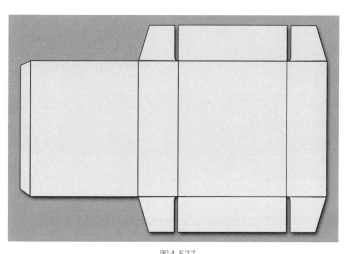

图4-577

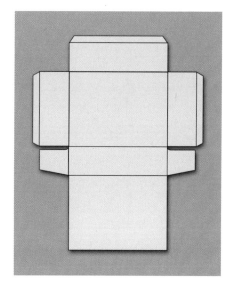

图4-578

Chapter 1
Chapter 2
Chapter 3
Chapter 4
Chapter 5
Chapter 6

　　了解了切线版的制作方法后，是不是切线版的制作就这么简单呢，并不是的，制作切线版时，一定要注意，将线的粗细设置为"极细线"，因为切线版是需要单独出片的，出片后在切印刷成品时需要很精确地对齐位置，否则一旦切线过粗，容易造成切偏或者其他错误。

　　切线版的颜色设置方面也有讲究，是不是切线版线的颜色可以随意地设置呢？不是。因为四色印刷的概念就是出四张菲林，每个菲林对应的就是CMYK中的一个。如果将切线制作成四色或者双色、三色，那么制作出来的切线版的菲林也与颜色的数量相同。所以制作切线时要将切线制作成单色，例如"C:0 M:0 Y:0 K:100"，这样在出菲林时，切线版的菲林就只有一张。

　　在制作成品文件时，不要忘记将文件的图形制作出血，其实任何印刷品都需要制作出血。所谓出血就是指在裁切时被裁掉的部分，出血的尺寸一般都是3mm。如果文件的成品尺寸是210mm×285mm，那么在制作成品文件时，制作文件的尺寸就应该是**216mm×291mm**，也就是说，文件的**4**个边外面都加了**3mm**的出血。在设计的时候，不要将需要的内容放在出血线附近，因为如果在裁切时出现裁切偏差，就很可能会将画面需要的内容裁切掉。

关于包装盒的结构就讲到这里，因为有太多的结构，笔者在这里不能一一讲解。希望读者在日常生活中多注意身边的包装盒，如果条件允许的话，不妨将包装盒拆开并展开成平面图，这样就可以一目了然地了解到盒子的结构。

本章总结

本章讲解的是包装的设计方法，希望读者知道，制作的平面效果不代表立体效果的感觉，所以设计完后一定要将平面效果制作成立体效果，这样才能最直观地知道自己的设计是不是最合适的、是不是好的，也可以知道优缺点。另外，在设计每一个面时，注意设计形式上要与其他面统一，但又有区别，这样设计出来的作品才是兼顾左右、深思熟虑的好作品。

Chapter 5

网页设计

知识提要:

网页设计不仅要突出一个企业或者公司自身的特点，更要保持行业的特点，比如软件公司的网页设计最好不要太"炫"，看上去像服装公司的网页一样，所以在注重设计感觉的时候，更要保持行业特点，不要偏离公司的经营特点。本章将在网站的设计形式上进行深入的讲解，如果读者有时间，可以去访问一些国外网站，就知道目前的网页设计到了什么程度，相信大家会有很大的惊喜，也会改变对网页形式的设计想法。

学习重点:

● 设计网页之前，先对需要设计的公司情况以及经营思路、公司的发展前景和企业的主色调有充分的了解。

● 了解该行业其他公司网页的设计形式和设计风格，认真研究这些网站的组织架构和内容安排等。

● 收集相应的素材，注意使用Flash动画要得当。

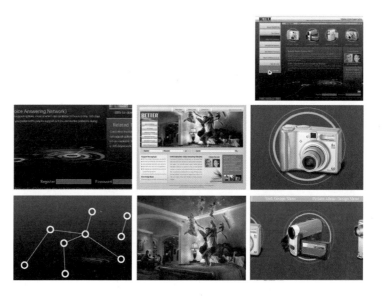

5·1 科技电子类网站设计

学前导读

科技电子类的网站设计需要非常有科技以及时尚的感觉，所以在设计时不需要非常丰富的色彩，而要突出重点、简洁大气，这样才能更好地突出科技电子行业的特点以及技术行业特有的味道。

本例效果

光盘素材路径

 素材和源文件\第5章\素材\5-1.jpg、5-2.jpg、5-3.jpg、5-4.jpg

操作步骤

01 设计网页之前，先要了解网页常规的尺寸。一般来说，屏幕的分辨率为1024像素×768像素，所以在设计制作网页时，可以将文件的尺寸设置得比屏幕分辨率宽度（1024像素）小一些，分辨率为72像素/英寸。新建文件，尺寸设置如图5-1所示（因为作为实例讲解，所以笔者将分辨率适当地增大）。

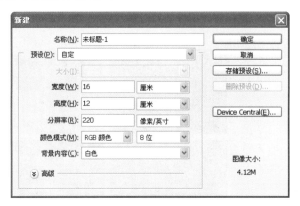

图5-1

02 选择工具栏中的渐变工具，将渐变色设置为从深灰色到黑色的渐变，具体设置如图5-2所示。设置完成后，按住键盘上的Shift键，使用渐变工具从画面的下面垂直向上拖动，得到如图5-3所示的渐变效果。

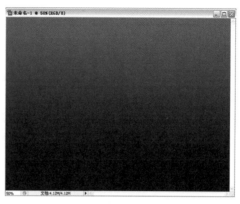

图5-2　　　　　　　　　　　　　　　　　图5-3

03 下面开始设计网页的背景部分。选择工具栏中的矩形选框工具，在画面的顶部制作出如图5-4所示的选区。按键盘上的Ctrl+M组合键执行"曲线"命令，调整曲线如图5-5所示，单击"确定"按钮后，得到如图5-6所示的效果。

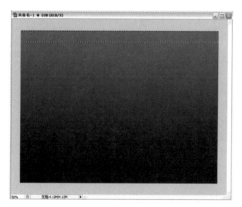
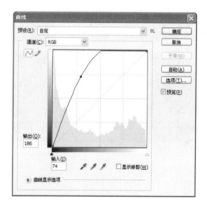

图5-4　　　　　　　　　　　　　　　　　图5-5

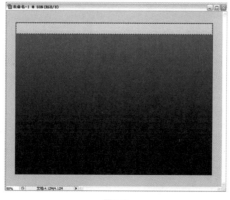

图5-6

04 保持选区的存在，再选择渐变工具将渐变色设置成如图5-7所示的渐变。完成设置后，按住键盘上的Shift键在选区中进行从上到下的垂直拖动，完成后得到如图5-8所示的效果。

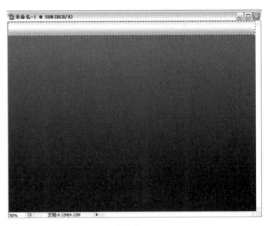

图5-7   图5-8

05 按键盘上的Ctrl+X组合键将选区中的部分剪切，再按键盘上的Ctrl+V组合键将剪切的部分粘贴到画面中，如图5-9所示。将新建的图层重新命名为"bar-1"，如图5-10所示。

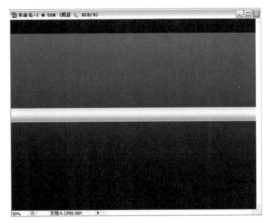

图5-9   图5-10

06 按键盘上的Ctrl+A组合键将画面全选，出现整个画面的选区，如图5-11所示。选择"图层"|"将图层与选区对齐"|"顶边"命令，取消选区，如图5-12所示。

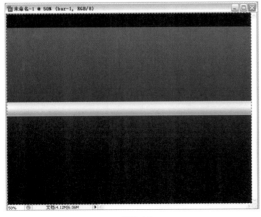

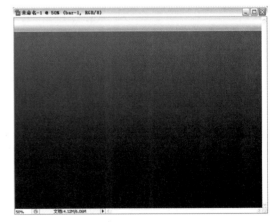

图5-11   图5-12

07 双击"bar-1"图层，打开"图层样式"对话框，设置其中的"投影"选项，参数如图

5-13所示。单击"确定"按钮后，得到如图5-14所示的投影效果。

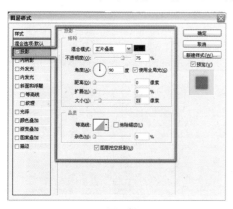
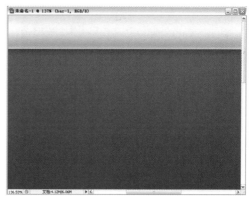

图5-13　　　　　　　　　　　　　　　　图5-14

08 按键盘上的Ctrl+S组合键保存文件，将文件命名为"网站设计1.psd"，如图5-15所示。

09 新建图层"水波"，如图5-16所示。将前景色调整为中灰色，使用工具栏中的矩形工具在画面中制作出如图5-17所示的长方形。

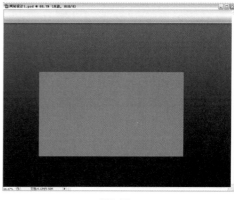

图5-15　　　　　　　　图5-16　　　　　　　　　图5-17

10 将前景色调整为深灰色，选择工具栏中的画笔工具，在它的控制栏中设置画笔的大小以及样式，如图5-18所示。完成后在长方形上进行随意的绘制，如图5-19所示。

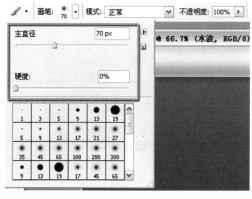
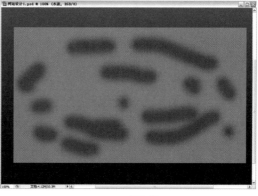

图5-18　　　　　　　　　　　　　　　　图5-19

11 调整画笔工具的大小，继续在长方形上进行绘制，得到如图5-20所示的效果。

12 按键盘上的Ctrl键单击"水波"图层，出现长方形的选区，如图5-21所示。

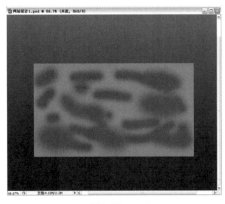

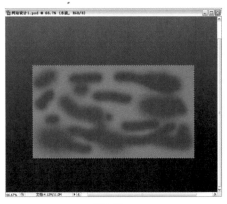

图5-20   图5-21

13 选择"滤镜"｜"模糊"｜"高斯模糊"命令，打开"高斯模糊"对话框，如图5-22所示。单击"确定"按钮后，得到如图5-23所示的模糊效果。

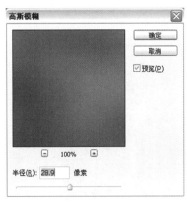

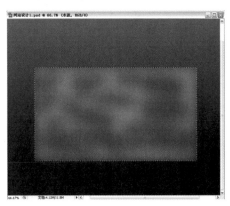

图5-22   图5-23

14 选择"滤镜"｜"扭曲"｜"水波"命令，打开"水波"对话框，参数设置如图5-24所示。完成后单击"确定"按钮，得到如图5-25所示的水波效果。

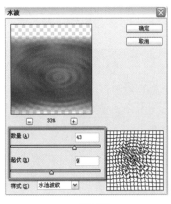

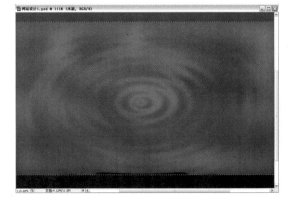

图5-24   图5-25

15 按键盘上的Ctrl+F组合键，重复执行"水波"命令，得到如图5-26所示的效果。

16 按键盘上的Ctrl+D组合键取消选区，按键盘上的Ctrl+T组合键执行"自由变换"命令，出现变换框后将水波垂直压缩，如图5-27所示，按键盘上的Enter键应用变换。

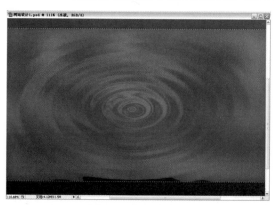

图5-26　　　　　　　　　　　　　　　　　图5-27

17 按键盘上的**Ctrl**键单击"水波"图层，出现选区后，选择"滤镜"｜"扭曲"｜"球面化"命令，参数设置如图**5-28**所示。单击"确定"按钮后，得到如图**5-29**所示的效果。这样水波的效果就更加真实了。

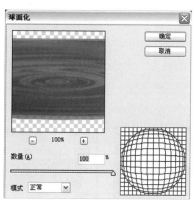

图5-28

图5-29

18 取消选区，按键盘上的**Ctrl+M**组合键执行"曲线"命令，曲线设置如图**5-30**所示。单击"曲线"对话框上的"确定"按钮后，得到如图**5-31**所示的效果。

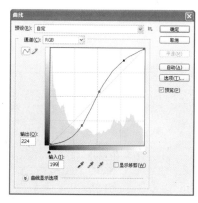

图5-30

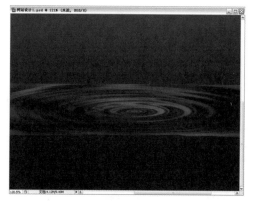

图5-31

19 单击"图层"面板下面的"添加图层蒙版"按钮，给"水波"图层增加蒙版，如图**5-32**所示，这时前景色会自动变成黑色。选择工具栏中的画笔工具，在它的控制栏中设置它的笔刷和大小，如图5-33所示。

20 使用画笔工具在水波的四周进行绘制，这样，生硬的边框就被进行的蒙版操作所遮住，如图5-34所示。

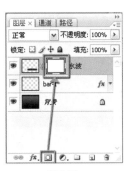

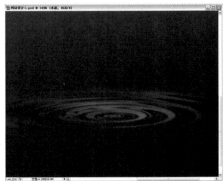

图5-32　　　　　　　　　　　　图5-33　　　　　　　　　　　　图5-34

21 下面开始设计制作画面中的电路线效果。新建图层"电路"，如图5-35所示。将前景色改为白色，选择工具栏中的椭圆工具，按住键盘上的Shift键在画面中制作出一个正圆，如图5-36所示。

22 复制"电路"图层，如图5-37所示。按键盘上的Ctrl+I组合键将白色圆形反向操作，如图5-38所示。按键盘上的Ctrl+T组合键执行"自由变换"命令，再按住键盘上的Shift+Alt键将黑色的圆形等比例缩小，按键盘上的Enter键应用变换，得到如图5-39所示的效果。

图5-35　　　　　　　　　　　　图5-36　　　　　　　　　　　　图5-37

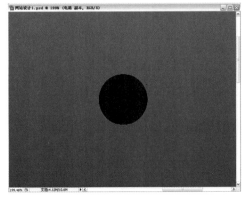

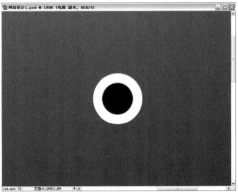

图5-38　　　　　　　　　　　　　　　　图5-39

23 按键盘上的Ctrl键单击复制的图层，出现选区后，删除复制的图层，如图5-40所示。按键盘上的Delete键删除选区中的部分，取消选区，如图5-41所示。

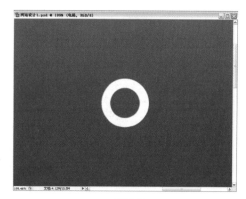

图5-40 图5-41

24 选择工具栏中的矩形选框工具，将圆形框选，如图5-42所示。选择工具栏中的移动工具，将鼠标移动到选区中，按住键盘上的Alt键并拖动选区中的图形，将图形进行原图层复制，如图5-43所示。

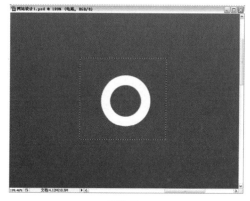

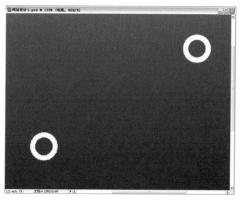

图5-42 图5-43

25 再继续复制操作，得到如图5-44所示的效果。

26 选择工具栏中的直线工具，在它的控制栏中将直线的"粗细"值改为5px，如图5-45所示。设置好后，使用直线工具将画面中的两个圆圈连接起来，如图5-46所示。

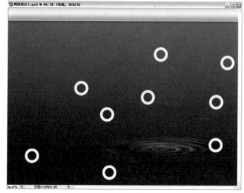

图5-44 图5-45

27 使用相同的方法将其他圆圈连接起来，如图5-47所示。

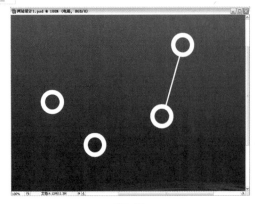

图5-46

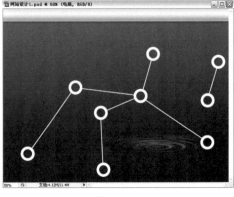

图5-47

28 电路的形状已经制作完成，下面需要将电路线融入到画面中。按键盘上的Ctrl+T组合键执行"自由变换"命令，出现变换框后，将变换框变形至如图5-48所示的形状。

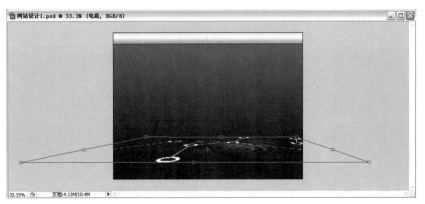

图5-48

29 按键盘上的Enter键应用变换，如图5-49所示。选择工具栏中的移动工具，将电路线进行适当的移动，并将其中一个点与水波重合，如图5-50所示。

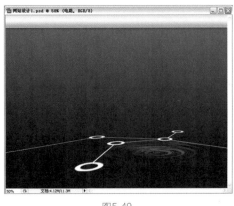

图5-49

图5-50

30 单击"图层"面板下面的"添加图层蒙版"按钮，给"电路"图层添加图层蒙版，如图5-51所示。选择工具栏中的矩形选框工具，将画面中的电路线框选，如图5-52所示。

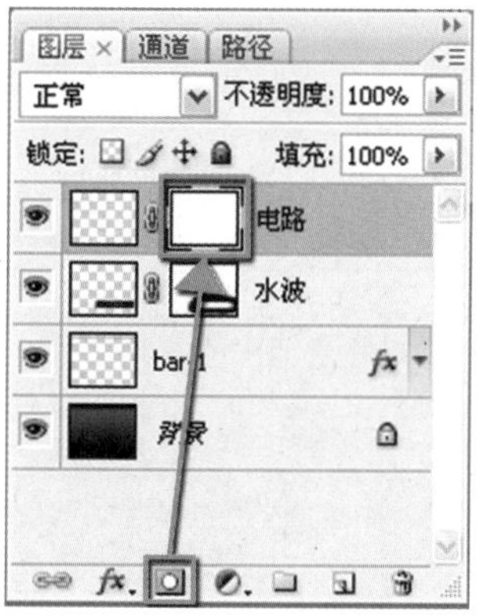

图5-51

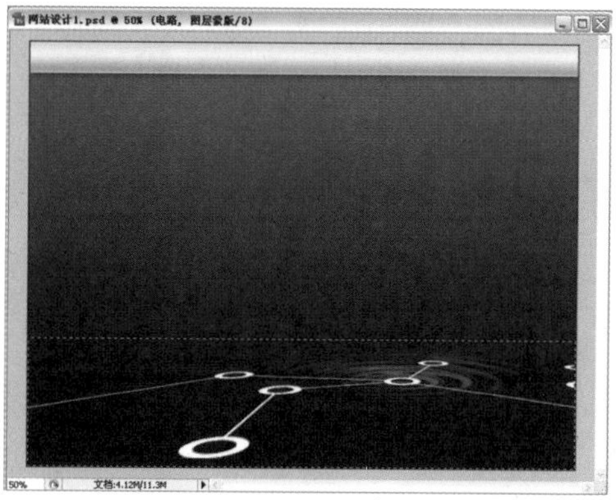

图5-52

31 选择工具栏中的渐变工具，将渐变色设置为从白色到深灰色的渐变，如图5-53所示。完成渐变色的设置后，按住键盘上的Shift键，使用渐变工具从选区的下面垂直向上拖动，这样得到的效果就是电路线远虚近实，有一定的景深效果，取消选区，如图5-54所示。

图5-53

图5-54

32 使用鼠标单击"电路"图层的预览框，然后将"电路"图层的混合方式调整为"柔光"，如图5-55所示，完成后得到如图5-56所示的混合效果。

图5-55

图5-56

33 将电路图层进行复制，如图5-57所示，这样画面中电路线的感觉就更加明显了，如图5-58所示。

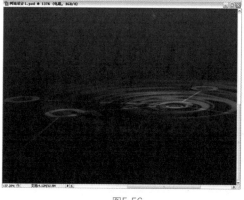

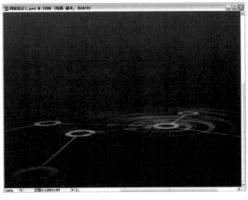

图5-57　　　　　　　　　　　　　　图5-58

34 选择"水波"图层的蒙版预览框，然后将前景色调整为黑色。使用画笔工具在水波上方位置进行绘制，得到如图5-59所示的效果，这样处理是为了使画面中的电路效果更加突出。

35 新建图层"bar-2"，如图5-60所示。将前景色调整为白色，使用工具栏中的矩形工具制作出如图5-61所示的效果。

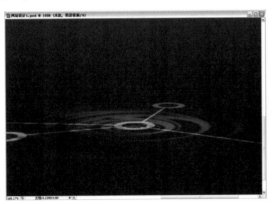

图5-59　　　　　　　　　　　　　　　图5-60

36 将"bar-2"图层的不透明度值降为35，如图5-62所示，这样白色的长方形就透出了底图颜色，如图5-63所示。

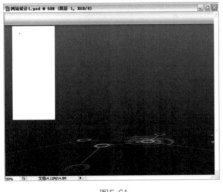

图5-61　　　　　　　　　图5-62　　　　　　　　　图5-63

37 新建图层"按钮1"，如图5-64所示。选择工具栏中的矩形选框工具在新制作的白色长方形上制作出如图5-65所示的长方形选区。

图5-64　　　　　　　　　　图5-65

38 选择工具栏中的渐变工具，将渐变色设置为从灰色到白色的渐变，渐变色设置如图5-66所示。完成设置后，使用渐变工具从选区的下面向上垂直拖动，得到如图5-67所示的渐变效果。

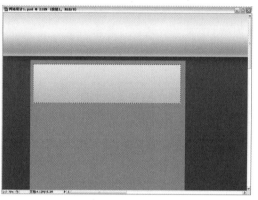

图5-66　　　　　　　　　　图5-67

39 取消选区，打开"动作"面板，单击面板中的"创建新组"按钮，如图5-68所示。在弹出的如图5-69所示的对话框中单击"确定"按钮后，在"动作"面板中就出现了一个新的组，如图5-70所示。

图5-68　　　　　图5-69　　　　　图5-70

40 单击"动作"面板中的"创建新动作"按钮，如图5-71所示，弹出"新建动作"对话框，如图5-72所示。

图5-71　　　　　　　　　　　　　　　　　　　　图5-72

41 单击对话框中的"记录"按钮，在"动作"面板中出现了新的动作层，如图5-73所示。同时，面板下面出现了一个圆形红色的按钮，表示下面进行的任何操作都将被记录下来，如果制作错误一个步骤，那么前面的步骤都需要重新制作。

42 选择工具栏中的移动工具，按住键盘上的Alt+Shift组合键，将长方形垂直向下复制，如图5-74所示。单击"动作"面板中的"停止播放/记录"按钮，如图5-75所示。

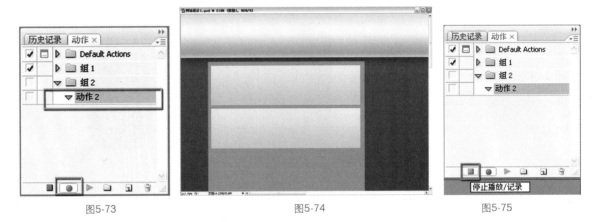

图5-73　　　　　　　　　　　　　图5-74　　　　　　　　　　　　　图5-75

43 单击"动作"面板中的"播放选定的动作"按钮，如图5-76所示。这样，画面中的长方形就被等距离复制了，如图5-77所示。

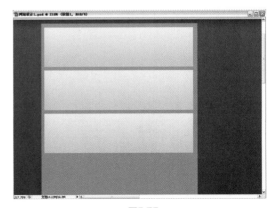

图5-76　　　　　　　　　　　　　　　　　　图5-77

44 多次单击"播放选定的动作"按钮，得到如图5-78所示的效果。

45 将这些长方形的图层进行合并，并重新命名为"按钮1"图层，如图5-79所示。按键盘上的Ctrl键单击"bar-2"图层，出现对应的选区，如图5-80所示。

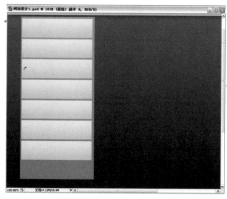

图5-78

图5-79

46 保证目前选择的图层为"按钮1"图层，选择"图层"｜"将图层与选区对齐"｜"水平居中"命令，这样按钮就和透明的长方形水平居中了，取消选区，如图5-81所示。双击"bar-2"图层，打开"图层样式"对话框，设置其中的"投影"选项，参数设置如图5-82所示，完成后得到如图5-83所示的投影效果。

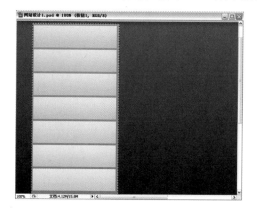

图5-80

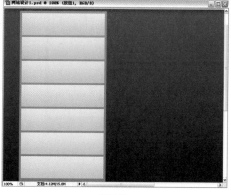

图5-81

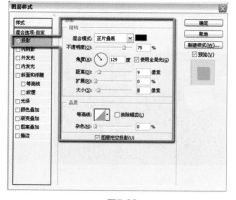

图5-82

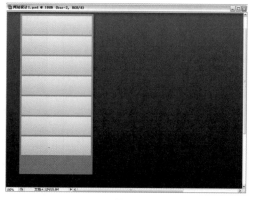

图5-83

47 再制作出"bar-2"图层的选区，新建图层"线"，如图5-84所示。将前景色调整为白色，选择"编辑"｜"描边"命令，参数设置如图5-85所示。设置完成后单击对话框中的

Chapter 1

Chapter 2

Chapter 3

Chapter 4

Chapter 5

Chapter 6

"确定"按钮，得到如图5-86所示的白色边框效果。

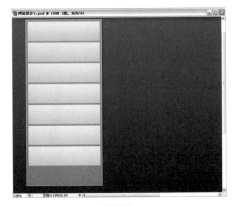

图5-84　　　　　　　　　　　图5-85　　　　　　　　　　　图5-86

48 双击"按钮1"图层，打开"图层样式"对话框，设置其中的"斜面和浮雕"选项，参数设置如图5-87所示。设置完成单击"确定"按钮后，得到如图5-88所示的立体效果。

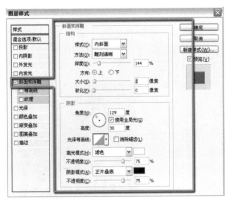

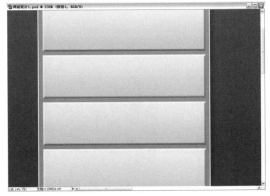

图5-87　　　　　　　　　　　　　　　　图5-88

49 新建图层"按钮2"，如图5-89所示。选择工具栏中的椭圆工具，将前景色调整为白色，按住键盘上的Shift键在透明方形下面制作出如图5-90所示的正圆。

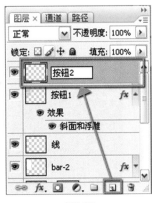

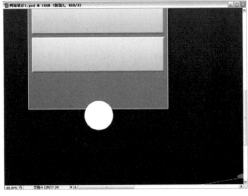

图5-89　　　　　　　　　　　图5-90

50 双击"按钮2"图层，打开"图层样式"对话框，设置其中的"投影"、"内阴影"、"内发光"、"斜面和浮雕"（包括其中的"等高线"）、"颜色叠加"和"渐变叠加"选项，参数设置如图5-91～图5-97所示，完成后得到如图5-98所示的效果。

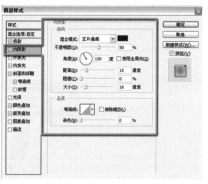

图5-91

图5-92

图5-93

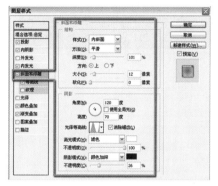

图5-94

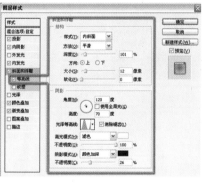

图5-95

图5-96

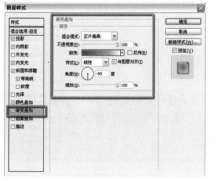

图5-97

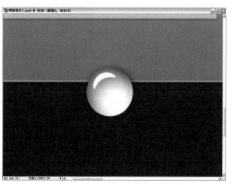

图5-98

51 按键盘上的Ctrl键单击"bar-2"图层，出现对应的选区，如图5-99所示。选择"图层"|"将图层与选区对齐"|"水平居中"命令，这样圆形就和透明长方形水平居中，取消选区，如图5-100所示。

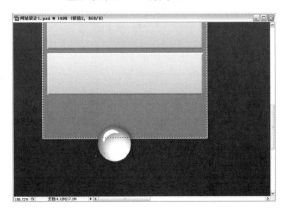
图5-99

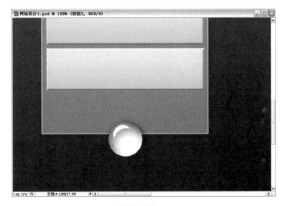
图5-100

52 在"按钮2"图层下面新建图层"条1"，如图5-101所示。将前景色设置为绿色，参数如图5-102所示。

图5-101

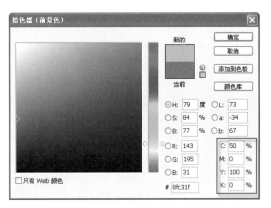
图5-102

53 选择工具栏中的矩形工具，在画面中制作出与透明长方形宽度相同的绿色长方形，如图5-103所示。按键盘上的Ctrl键单击"按钮2"图层，出现圆形的选区，如图5-104所示。

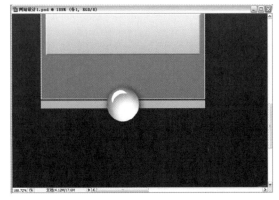
图5-103

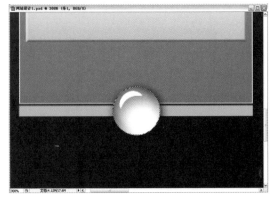
图5-104

54 保持前景色为刚才设置的绿色，选择"编辑"|"描边"命令，参数设置如图5-105所示。

完成设置后，单击对话框中的"确定"按钮，取消选区，得到如图5-106所示的效果。

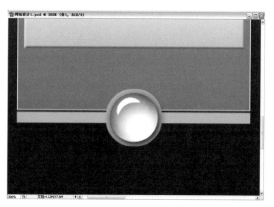

图5-105 　　　　　　　　　　　　　　　　图5-106

55 在"按钮2"图层上面新建图层"三角"，如图5-107所示。选择工具栏中的自定义形状工具，在它的控制栏中选择三角形的图形，如图5-108所示。

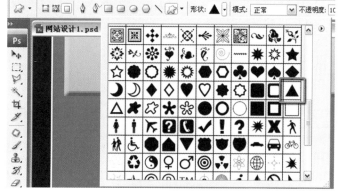

图5-107 　　　　　　　　　　　　　　　　图5-108

56 按键盘上的D键，将前景色调整为黑色。按住键盘上的Shift键，在"按钮2"图层中的圆形上制作出一个正三角形，如图5-109所示。按键盘上的Ctrl键单击"按钮2"图层，出现选区后，分别选择"图层"｜"将图层与选区对齐"中的"水平居中"和"垂直居中"命令，取消选区，如图5-110所示。

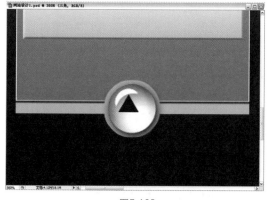

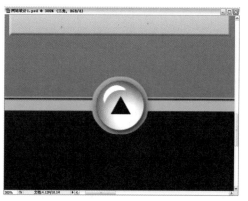

图5-109 　　　　　　　　　　　　　　　　图5-110

57 目前选择的图层是"三角"，按住键盘上的Ctrl键单击"按钮2"图层，这样就将两个图层暂时链接起来，如图5-111所示。按键盘上的Ctrl+E组合键合并链接的两个图层，并重新命名为"按钮2"，如图5-112所示。

58 新建图层"bar-3"，如图5-113所示。选择工具栏中的吸管工具，在画面中的绿色部分单击一下，前景色就变成与画面中相同的绿色。选择工具栏中的矩形工具，在画面上方银色条下面制作出如图5-114所示的绿色条。

图5-111

图5-112

图5-113

59 选择工具栏中的矩形选框工具将绿色条前面部分进行框选，如图5-115所示。按键盘上的Ctrl+M组合键执行"曲线"命令，曲线设置如图5-116所示。设置完成后单击"确定"按钮，取消选区，得到如图5-117所示的效果。

图5-114

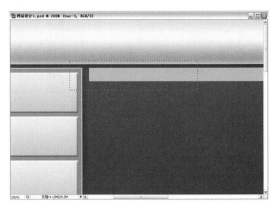
图5-115

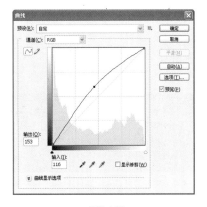
图5-116

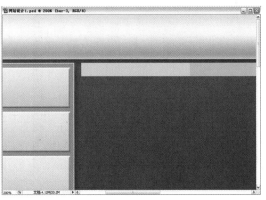
图5-117

充电站

之所以要在步骤59中将一部分绿色条颜色进行调整，是为了制作出鼠标放在上面的一种动感效果。读者在设计制作网页时也一定要注意按钮效果在画面中的表现，这样可以使设计更加生动。

60 将企业的LOGO（本例为虚构）放置在画面中的左上角位置，如图5-118所示。再将一些辅助说明的文字放置在画面LOGO的右侧，如图5-119所示。

图5-118　　　　　　　　　　　　　图5-119

61 在画面左边第一个按钮上放置如图5-120所示的文字，调整文字的大小以及字体，并摆放在如图5-121所示的位置。

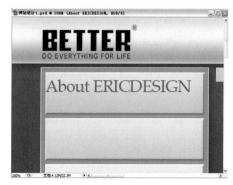
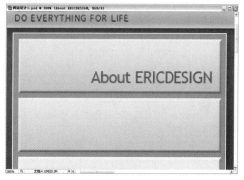

图5-120　　　　　　　　　　　　　图5-121

62 选择工具栏中的移动工具，并按住键盘上的**Shift+Alt**组合键，将文字垂直向下复制，如图5-122所示。利用工具栏中的文字工具将文字全选，如图5-123所示，将文字改成"Our Picture"，如图5-124所示。

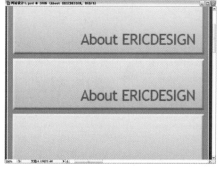
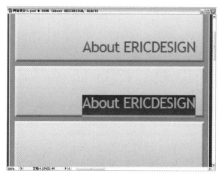

图5-122　　　　　　　　　　　　　图5-123

63 使用相同的方法制作出其他按钮的文字，如图5-125所示。同时，将画面上方绿色条部分的文字也放置在画面中并进行适当的调整，如图5-126所示。

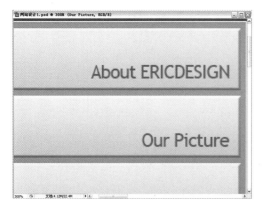

图5-124

图5-125

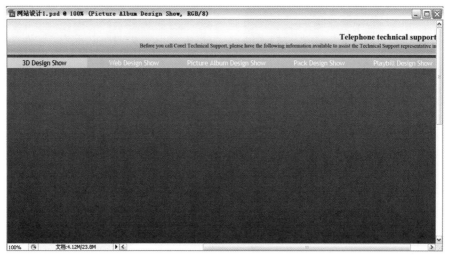

图5-126

64 使用前面学习过的知识，在绿色条的末端制作出如图5-127所示的箭头效果。同时在左边按钮下面的三角按钮旁边输入说明文字，如图5-128所示。

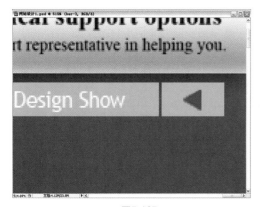

图5-127

图5-128

65 同样，在画面最下面输入一些必要的信息，如图5-129所示。

66 画面中的文字部分暂时制作到这里，下面开始设计主画面。打开素材文件 "5-1.jpg" ～ "5-4.jpg"，如图5-130所示。

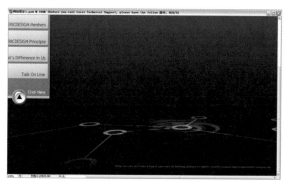

图5-129

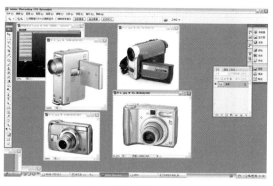

图5-130

67 先使用工具栏中的钢笔工具将素材 "5-1.jpg" 中的相机勾勒出来，如图5-131所示。按键盘上的Ctrl+Enter组合键将路径转换为选区，如图5-132所示。

图5-131

图5-132

68 按键盘上的Ctrl+C组合键复制相机，回到设计制作文件中，按键盘上的Ctrl+V组合键将相机粘贴到画面中，如图5-133所示。将相机对应的图层重新命名为 "相机1"，并移动到 "图层" 面板的最上面，如图5-134所示。

图5-133

图5-134

69 按键盘上的Ctrl+T组合键执行 "自由变换" 命令，出现变换框后，按住键盘上的Shift键将相机等比例缩小，并移动到如图5-135所示的位置，按键盘上的Enter键应用变换。选择工具栏中的钢笔工具，在相机的下面制作出相机的投影路径线，如图5-136所示。

图5-135   图5-136

70 按键盘上的Ctrl+Enter组合键将路径转换为选区，如图5-137所示。按键盘上的Ctrl+Alt+D组合键执行"羽化"命令，羽化数值设置如图5-138所示。设置完成后单击"确定"按钮，画面中的选区就被羽化了。因为羽化的数值比较小，所以显得不明显。

71 在"相机1"图层下面新建图层"阴影1"，如图5-139所示。按键盘上的D键将前景色改为黑色，选择工具栏中的画笔工具，在它的控制栏中设置画笔的大小以及样式，如图5-140所示。设置好后在选区中进行绘制，取消选区，得到如图5-141所示。

图5-137   图5-138   图5-139

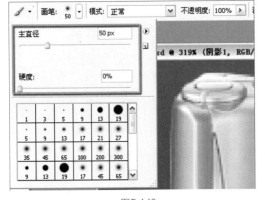

图5-140   图5-141

72 使用相同的方法将其他3个相机也粘贴到画面中，如图5-142所示。分别调整3个相机的大小并制作投影，如图5-143所示。

图5-142

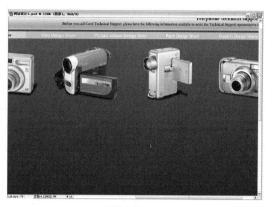
图5-143

73 将所有相机和阴影的图层链接起来，如图5-144所示，按键盘上的Ctrl+E组合键合并链接的图层，并将合并后的图层重新命名为"相机"，如图5-145所示。

74 现在观察画面中相机的比例稍微大了一些，所以要将相机缩小一些。按键盘上的Ctrl+T组合键执行"自由变换"命令，出现变换框后，按住键盘上的Shift键并使用鼠标拖动左上角的变换点将相机适当地等比例缩小，如图5-146所示。按键盘上的Enter键应用变换。

图5-144

图5-145

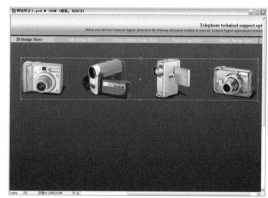
图5-146

75 在相机下面新建图层"圆圈"，如图5-147所示。选择工具栏中的椭圆选框工具，按住键盘上的Shift键制作出如图5-148所示大小的正圆选区。

图5-147

图5-148

76 利用工具栏中的吸管工具吸取画面中的绿色，这样前景色就变成与画面中相同的绿色。选择"编辑"|"描边"命令，参数设置如图5-149所示。设置完成后取消选区，得到如图5-150所示的绿色圆圈。

图5-149 图5-150

77 再使用工具栏中的椭圆选框工具制作出如图5-151所示的略大于绿色圆圈的正圆选区，新建图层"圆圈2"，如图5-152所示。

78 选择"编辑"|"描边"命令，参数设置如图5-153所示。完成设置后单击"确定"按钮，得到如图5-154所示的比较细的圆圈效果。

图5-151 图5-152 图5-153

79 选择"圆圈"图层，分别选择"图层"|"将图层与选区对齐"中的"水平居中"和"垂直居中"命令，取消选区，得到如图5-155所示的两个圆圈居中对齐的效果。

图5-154 图5-155

80 选择"圆圈2"图层，选择"滤镜"|"模糊"|"高斯模糊"命令，模糊的参数设置如图5-156所示。单击"确定"按钮后，得到如图5-157所示的模糊效果。

图5-156

图5-157

81 将"圆圈2"图层和"圆圈"图层合并，并重新命名为"圆圈"，如图5-158所示。利用工具栏中的矩形选框工具将圆圈框选，如图5-159所示。

图5-158

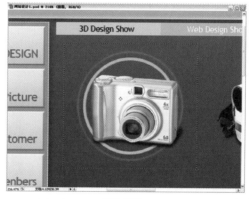

图5-159

82 选择工具栏中的移动工具，将鼠标移动到选区中，按住键盘上的**Shift+Alt**组合键，使用鼠标水平向右拖动复制选区中的圆圈，如图5-160所示。使用相同的方法再复制出其他两个圆圈，如图5-161所示。

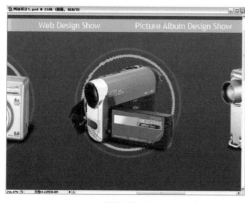

图5-160

图5-161

83 在相机的下面输入它们对应的型号，如图5-162所示。将型号后面的文字"Details"的英

Chapter 1　Chapter 2　Chapter 3　Chapter 4　Chapter 5　Chapter 6

文单词颜色调整为与画面中的绿色相同，如图5-163所示。

图5-162

图5-163

 充电站

在一段完整的文字中，如果想改变某一个文字的颜色，方法很简单，使用鼠标选择需要改颜色的文字，然后单击前景色或者文字控制栏上的颜色调整框，选择需要的颜色即可。

84 新建图层"色条"，如图5-164所示。选择工具栏中的矩形选框工具在画面中相机下面制作出选区，如图5-165所示，用来放置文字以及企业新闻。

图5-164

图5-165

85 选择工具栏中的渐变工具，在渐变编辑器中设置渐变的颜色，如图5-166所示。设置好渐变色后，按住键盘上的Shift键，使用鼠标从选区上面垂直向下拖动，取消选区，得到如图5-167所示的渐变效果。

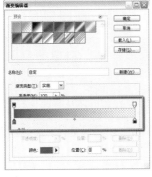
图5-166

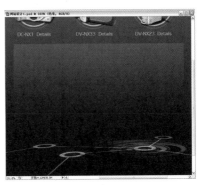
图5-167

86 选择工具栏中的矩形选框工具，在渐变色上面部分制作出选区，如图5-168所示。按键盘上的**Ctrl+M**组合键执行"曲线"命令，曲线设置如图5-169所示。设置完成后单击"确定"按钮，取消选区，得到如图5-170所示的效果。

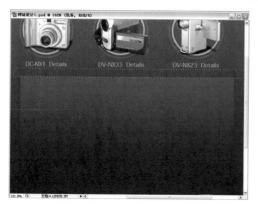

图5-168

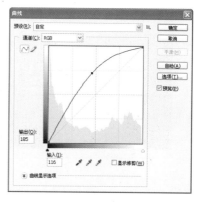

图5-169

87 选择工具栏中的移动工具，按住键盘上的**Shift+Alt**组合键水平向右拖动复制渐变色，如图5-171所示，将复制的渐变色图层重新命名为"色条2"。选择工具栏中的矩形选框工具，将两个渐变重合的部分框选，如图5-172所示。按键盘上的**Delete**组合键删除选区中的部分，取消选区，得到如图5-173所示的两个版块的效果。

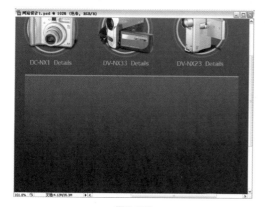

图5-170

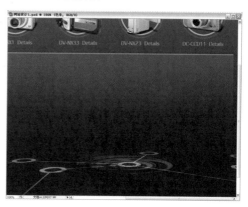

图5-171

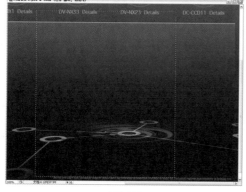

图5-172

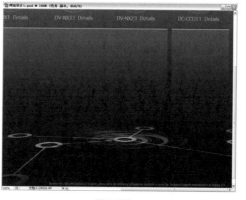

图5-173

88 将"色条2"图层垂直向下复制，如图5-174所示。将此图层重新命名为"色条3"，如图

5-175所示。

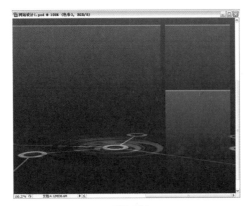

图5-174 图5-175

89 新建图层"登录框"，如图5-176所示。选择工具栏中的矩形选框工具在画面下方制作出长方形选区，如图5-177所示。

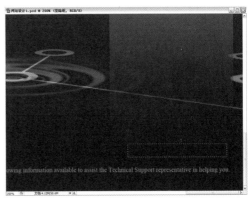

图5-176 图5-177

90 将前景色调整为深灰色，如图5-178所示。设置完成后按键盘上的Alt+Delete组合键，将前景色填充到选区中，如图5-179所示。

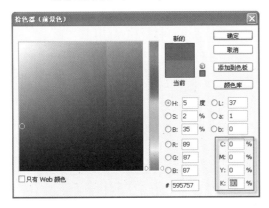

图5-178 图5-179

91 将前景色设置为浅灰色，如图5-180所示。设置完成后，选择"编辑"|"描边"命令，参数设置如图5-181所示。设置完成后单击"确定"按钮，得到如图5-182所示的描边效果。

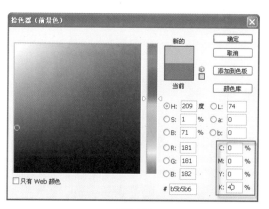

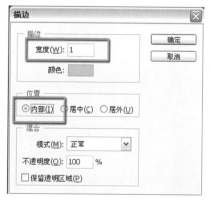

图5-180   图5-181

92 选择工具栏中的移动工具，将鼠标移动到选区内，按住键盘上的Shift+Alt组合键将选区中的图形水平向左复制移动，如图5-183所示。

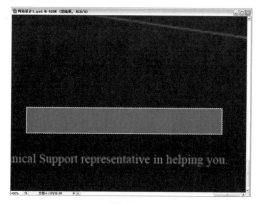

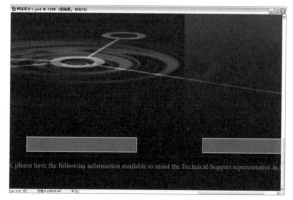

图5-182   图5-183

93 将"Register"和"Password"分别输入到两个图形的前面，调整大小和字体，如图5-184所示。

94 设计到这里基本完成了，下面将画面中的文字以及必要的小照片放置进去（因为是设计稿，所以文字可以使用假字代替）。这样网页设计就完成了，效果如图5-185所示。

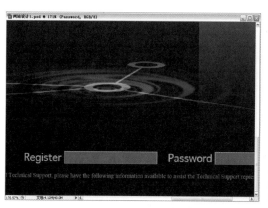

图5-184   图5-185

95 可能很多读者认为制作到步骤**94**就已经完成了设计，但以笔者的经验，还需要制作得更加深入，效果才会更丰富、更真实，所以下面要拟订一个使用过程中的界面。假设左边选择的是"About Our Customer"按钮，那么就要设计出单击这个按钮时的效果。选择"按钮1"图层，选择工具栏中的矩形选框工具，将这个按钮框选，如图**5-186**所示。按键盘上的**Ctrl+I**组合键，将选区中的图形颜色反向，如图**5-187**所示。然后取消选区。

图5-186

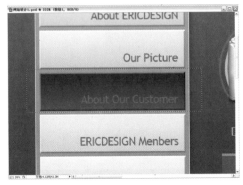

图5-187

96 选择"About Our Customer"文字，将前景色设置为与画面中的绿色相同，按键盘上的**Alt+Delete**组合键填充绿色到文字，如图**5-188**所示。

图5-188

97 选择"水波"图层。假设单击不同按钮的时候，水波的颜色是不同的，这样得到的画面效果就更加丰富了。按键盘上的**Ctrl+U**组合键执行"色相/饱和度"命令，参数设置如图**5-189**所示。设置完成后单击"确定"按钮，得到如图**5-190**所示的绿色水波效果。

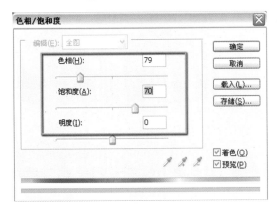

图5-189

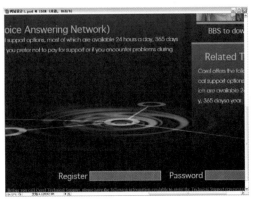

图5-190

98 本例的设计到这里就完成了,如图5-191所示。在设计过程中也可以将本例使用的绿色系改成其他颜色,如图5-192所示,这样可以得到更多的效果。读者可以根据制作好的网页继续设计单击其他按钮时出现的效果,将这些效果制作成一个系列,这样设计上会更完整。

图5-191

图5-192

本例总结

本例设计的是科技类产品的网站,笔者在设计时并没有采用传统的形式,而是更加简单、设计味道更多的一种前卫的形式,这样设计的效果非常突出,而且也会使消费者加深对产品品牌的印象。

5·2 企业类网站设计

学前导读

企业类网站的设计风格尽量要以大气实用为主,不可以像电子产品那样有很宽的设计思路,所以在设计的时候要严谨,但是风格上一定要商务、简洁,并且主要的信息要突出,这样才是一个好的企业类网站的设计。

本例效果

光盘素材路径

素材和源文件\第5章\素材\5-5.jpg、5-6.jpg

操作步骤

01 新建文件，尺寸设置如图5-193所示。

图5-193

02 将前景色调整为浅灰蓝色，参数设置如图5-194所示。设置完成后，按键盘上的 Alt＋Delete组合键将前景色填充到画面中，如图5-195所示。

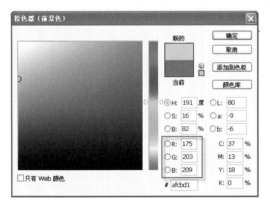

图5-194

图5-195

03 选择工具栏中的矩形选框工具，在画面中制作出选区，如图5-196所示。新建图层"渐变"，如图5-197所示。

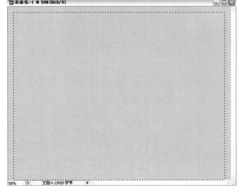

图5-196

图5-197

04 选择工具栏中的渐变工具，在渐变编辑器中设置渐变色，如图5-198所示。完成设置后，按住键盘上的Shift键在选区中从上到下垂直拖动，得到如图5-199所示的渐变色。然后取消选区。

图5-198　　　　　　　　　　　　　　　　　图5-199

05 按键盘上的Ctrl+A组合键将整个文件全选，选择"图层"｜"将图层与选区对齐"｜"水平居中"命令，这样渐变色就处在画面的水平中间位置了，如图5-200所示。

06 新建图层"渐变2"，如图5-201所示。选择工具栏中的矩形选框工具，将渐变色上面部分进行框选，如图5-202所示。

07 按键盘上的Ctrl+Shift+Alt组合键单击"渐变"图层，这样画面中的选区范围就变成了选区与渐变图形重合部分的选区，如图5-203所示。

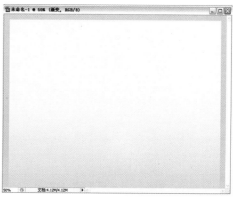

图5-200

图5-201　　　　　　　　　　　　　　　　　图5-202

08 选择工具栏中的渐变工具，在渐变编辑器中设置渐变色，如图5-204所示。设置完成后，按住键盘上的Shift键并用鼠标在画面中垂直拉伸，制作出如图5-205所示的渐变色。

09 画面上面一半的位置是企业网站的版头，这将在后面再设计，下面先设计界面的下面部分。新建图层"bar-1"，如图5-206所示。将前景色设置为浅灰色，如图5-207所示。

图5-203

图5-204

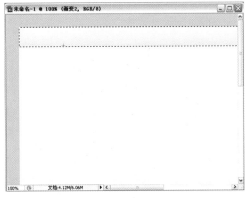

图5-205

图5-206

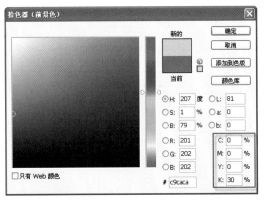

图5-207

10 选择工具栏中的矩形工具，在画面中的间位置制作出长方形，如图5-208所示。按键盘上的Ctrl+A组合键将画面全选，选择"图层"|"将图层与选区对齐"|"水平居中"命令，这样灰色的长方形就与画面水平居中了，取消选区，如图5-209所示。

11 双击"bar-1"图层，打开"图层样式"对话框，设置其中的"投影"选项，参数如图5-210所示。完成设置后，单击"确定"按钮，得到如图5-211所示的投影效果。

12 选择工具栏中的矩形选框工具，将灰色长方形上面部分进行框选，如图5-212所示。按键盘上的Ctrl+U组合键执行"色相/饱和度"命令，参数设置如图5-213所示。完成设置后单击"确定"按钮，取消选区，得到如图5-214所示的深蓝色的颜色条。

图5-208

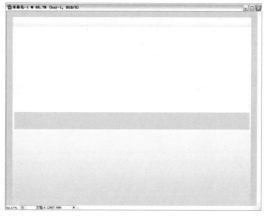

图5-209

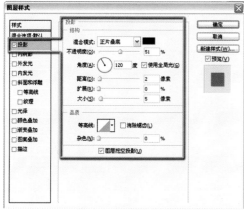

图5-210

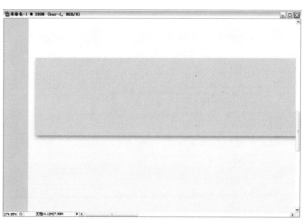

图5-211

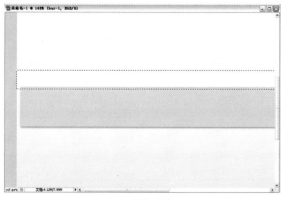

图5-212

图5-213

13 将前景色调整为白色。按住键盘上的Ctrl键单击"bar-1"图层，出现长方形的选区，如图5-215所示。选择"编辑"|"描边"命令，参数设置如图5-216所示。完成设置后单击"确定"按钮，取消选区，得到如图5-217所示的白色边框效果。

14 保持前景色为白色。选择工具栏中的直线工具，在它的控制栏中设置直线的粗细值为1px，如图5-218所示。设置完成后，按住键盘上的Shift键在灰色长方形的中间位置制作出垂直的白色直线，如图5-219所示。

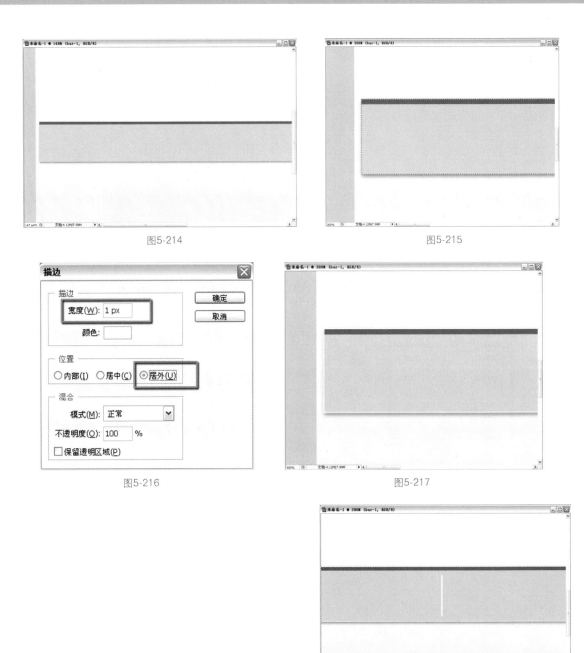

图5-214

图5-215

图5-216

图5-217

图5-218

图5-219

15 新建图层"登录框",如图5-220所示。选择工具栏中的矩形选框工具,在灰色的长方形上制作出一个长方形选区,如图5-221所示。

16 将前景色调整为白色,按键盘上的Alt+Delete组合键将前景色填充到选区中,如图5-222所示。再将前景色调整为深灰色,参数如图5-223所示。

17 选择"编辑"|"描边"命令,参数设置如图5-224所示,完成后单击"确定"按钮,得到如图5-225所示的效果。

图5-220

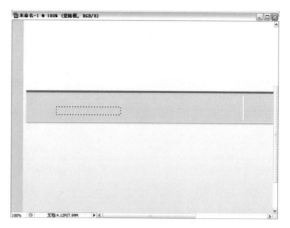

图5-221

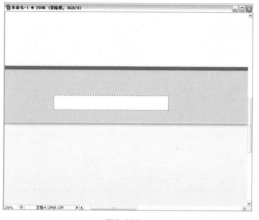

图5-222

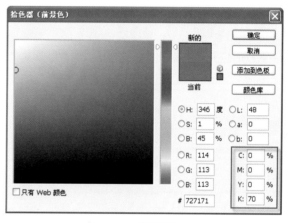

图5-223

图5-224

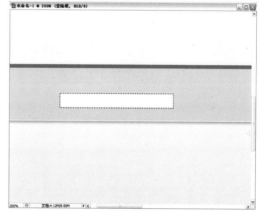

图5-225

18 选择工具栏中的移动工具，将鼠标移动到选区中，按住键盘上的**Shift＋Alt**组合键使用鼠标水平向右复制图形，如图**5-226**所示。取消选区。按住键盘上的**Ctrl**键单击"bar-1"图层，出现灰色长方形的选区，选择"图层"|"将图层与选区对齐"|"垂直居中"命令，这样"登录框"中的图形就与"bar-1"图层中的图形垂直居中对齐了，取消选区，如图**5-227**所示。

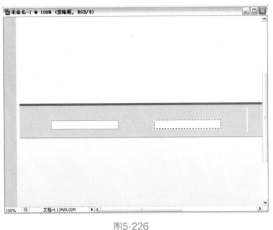

图5-226

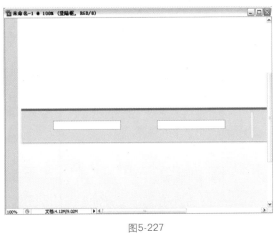

图5-227

19 将 "Register" 和 "Password" 分别输入到两个图形的前面，调整大小以及字体，如图 5-228所示。使用前面制作登录框的方法制作出登录的按钮，如图5-229所示。

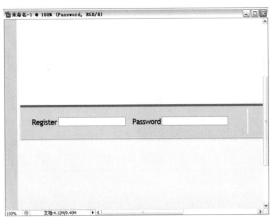

图5-228

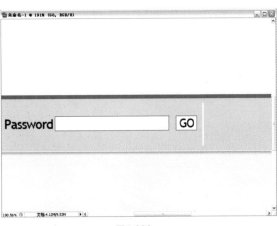

图5-229

20 再使用与制作登录框相同的方法制作出搜索框，效果如图5-230所示。

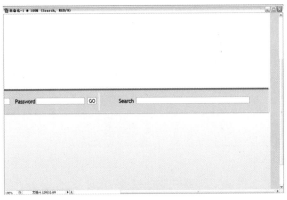

图5-230

21 搜索框后面需要有一个按钮图标供搜索使用。新建图层"图标"，如图5-231所示。下面制作一个放大镜的图标按钮。将前景色调整为白色，选择工具栏中的椭圆工具，按键盘上的Shift键在画面中制作出一个正圆，如图5-232所示。

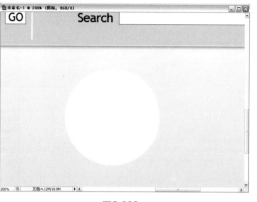

图5-231

图5-232

22 双击"图标"图层，打开"图层样式"对话框，分别设置其中的"内阴影"、"外发光"、"内发光"、"斜面和浮雕"（包括里面的"等高线"选项）和"颜色叠加"选项，如图5-233～图5-238所示，完成后得到如图5-239所示的效果。

图5-233

图5-234

图5-235

图5-236

23 按键盘上的Ctrl键单击"图标"图层，出现圆形的正圆选区，新建图层"边"，如图5-240所示。将前景色调整为深灰色，选择"编辑"|"描边"命令，参数设置如图5-241所示，完成后得到如图5-242所示的边框，取消选区。

24 新建图层"手柄"，如图5-243所示。选择工具栏中的矩形选框工具在正圆下面制作出手柄的选区，如图5-244所示。

图5-237

图5-238

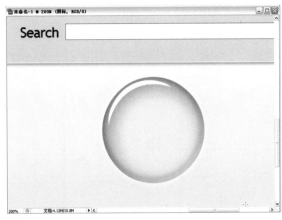

图5-239

图5-240

图5-241

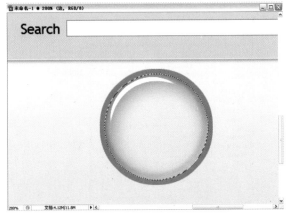

图5-242

25 选择工具栏中的渐变工具，在渐变编辑器中设置渐变色，如图5-245所示。完成设置后，按住键盘上的Shift键从选区的左边水平向右拖动，取消选区，得到如图5-246所示的效果。

26 选择工具栏中的矩形选框工具，将手柄下面部分框选，如图5-247所示。按键盘上的Ctrl+M组合键执行"曲线"命令，曲线设置如图5-248所示。调整好曲线后单击"确定"按钮，取消选区，得到如图5-249所示的加深效果。这样处理，使得手柄的效果更加丰富。

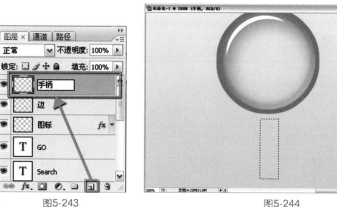

图5-243

图5-244

图5-245

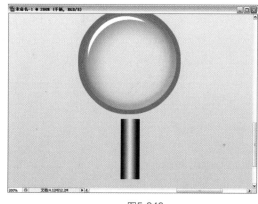

图5-246

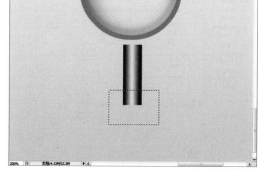

图5-247

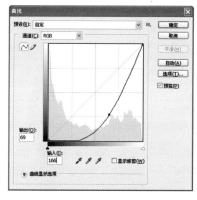

图5-248

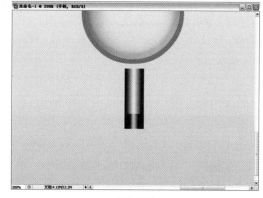

图5-249

27 将"手柄"、"边框"和"图标"图层暂时链接，如图5-250所示。按键盘上的Ctrl+E组合键将3个图层合并，并重新命名为"图标"，如图5-251所示。

28 按键盘上的Ctrl+T组合键执行"自由变换"命令，出现变换框后，将放大镜适当旋转后等比例缩小，并放置在"Search"文本框的后面，如图5-252所示。按键盘上的Enter键应用变换。双击"图标"图层，打开"图层样式"对话框，设置其中的"投影"选项，参数如图5-253所示，完成后得到如图5-254所示的投影效果。这个图标就制作完成了。

图5-250

图5-251

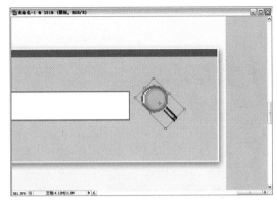

图5-252

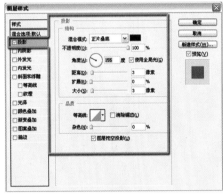

图5-253

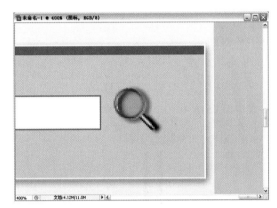

图5-254

充电站

　　可能很多读者都认为，这么一个小的图标，为什么还要制作得这么复杂呢，其实，设计领域中注重的就是细节。当很多效果别人都可以制作出来的时候，就要靠细节取胜了，所以千万别小看画面中很细小的元素。

29　　新建图层"bar-2"，如图5-255所示。利用工具栏中的矩形选框工具制作出如图5-256所示的选区。

图5-255

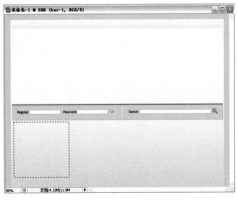

图5-256

30 选择工具栏中的渐变工具，在渐变编辑器中设置渐变色，如图5-257所示。设置完成后，按住键盘上的Shift键垂直制作出渐变，如图5-258所示。

图5-257

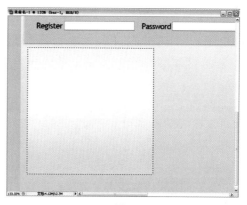

图5-258

31 将前景色调整为白色，选择"编辑"|"描边"命令，参数设置如图5-259所示。设置好参数后，单击"确定"按钮，取消选框，如图5-260所示。

图5-259

图5-260

32 双击"bar-2"图层，打开"图层样式"对话框，设置其中的"投影"选项，参数设置如图5-261所示，完成后得到如图5-262所示的投影效果。

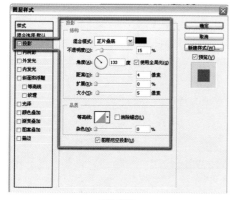

图5-261

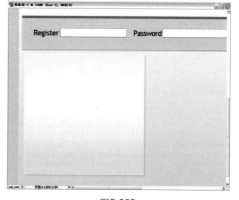

图5-262

33 选择工具栏中的移动工具，按住键盘上的Shift+Alt组合键将浅黄色图形水平向右复制，如图5-263所示。将此图层重新命名为"bar-3"，如图5-264所示。

Chapter 1 Chapter 2 Chapter 3 Chapter 4 Chapter 5 Chapter 6

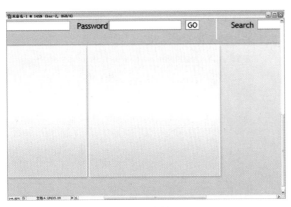

图5-263

图5-264

34 选择工具栏中的矩形选框工具，在复制的图形上制作出大于图形范围的选区，如图5-265所示。选择工具栏中的移动工具，将鼠标移动到选区中，按住键盘上的**Shift+Alt**组合键将选区中的图形水平向右复制多次，如图5-266所示。

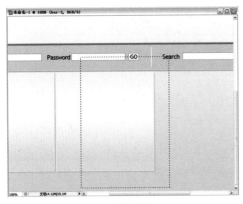

图5-265

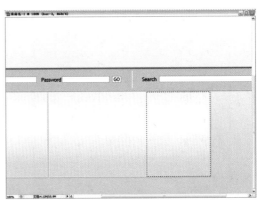

图5-266

35 取消选区，按键盘上的**Ctrl+U**组合键执行"色相/饱和度"命令，参数设置如图5-267所示。完成后单击"确定"按钮，得到如图5-268所示的颜色效果。

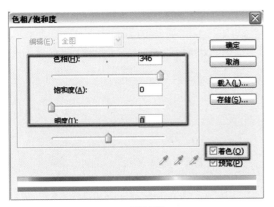

图5-267

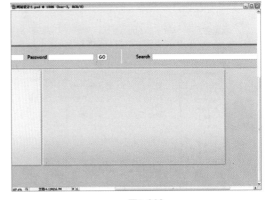

图5-268

36 再水平向右复制"bar-2"图层，效果如图5-269所示。选择工具栏中的矩形选框工具，将复制的图形的一部分框选，如图5-270所示。

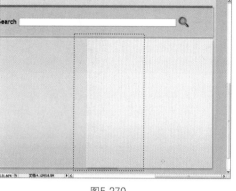

图5-269　　　　　　　　　　　　　　图5-270

37　选择工具栏中的移动工具，按住键盘上的**Shift**键并使用鼠标向右拖动选区中的图形，如图5-271所示。取消选区，将此图层重新命名为"bar-3"，如图5-272所示。

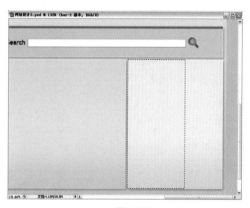

图5-271　　　　　　　　　　　　　　图5-272

38　按键盘上的**Ctrl+U**组合键执行"色相/饱和度"命令，参数设置如图5-273所示，设置完成后，单击"确定"按钮后，得到如图5-274所示的颜色。

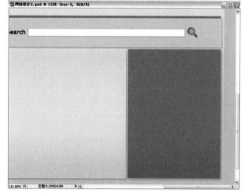

图5-273　　　　　　　　　　　　　　图5-274

39　通过调整颜色操作可以发现，色块外面白色的描边效果非常不明显，所以需要重新制作出白色的线框。按住键盘上的**Ctrl**键单击"bar-3"图层，出现对应的选区，如图5-275所示。选择"编辑"|"描边"命令，参数设置如图5-276所示，完成设置后取消选区，得到如图5-277所示的白色边框效果。

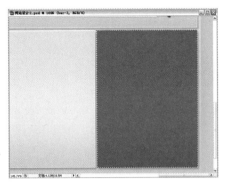

图5-275

图5-276

40 打开素材文件"5-5.jpg",如图5-278所示。使用工具栏中的移动工具将素材拖动到设计文件中,如图5-279所示。

41 将书的图层重新命名为"书",如图5-280所示。按键盘上的Ctrl+T组合键执行"自由变换"命令,按住键盘上的Shift键将书适当地等比例放大,如图5-281所示。

42 按键盘上的Enter键应用变换,选择"编辑"|"变换"|"水平翻转"命令,这样书就被水平翻转过来,如图5-282所示。将"书"图层的混合方式调整为"正片叠底",如图5-283所示,得到如图5-284所示的混合效果。

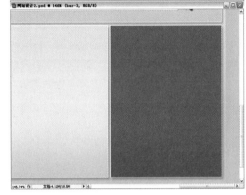

图5-277

图5-278

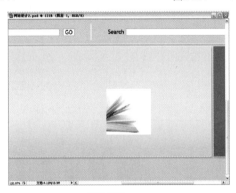

图5-279

图5-280

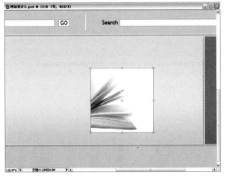

图5-281

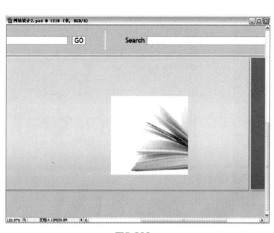

图5-282

图5-283

43 使用工具栏中的移动工具将书本移动到灰色块右下角，如图5-285所示。按键盘上的 Ctrl+M组合键执行"曲线"命令，曲线设置如图5-286所示，完成后得到如图5-287所示 的效果，这样色块的效果就不再单调，加上书的效果后更生动。

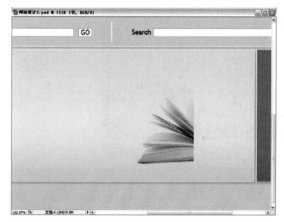

图5-284

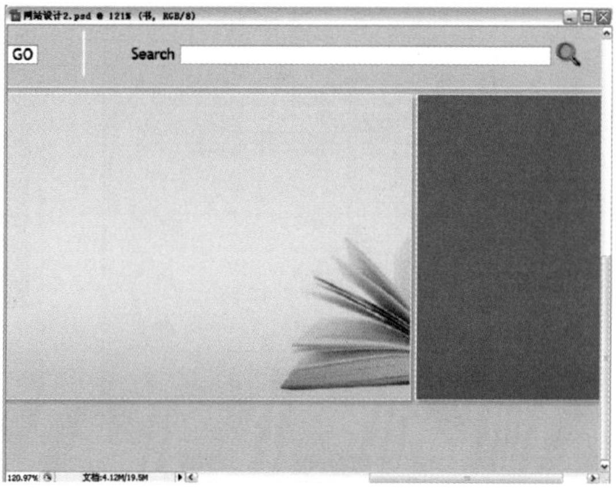

图5-285

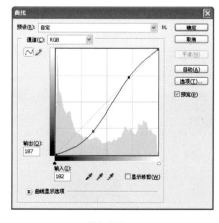

图5-286

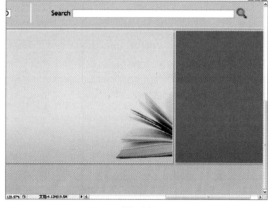

图5-287

44 下面开始设计界面的主画面。打开素材文件"5-6.jpg"，如图5-288所示。选择工具栏中 的移动工具，将素材文件拖动到设计文件中，如图5-289所示。

图5-288 图5-289

45 将素材文件的图层命名为"图",如图5-290所示。按键盘上的Ctrl+T组合键执行"自由变换"命令,将素材图片等比例缩小一些,与"渐变"图层中的图形宽度相同,如图5-291所示。

图5-290 图5-291

46 单击"图层"面板下面的"添加图层蒙版"按钮,给"图"图层增加蒙版,如图5-292所示,这时候前景色会自动变成黑色。利用工具栏中的矩形工具制作蒙版,如图5-293所示。

图5-292 图5-293

47 单击"图"图层中图层预览框与蒙版框中间的链接符号,如图5-294所示,这样蒙版就与图层中的图形断开了。使用鼠标单击图层预览框,选择工具栏中的移动工具,按住键盘上的Shift键将图片垂直向上移动，得到如图5-295所示的效果。

图5-294

图5-295

48 按键盘上的Ctrl+M组合键执行"曲线"命令，曲线设置如图5-296所示，完成后得到如图5-297所示的 更加神秘的效果。

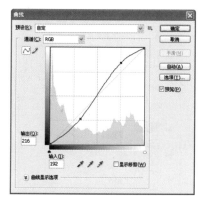

图5-296

图5-297

49 新建图层"bar-4"，如图5-298所示。将前景色改成白色，选择工具栏中的矩形工具，在画面中制作出如图5-299所示的白色块。

图5-298

图5-299

50 选择工具栏中的移动工具，将白色块移动到与画面下边缘对齐的位置，如图5-300所示。双击"bar-4"图层，在打开的"图层样式"对话框中设置"投影"选项，参数设置如图5-301所示，完成后得到如图5-302所示的效果。

图5-300   图5-301

51 将"图"图层的不透明度值设置为50%，如图5-303所示。新建图层"按钮"，如图5-304所示。

图5-302   图5-303

52 选择工具栏中的矩形选框工具，在白色块上制作出如图5-305所示的选区。选择工具栏中的渐变工具，在渐变编辑器中设置渐变色，如图5-306所示。设置完成后，按键盘上的Shift键在画面中垂直拖出渐变色，如图5-307所示。

图5-304   图5-305

图5-306　　　　　　　　　　　　　图5-307

53 取消选区，双击"按钮"图层，在打开的"图层样式"对话框中设置"斜面和浮雕"选项，参数设置如图5-308所示。完成设置后单击"确定"按钮，得到如图5-309所示的立体效果。

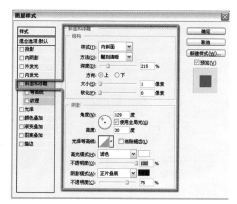

图5-308　　　　　　　　　　　　　图5-309

54 按键盘上的Ctrl键并单击"按钮"图层，出现按钮的选区，如图5-310所示。选择工具栏中的移动工具，按住键盘上的Shift+Alt组合键，将鼠标移动到选区中垂直向下复制，得到如图5-311所示的复制按钮。

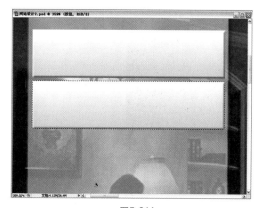

图5-310　　　　　　　　　　　　　图5-311

55 使用同样的方法制作出其他几个按钮，如图5-312所示，取消选区。将"按钮"图层的混合方式调整为"点光"，如图5-313所示，完成后得到图如图5-314所示的混合效果。这样

的效果既保持了按钮的形状和样式，同时也可以透出背景图片的部分内容，使画面的整体
感更强。

图5-312

图5-313

56 新建图层"按钮2"，如图5-315所示。将前景色设置为蓝色，参数如图5-316所示。完成
设置后，利用工具栏中的矩形工具制作出如图5-317所示大小的形状。

图5-314

图5-315

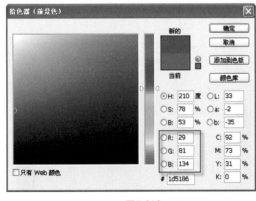
图5-316

图5-317

57 将前景色设置为天蓝色，参数设置如图5-318所示。选择工具栏中的直线工具，在它的
控制栏中将"粗细"的数值设置为"2px"，如图5-319所示。完成设置后，按键盘上的
Shift键，水平制作出与蓝色条宽度相同的直线，如图5-320所示。

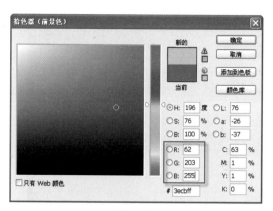

图5-318

图5-319

58 新建图层 "三角"，如图**5-321**所示。将前景色设置为白色，选择工具栏中的自定义形状
工具，在它的控制栏中选择三角形，如图**5-322**所示。

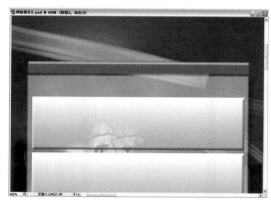

图5-320

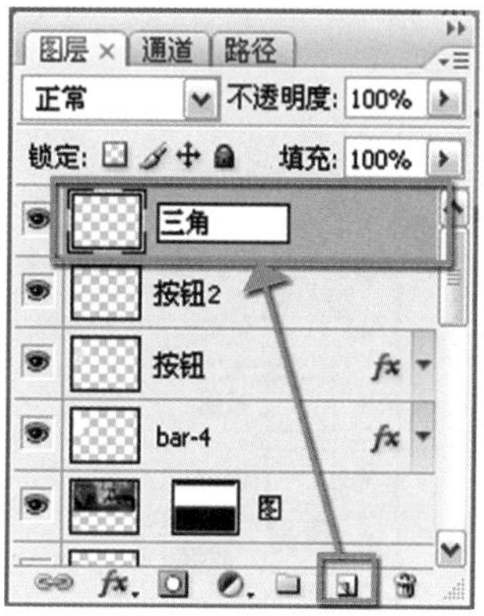

图5-321

59 使用自定义形状工具制作出白色三角形，如图**5-323**所示。按键盘上的**Ctrl**键单击 "按
钮2" 图层，出现蓝色块的选区，分别选择 "图层" | "将图层与选区对齐" 中的 "水平
居中" 和 "垂直居中" 命令，取消选区，这样白色三角形就处在蓝色块的正中间，如图
5-324所示。

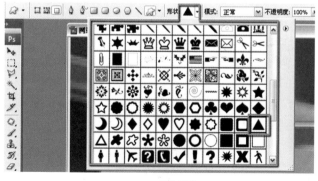

图5-322

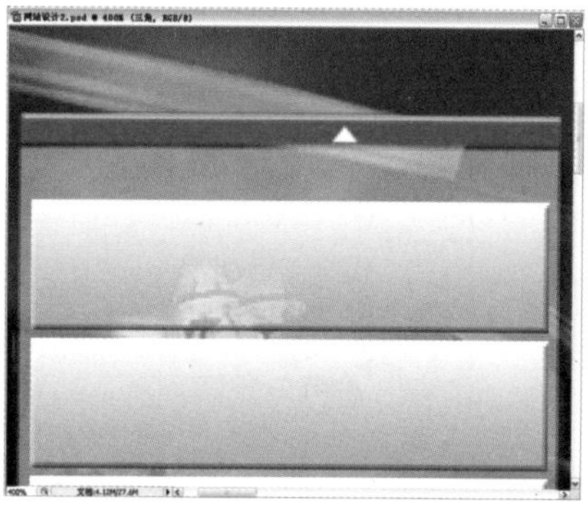

图5-323

60 选择 "编辑" | "变换" | "垂直翻转" 命令，白色三角形就垂直翻转过来，如图**5-325**所
示。按键盘上的**Ctrl+E**组合键将 "三角" 图层与 "按钮2" 图层合并，合并后图层的名称
还是保持 "按钮2"，如图**5-326**所示。

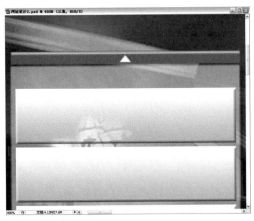

<table>
<tr><td>图5-324</td><td>图5-325</td></tr>
</table>

61 将按钮上的文字输入到按钮上，并调整文字的字体以及大小，如图**5-327**所示。

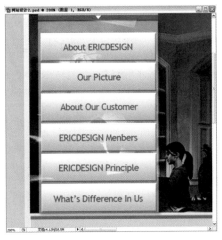

<table>
<tr><td>图5-326</td><td>图5-327</td></tr>
</table>

62 选择"渐变2"图层，按键盘上的**Ctrl+M**组合键执行"曲线"命令，曲线设置如图**5-328**所示，完成后得到如图**5-329**所示的颜色加深的效果。

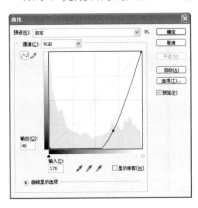

<table>
<tr><td>图5-328</td><td>图5-329</td></tr>
</table>

63 新建图层"方块"，如图**5-330**所示。按键盘上的D键将前景色设置为黑色，选择工具栏中的矩形工具，制作出细长的长方形，如图**5-331**所示。

图5-330

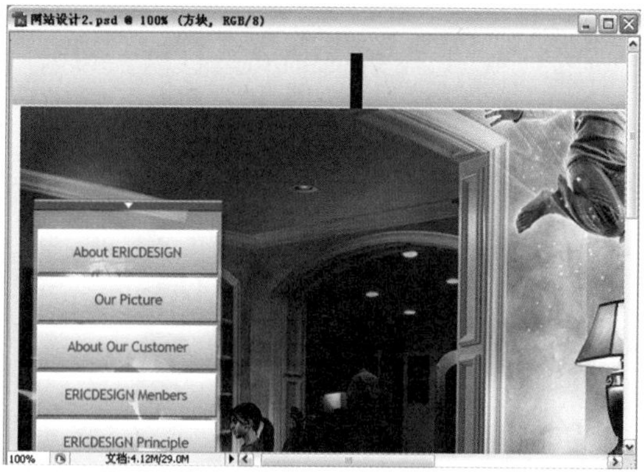

图5-331

64 使用前面学习过的方法将黑色方块在同一图层中复制出3个，如图5-332所示。按键盘上的Ctrl+A组合键将画面全选，选择"图层"|"将图层与选区对齐"|"水平居中"命令，这样黑色的方块就与画面水平居中了。取消选区，效果如图5-333所示。

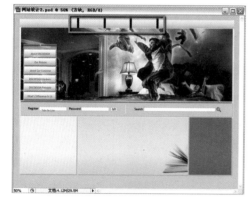

图5-332

图5-333

65 按键盘上的Ctrl键单击"方块"图层，出现黑色方块的选区，删除"方块"图层，选区依然存在，如图5-334所示。删除"方块"图层后，它下面的"渐变2"图层会被自动选择。按键盘上的Delete键删除选区中的部分，取消选区后，得到如图5-335所示的效果，这样就完成了几个按钮形状的制作。

图5-334

图5-335

66 在刚制作好的按钮上输入文字，如图5-336所示。将企业的LOGO（虚构）放置在画面中如图**5-337**所示的位置。

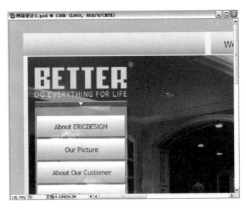

图5-336   图5-337

67 将主画面中的辅助文字输入到画面中，如图**5-338**所示。

图5-338

68 最后再将一些信息和文字放置在画面的各版块中，这个企业的网站设计就完成了，效果如图**5-339**所示。

图5-339

本例总结

本例设计的是企业类网站，在设计形式上非常简洁大方。企业类的网站需要让浏览者最快地找到需要了解的内容，所以在版面规划上需要下很大的功夫，才能设计出非常出色的网站。

5.3 了解网站动画

学前导读

如果在浏览网站时发现某一个网站上没有动态的效果，那么就算设计上再精彩，浏览者都会感觉死板生硬。动画设计对于网站来说，起到画龙点睛的作用。目前设计网站动画的主流软件是Flash。Flash凭借强大的功能，可以制作出各种视频动画的效果。本例不讲解如何使用Flash制作动画，而是使用Adobe公司的另一个软件——ImageReady来设计简单的GIF动画。

说到GIF动画，相信很多学习设计的读者都有所了解，因为GIF动画的体积很小，制作简单，所以很多网站上的小动画都使用GIF格式。GIF格式的文件有以下几个优点。

- 文件体积小
- 适用的软件非常多
- 可以保存成透明背景的图片而不增加文件体积

虽然优点很多，但这种格式也同样有缺点。

- 图片质量低
- 放大后色带化现象比较严重
- 制作复杂的动画非常繁琐

了解了GIF格式的优点和缺点后，就可以在设计时充分利用此格式来设计出精彩的内容。下面就以一个小动画为实例，详细地讲解如何使用Adobe ImageReady来设计制作GIF动画。

操作步骤

01 先启动Photoshop CS3软件；新建文件，尺寸设置如图5-340所示。

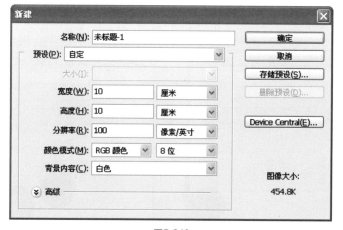

图5-340

02 新建图层"1"，如图5-341所示。将前景色设置为蓝色，选择工具栏中的椭圆工具，按键盘上的Shift键在画面中制作出正圆，如图5-342所示。

03 按键盘上的Ctrl+S组合键保存文件，将文件存储为PSD格式，如图5-343所示。存储完文件后关闭文件。

 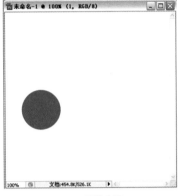 

图5-341 图5-342 图5-343

04 启动ImageReady软件，如图5-344所示，打开刚才保存的文件，如图5-345所示。

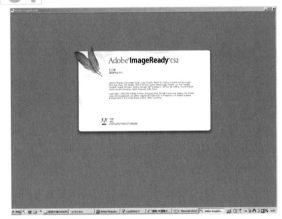 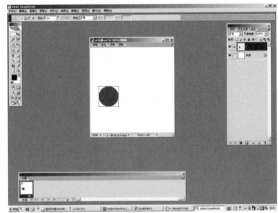

图5-344 图5-345

05 仔细观察ImageReady的界面，其实和Photoshop有很多相似点，但是多了一个动画控制面板。选择工具栏中的移动工具，将球移动到画面的右下角，如图5-346所示。按键盘上的Alt键并使用鼠标拖动复制球，如图5-347所示。

 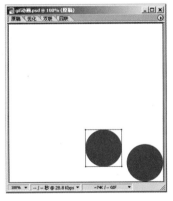

图5-346 图5-347

06 使用相同的方法制作出类似球碰撞画面边缘反弹的球的轨迹路线，如图5-348所示。复制出这些球的同时，每一个球都会对应一个图层，如图5-349所示。

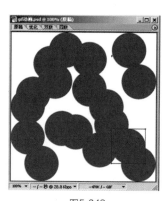

图5-348 图5-349

07 将图层按顺序命名，如图5-350所示。将除了"1"图层之外的图层隐藏，如图5-351所示。

图5-350 图5-351

08 选择"窗口"|"动画"面板，打开"动画"面板，如图5-352所示。使用鼠标单击面板下面的"复制当前帧"按钮，这样面板中就出现了复制的帧，如图5-353所示。

图5-352

图5-353

09 将 "1" 图层隐藏，并显示 "2" 图层，如图5-354所示。这样在 "动画" 面板中的第二个帧中就只显示出 "2" 图层中的球，如图5-355所示。

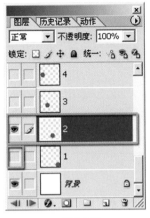
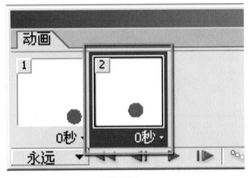

图5-354 图5-355

10 单击 "动作" 面板中的 "复制当前帧" 按钮继续复制帧，如图5-356所示。隐藏 "2" 图层，显示 "3" 图层，如图5-357所示。这样第三个帧中就只有 "3" 图层中的球，如图5-358所示。

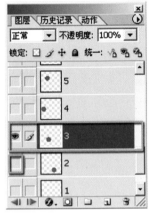
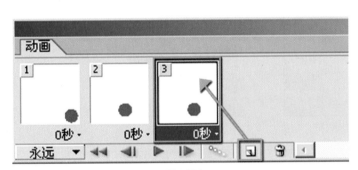

图5-356 图5-357

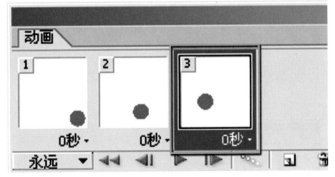

图5-358

11 依照前两个步骤的做法，将其他图层的球依次在 "动作" 面板中制作出对应的帧，如图5-359所示。

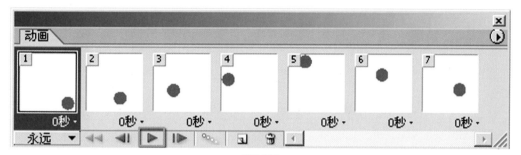

图5-359

12 单击"动画"面板下面的"播放/停止动画"按钮，就可以观看制作的动画了，如图5-360所示。

图5-360

13 如果觉得动画的速度需要进行调整，可以单击每一个帧下面的时间控制栏，如图3-361所示，在菜单中选择需要设置的时间即可改变动画的速度。

14 制作完动画后需要保存动画，选择"文件"｜"将优化结果储存为"命令，选择保存的路径以及名称，将存储的格式设置为"仅限图像（*.gif）"，如图5-362所示。单击"保存"按钮即可生成GIF动画，打开动画即可欣赏动画。

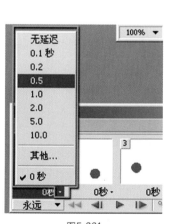

图5-361

图5-362

Chapter 1

Chapter 2

Chapter 3

Chapter 4

Chapter 5

Chapter 6

本例总结

GIF动画的应用非常广泛，所以作为设计师，必须要掌握如何设计制作GIF动画。本例只是最基础的讲解，读者学会了之后可以举一反三地去进行练习，制作出其他感觉和效果的动画，相信读者很快就能达到熟练的程度。

本章总结

本章主要讲解的是网页设计。网页设计在设计行业中兴起得比较晚，在网络普及之后才渐渐地被人们意识到，所以网页设计形式上才有现在的各种风格，给浏览者完全不同的视觉享受。读者学习本章时，可以多参考一些国内外成功的网站，了解这些网站的设计思路，这样可以在真正设计时提供很大的帮助。

Chapter 6

前卫艺术设计

知识提要：

前卫艺术设计的概念其实很难解释，当一种新鲜的或者一反常态的设计形式出现在人们面前时，人们会感觉非常前卫，这时就可以把这些给人们带来新鲜视觉享受的设计称为前卫艺术设计。任何艺术形式都可能会被普及，当大众接受了这些新鲜的视觉刺激时，所谓的前卫艺术设计就已经被大众认可了。在被大众接受的同时，这样的设计形式就不能再称为前卫艺术了。所以设计师只有不断地吸收知识，了解国际国内的设计潮流，才能让自己的意识形态更加"前卫"。有了前卫的意识形态后，自然可以提高自己的设计水平。

学习重点：

● 前卫艺术设计没有固定的形式、固定的特点，不被任何形式约束。

● 前卫艺术设计要勇于突破自我，打破常规。

● 前卫艺术不同于商业设计，需要有更强的个人色彩和主观印象。

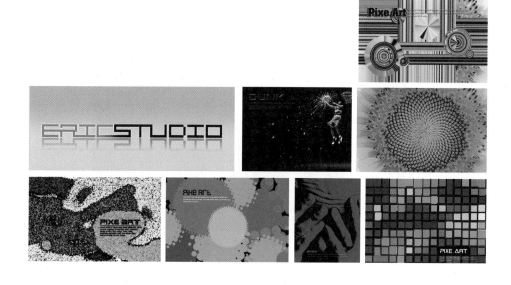

6·1 前卫艺术设计（一）

学前导读

　　本例设计的是以篮球为题材进行主观创意上的发挥，在设计时以鼠标为创作元素，将鼠标与画面中的运动员、篮球和篮框进行有机的结合，这样设计出来的作品在形式上才能更加突出，画面中的元素越简单，在画面的形式感上越有冲击力。

本例效果

光盘素材路径

 素材和源文件\第6章\素材\6-1.jpg

操作步骤

01 　打开素材文件 "6-1.jpg"，如图6-1所示。

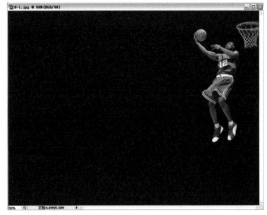

图6-1

02 按键盘上的Ctrl+M组合键执行"曲线"命令，曲线设置如图6-2所示，完成后得到如图6-3所示的色彩效果。

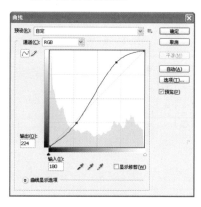

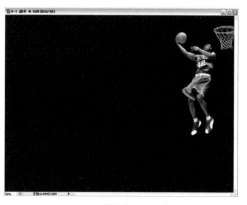

图6-2　　　　　　　　　　　　　　　　　图6-3

03 现在画面中只有篮球运动员、篮球以及篮框，为了更好地突出画面的效果，需要制作出地板的效果。新建图层"木纹"，如图6-4所示，将前景色调整为橘红色，如图6-5所示。

图6-4　　　　　　　　　　　　　　　　　图6-5

04 按键盘上的Alt+Delete组合键将前景色填充到"木纹"图层中，如图6-6所示。按键盘上的Ctrl+S组合键保存文件，如图6-7所示。

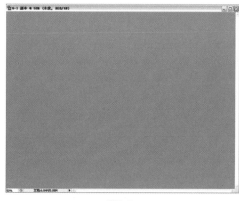

图6-6　　　　　　　　　　　　　　　　　图6-7

05 将前景色设置得比画面中的颜色略深一点，如图6-8所示。完成设置后，选择工具栏中的画笔工具，在它的控制栏中设计笔刷的大小以及样式，如图6-9所示。

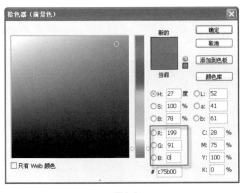

图6-8

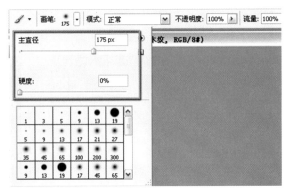

图6-9

06 使用画笔工具在画面中随意地绘制，得到如图6-10所示的效果。再将前景色设置得略浅一些，继续使用画笔工具绘制，得到如图6-11所示的效果。

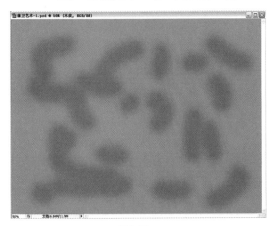

图6-10

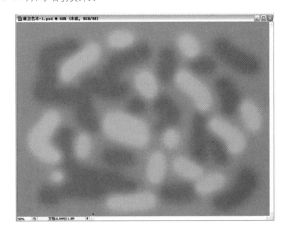

图6-11

07 选择"滤镜"｜"扭曲"｜"旋转扭曲"命令，参数设置如图6-12所示。完成设置后单击"确定"按钮，得到如图6-13所示的效果。

图6-12

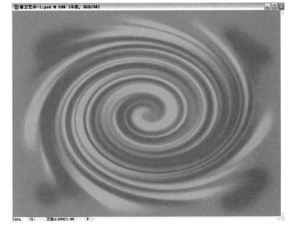

图6-13

08 按键盘上的Ctrl+F组合键再次执行"旋转扭曲"命令，得到如图6-14所示的效果。

09 选择"滤镜"|"扭曲"|"切变"命令，切变线设置如图6-15所示。完成设置后单击"确定"按钮，得到如图6-16所示的效果。

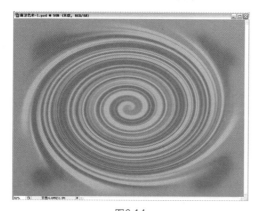

图6-14　　　　　　　　　　　　　　　图6-15

10 按键盘上的**Ctrl+F**组合键再次执行"切变"命令，得到如图6-17所示的效果。

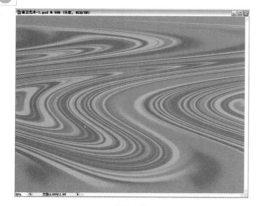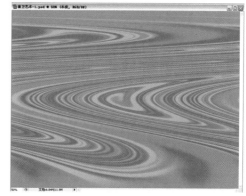

图6-16　　　　　　　　　　　　　　　图6-17

11 按键盘上的**Ctrl+A**组合键将画面全选，按键盘上的**Ctrl+C**组合键复制选区中的图像。打开"通道"面板，新建通道"Alpha 1"，如图6-18所示。按键盘上的**Ctrl+V**组合键将复制的图形粘贴到通道中，如图6-19所示。

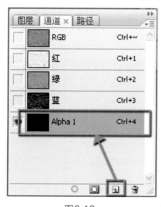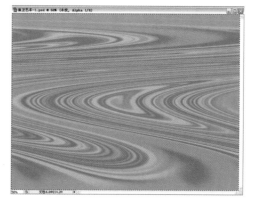

图6-18　　　　　　　　　　　　　　　图6-19

12 取消选区，打开"图层"面板，单击"木纹"图层，选择"滤镜"|"渲染"|"光照效果"命令，参数设置如图6-20所示，注意在设置对话框下面选择新建的通道"Alpha 1"。完成

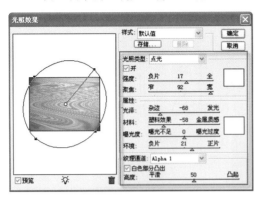
设置后单击"确定"按钮，得到如图6-21所示的效果。

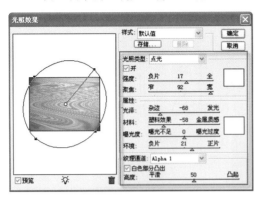

图6-20 图6-21

13 新建图层"线"，如图6-22所示。按键盘上的D键，将前景色变为黑色，选择工具栏中的直线工具，在它的控制栏中设置"粗细"的数值为3px，如图6-23所示。

图6-22

图6-23

14 按住键盘上的Shift键，使用直线工具制作出直线，如图6-24所示。打开"动作"面板，单击面板下面的"创建新组"按钮，弹出的对话框如图6-25所示。单击"确定"按钮后就增加了新组，如图6-26所示。

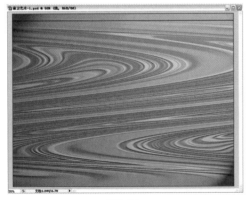

图6-24

图6-25

图6-26

15 单击"动作"面板下面的"创建新动作"按钮，弹出如图6-27所示的对话框。单击"记录"按钮后，下面进行的任何操作都会被记录下来，如果操作错误，只能重新再进行操作。选择工具栏中的移动工具，按键盘上的Shift+Alt组合键将直线垂直向下复制，如图6-28所示。

图6-27　　　　　　　　　　　　　　　　图6-28

16 单击"动作"面板中的"停止播放/记录"按钮，停止记录操作的步骤，如图6-29所示。再单击"播放选定的动作"按钮，如图6-30所示，出现如图6-31所示的间距相同的复制直线。

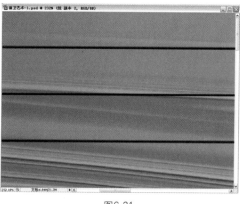

图6-29　　　　　　　　图6-30　　　　　　　　　　图6-31

17 继续单击"播放选定的动作"按钮，复制出多条间距相同的直线，如图6-32所示。将所有直线的图层合并，并重新命名为"线"，如图6-33所示。

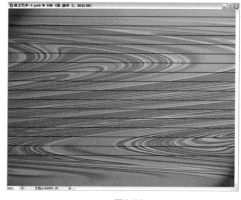

图6-32　　　　　　　　　　　　　　图6-33

18 复制"线"图层，如图6-34所示，按键盘上的Ctrl+I组合键执行"反向"操作，这样复制的线就变成了白色，如图6-35所示。

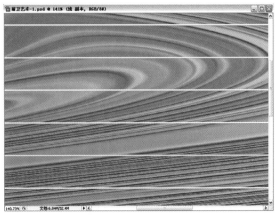

图6-34   图6-35

19 选择工具栏中的移动工具，多次按键盘上的↑键，将白色的线垂直向上移动，如图6-36所示。

20 将复制图层的混合方式调整为"柔光"，如图6-37所示，完成后得到如图6-38所示的效果。再复制白色线的图层，这样混合的效果就更加明显了，如图6-39所示。

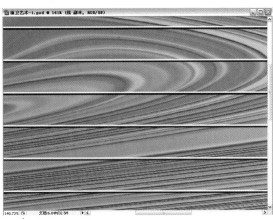

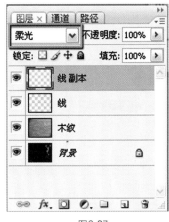

图6-36   图6-37

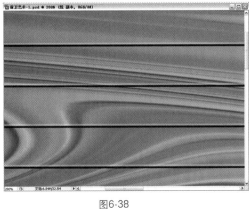

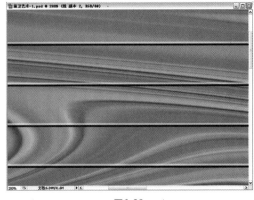

图6-38   图6-39

21 将"背景"图层以外的其他图层合并，并重新命名为"地板"，如图6-40所示。

22 将画面整体缩小，然后拖动文件的边框将其加大，按键盘上的 Ctrl+T组合键执行"自由变换"命令，变形如图6-41所示。按键盘上的Enter键应用变换，得到如图6-42所示的效果。

23 单击"图层"面板下面的"添加图层蒙版"按钮，给"地板"图层添加蒙版，如图6-43所示。增加蒙版后，前景色自动变成黑色，利用工具栏中的画笔工具，在蒙版中进行绘制，得到如图6-44所示的效果。这样，画面就有一种光从上向下射下来的效果。

24 地板的感觉就制作完成了，下面开始制作鼠标在画面中飞动的效果。新建图层"鼠标"，如图6-45所示。选择工具栏中的自定义形状工具，在它的控制栏中选择鼠标指针的图形，如图6-46所示。

图6-40

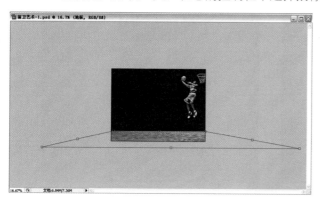
图6-41

图6-42

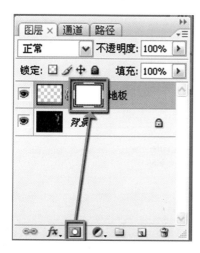
图6-43

图6-44

25 将前景色设置为白色，按住键盘上的Shift键，在画面中制作出鼠标，如图6-47所示。按键盘上的Ctrl键单击"鼠标"图层，出现鼠标的选区，如图6-48所示。

26 将前景色设置为深灰色，参数如图6-49所示。设置完前景色后，选择"编辑"|"描边"命令，参数设置如图6-50所示。完成设置后单击"确定"按钮，取消选区，如图6-51所示。

图6-45

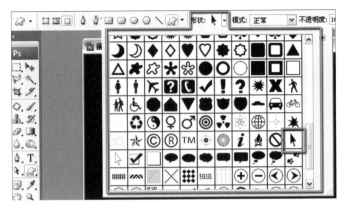

图6-46

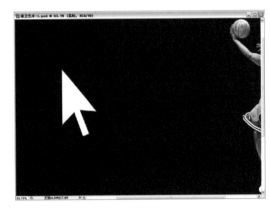

图6-47

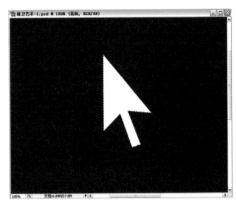

图6-48

图6-49

图6-50

27 按键盘上的**Ctrl+T**组合键执行"自由变换"命令，将鼠标适当地等比例缩小并旋转，移动到篮球附近，如图6-52所示。按键盘上的**Enter**键应用变换，选择工具栏中的移动工具，按住键盘上的**Alt**键，复制鼠标，并适当地等比例缩小，如图6-53所示。

28 现在要将篮球前面的鼠标放置在篮球的后面。单击"图层"面板下面的"添加图层蒙版"按钮，给复制的"鼠标"图层增加蒙版，如图6-54所示。选择工具栏中的钢笔工具，制作出鼠标与篮球相交部分

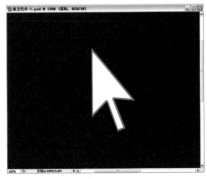

图6-51

的路径线，如图6-55所示。

图6-52　　　　　　　　　　　　　　　　　图6-53

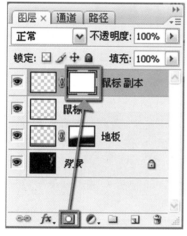

图6-54

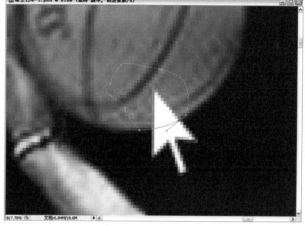

图6-55

29 按键盘上的**Ctrl+Enter**组合键将路径转换为选区，如图**6-56**所示。确认前景色为黑色后，按键盘上的**Alt+Delete**组合键将黑色填充到蒙版中，取消选区，如图**6-57**所示。

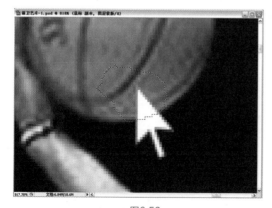

图6-56

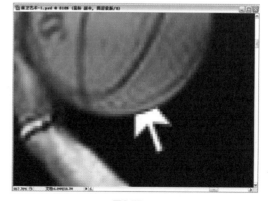

图6-57

30 使用上面学习的方法制作出其他鼠标，制作过程比较烦琐，但希望读者能坚持做完，这样得到的效果，如图6-58所示。

31 将所有鼠标的图层合并，这可能需要一点时间，因为复制的鼠标太多了。合并之后将图层

命名为"鼠标"。复制"鼠标"图层，如图6-59所示。选择"滤镜"|"模糊"|"径向模糊"命令，参数以及模糊方向设置如图6-60所示，完成后得到如图6-61所示的动感效果。

图6-58

图6-59

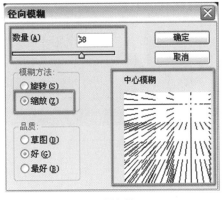

图6-60

图6-61

32 按键盘上的Ctrl+M组合键执行"曲线"命令，曲线设置如图6-62所示。完成后画面中篮球附近的模糊效果就更加强烈了，如图6-63所示。

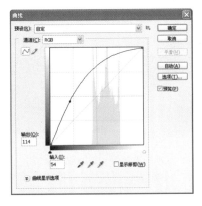

图6-62

图6-63

33 将复制图层的混合方式调整为"变亮",按键盘上的Ctrl+U组合键执行"色相/饱和度"命令,参数设置如图6-64所示。设置完成后单击"确定"按钮,得到如图6-65所示的散发绿光效果的动感鼠标效果。

图6-64

图6-65

34 使用工具栏中的文字工具输入"Dunk",如图6-66所示。选择适当的字体并调整大小,如图6-67所示。

图6-66

图6-67

35 双击"Dunk"图层,在出现的"图层样式"对话框中设置"投影"、"外发光"、"斜面和浮雕"、"纹理"和"颜色叠加"选项,设置如图6-68~图6-72所示,完成后得到如图6-73所示的效果。

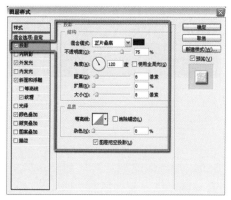

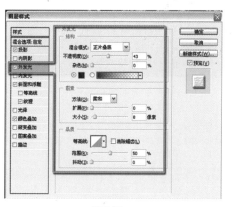

图6-68

图6-69

Chapter 1

Chapter 2

Chapter 3

Chapter 4

Chapter 5

Chapter 6

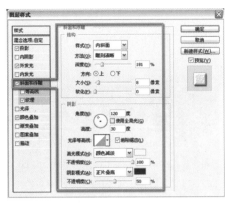

图6-70

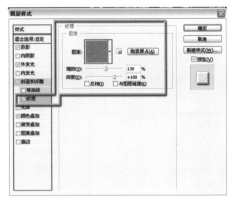

图6-71

图6-72

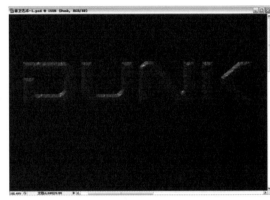

图6-73

36 复制文字图层，得到如图**6-74**所示的效果。

37 最后再将一些必要的文字放置在画面中，这个实例就完成了，效果如图**6-75**所示。

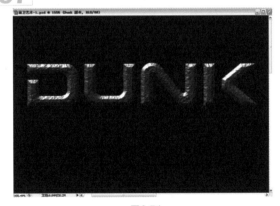

图6-74

图6-75

本例总结

　　本例使用到的元素非常少，只有鼠标和制作的地面，但画面的视觉效果却非常具有动感和丰富。所以读者要知道，前卫设计并不是多复杂，而是有一个视觉上集中的点去吸引别人，这样的设计才能打动别人去认真欣赏这个作品。

Chapter 1

Chapter 2

Chapter 3

Chapter 4

Chapter 5

Chapter 6

6·2 前卫艺术设计（二）

学前导读　　本例的设计有点接近于电影海报的设计，目前很多电影海报的设计都是非常前卫和具有非常强的设计风格，这样才能让人记住并去看这个电影。本例将设计一款类似电影海报感觉的设计，来与读者共同探讨前卫艺术的一种形式。

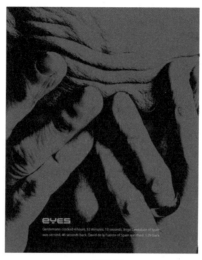

本例效果

光盘素材路径

　素材和源文件\第6章\素材\6-2.jpg

操作步骤

01　　打开光盘素材"6-2.jpg"，如图6-76所示。

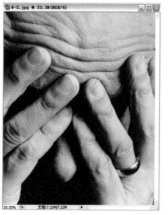

图6-76

02 下面要做的效果就在这张照片上加一双神秘的眼睛，以及一些其他比较神秘的效果。选择放大镜工具，在画面中局部放大一个眼睛的部位，放大效果如图6-77所示。新建图层"1"，如图6-78所示。

图6-77   图6-78

03 选择工具栏中的椭圆选框工具，在画面中眼睛的位置，按住Shift键制作出一个正圆选区，如图6-79所示。将前景色改成红色，颜色参数如图6-80所示。

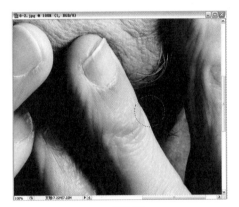 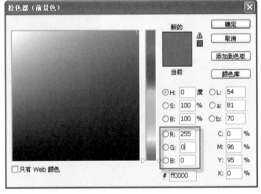

图6-79   图6-80

04 按键盘上的Alt+Delete组合键填充前景色红色，如图6-81所示。按键盘上的Ctrl+D组合键取消选区。

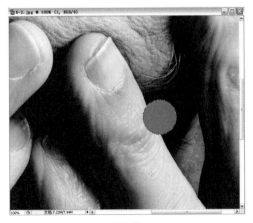

图6-81

05 选择"滤镜"│"模糊"│"高斯模糊"命令，模糊的参数设置如图6-82所示。设置好参数后单击"确定"按钮，得到如图6-83所示的模糊效果。

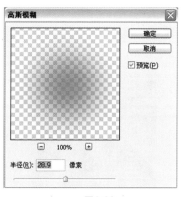
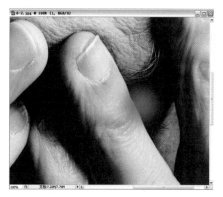

图6-82   图6-83

06 按键盘上的Ctrl键执行"自由变换"命令，出现变换框，如图6-84所示。按住键盘上的Shift键，拖动4个角变换点中的任意一个点进行等比例缩小操作，完成后按"Enter"键应用变换，这样红色的点就被等比例缩小了，如图6-85所示。

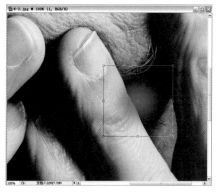
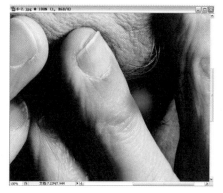

图6-84   图6-85

07 复制"1"图层并将复制的图层重新命名为"2"，如图6-86所示。

08 隐藏"2"图层，如图6-87所示。选择"1"图层，选择工具栏中的橡皮擦工具，参数设置如图6-88所示。完成设置后，将与手重合部分的红色擦除，如图6-89所示。

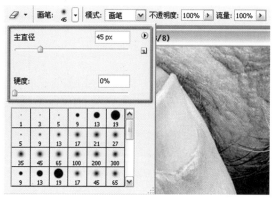

图6-86   图6-87   图6-88

379

09 打开"2"图层，使用工具栏中的移动工具将这个红点移动到画面左边的眼睛上，然后使用橡皮擦工具擦拭掉红色点与手重合的部分，完成后得到如图6-90所示的红色眼睛效果。现在得到的眼睛效果比较僵硬，没有融入整个画面中。将两个红点图层的不透明度值调整为30%，如图6-91所示，得到的效果很真实，也使整个画面看起来更加有神秘感。如图6-92所示。

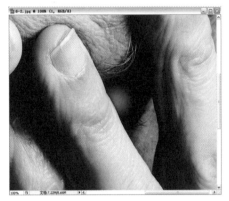

图6-89

图6-90

图6-91

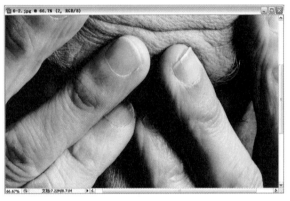

图6-92

10 眼睛效果的制作就到这里，下面开始处理画面的整体色调和对比强度。选择背景图层，按键盘上的Ctrl+M组合键执行"曲线"命令，曲线设置如图6-93所示，完成后得到如图6-94所示的对比非常强烈的效果。

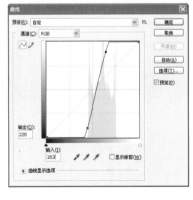

图6-93

图6-94

11 按键盘上的Ctrl+U组合键执行"色相/饱和度"命令，参数设置如图6-95所示。完成设置后单击"确定"按钮，得到如图6-96所示的深蓝色效果。

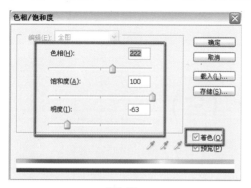

图6-95 图6-96

12 选择"滤镜"|"纹理"|"纹理化"命令，参数设置如图6-97所示，完成后得到如图6-98所示的纹理效果。

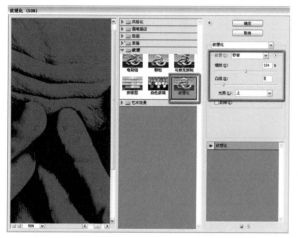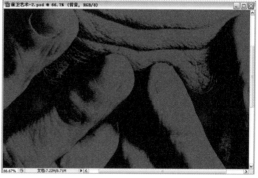

图6-97 图6-98

13 最后在画面中输入文字，完成设计后的效果如图6-99所示。

图6-99

Chapter 1

Chapter 2

Chapter 3

Chapter 4

Chapter 5

Chapter 6

本例总结

可能读者已经发现，本例的设计非常简单，步骤很少，但得到的效果却非常不错，而且画面的中心点就在两只眼睛上，传达了一种非常浓重的视觉气氛。只要读者利用好周围的素材，就能创造出非常好的视觉效果。

6.3 前卫艺术设计（三）

学前导读

本例设计的是像素艺术。像素艺术是前卫设计中的一个分支。像素艺术发展到现在已有很长时间，但一直是设计界非常前沿的设计形式之一。因为像素是色彩中最基本的元素，任何设计都脱离不了像素的概念，所以将像素扩大并加以设计处理是非常具有变换特点的，这就是像素艺术一直被大家喜爱的原因。

本例效果

操作步骤

01 新建文件，尺寸设置如图6-100所示。

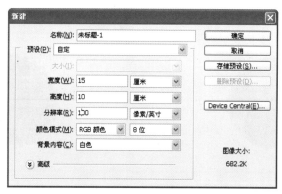

图6-100

02 选择工具栏中的椭圆选框工具，按住Shift键在画面中制作出一个正圆选区，如图6-101所示。按键盘上的D键将前景色还原为黑色，按键盘上的Alt＋Delete组合键将黑色的前景色填充到选区中，取消选区，如图6-102所示。

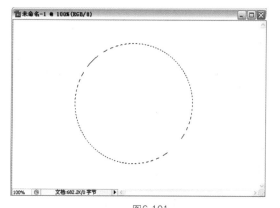

图6-101

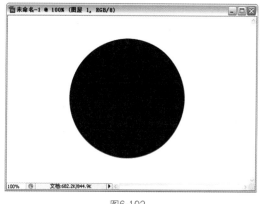

图6-102

03 选择"图像"｜"模式"｜"灰度"命令，如图6-103所示，将文件转换成灰度模式。

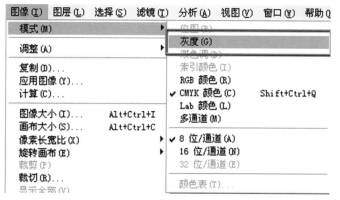

图6-103

04 选择"滤镜"｜"像素化"｜"彩色半调"命令，对话框中的参数设置不同，得到的效果也不同，如图6-104～图6-106所示的是3组不同参数得到的不同效果。

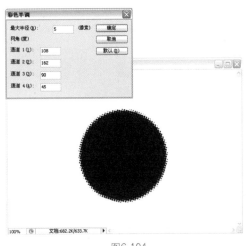

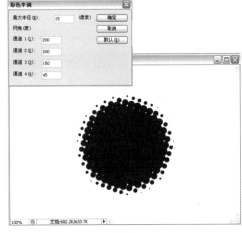

图6-104 图6-105

充电站

从图6-104~图6-106中可以看出，参数的数值越大，得到的圆点就越大，形状就越不规则。但参数并不是可以无限设置的，每一个参数都有一定的数值范围。当需要制作尺寸不同的此类效果时，需要新建文件的尺寸也不同，以免出现尺寸不合适分辨率底的现象。

05 将"彩色半调"对话框中的"最大半径"值改为10，得到如图6-107所示的半调效果。

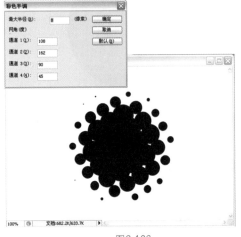

图6-106 图6-107

06 前面将图形直接做在了背景图层上，所以现在要将背景图层上的图形提取出来。打开"通道"面板，然后按住键盘上的Ctrl键单击"灰色"图层，如图6-108所示。画面中出现了白色区域的选区，如图6-109所示。

07 按键盘上的Ctrl+Shift+I组合键将选区反选，就得到了画面中黑色部分的选区，如图6-110所示。按键盘上的Ctrl+C键复制，然后按键盘上的Ctrl+V组合键将复制的部分进行粘贴，将新的图层重新命名为"1"，这个新的图层中就是黑色部分的图形，如图6-111所示。选择背景图层，填充白色。

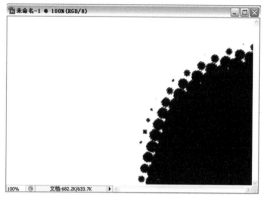

图6-108　　　　　　　　　　　　　图6-109

图6-110　　　　　　　　　　　　　图6-111

08 按键盘上的Ctrl+S组合键保存文件，将文件命名为"前卫设计-3.psd"，如图6-112所示。

09 下面再按照上面的方法制作出几个不同半调效果的圆球，如图6-113所示。

图6-112　　　　　　　　　　　　　图6-113

10 下面为几个图形改变颜色，选择"图像"｜"模式"｜"RGB颜色"命令，出现一个转换对话框，如图6-114所示。单击其中的"不拼合"按钮，将图像转换成为RGB颜色模式。选择"1"图层，选择"图像"｜"调整"｜"色相/饱和度"命令，出现"色相/饱和度"对话框，参数设置如图6-115所示。画面中的一个图形就出现了颜色，如图6-116所示。

Chapter 1　Chapter 2　Chapter 3　Chapter 4　Chapter 5　Chapter 6

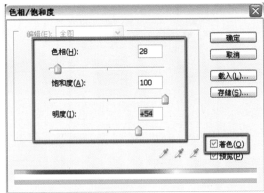

图6-114　　　　　　　　　　　图6-115

11 用同样的方法将画面中其他两个黑色的图形进行着色，如图6-117所示。

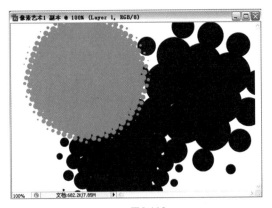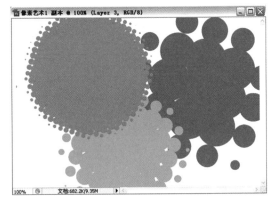

图6-116　　　　　　　　　　　图6-117

12 为背景图层填充黑色，如图6-118所示。复制"1"图层，如图6-119所示。

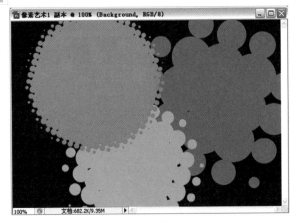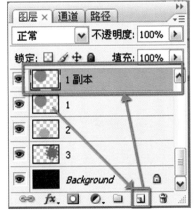

图6-118　　　　　　　　　　　图6-119

13 按键盘上的Ctrl+T组合键执行"自由变换"命令，然后按住键盘上的Shift键将复制的图层等比例缩小，如图6-120所示。按Enter键应用变换，再使用"色相/饱和度"命令将其颜色进行调整，参数设置如图6-121所示。完成设置后单击"确定"按钮，得到如图6-122所示的黄色圆形。

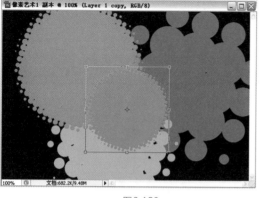

图6-120

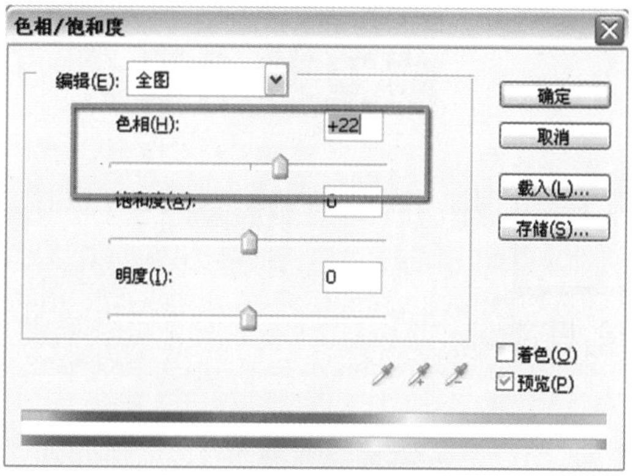

图6-121

14 使用同样的方法将其他图层也进行复制，并移动位置、改变大小，得到如图6-123所示的效果。

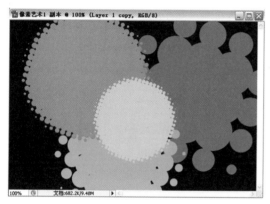

图6-122

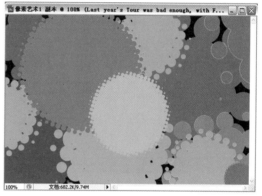

图6-123

15 最后在画面中输入一些文字，这个作品就完成了，如图6-124所示。当然，也可以做出其他一些排列的方式和色彩方式，如图6-125所示。

图6-124

图6-125

本例总结

　　本例使用的是"彩色半调"命令制作出的一种效果，这种效果可以用到很多地方，得到不同的艺术效果。读者可以自行使用一些素材来进行尝试，相信会得到很多好的效果。

6·4 前卫艺术设计（四）

学前导读

本例设计中的元素也非常简单，使用的就是最基本的方块，但得到的效果却是非常丰富的，所以读者要学会使用最简单的方法制作出非常绚丽的画面。

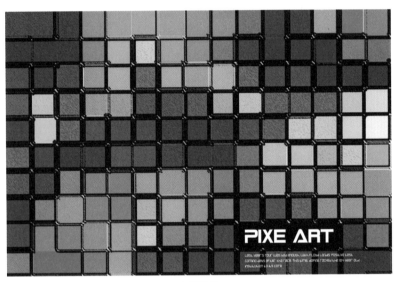

本例效果

操作步骤

01 新建文件，参数设置如图6-126所示。

图6-126

02 在工具栏中选择画笔工具，在控制栏中选择一种边缘过度柔和的笔刷样式，如图6-127所示。将前景色改为橘红色，然后使用画笔工具在画面中随意地绘制，得到如图6-128的效果。

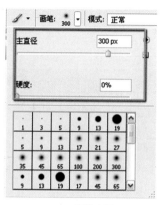

图6-127

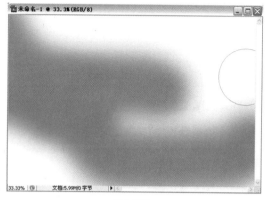

图6-128

 使用其他颜色在画面中进行绘制，得到如图6-129所示的效果。

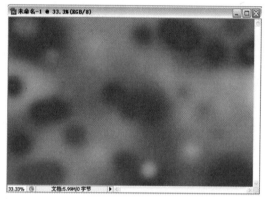

图6-129

04 选择"图像"｜"像素化"｜"马赛克"命令，参数设置如图6-130所示，成后得到如图6-131所示的效果。

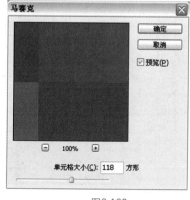

图6-130

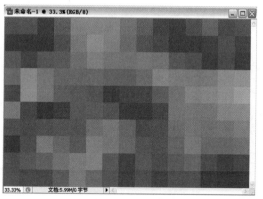

图6-131

05 选择"滤镜"|"艺术效果"|"绘画涂抹"命令，参数设置如图6-132所示，完成后得到如图6-133所示的效果。

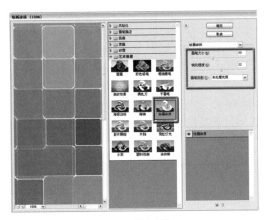
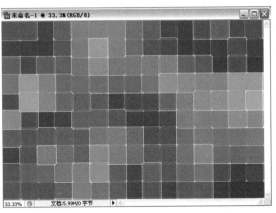

图6-132　　　　　　　　　　　　图6-133

06 选择"滤镜"|"艺术效果"|"海报边缘"命令，参数设置如图6-134所示，完成后得到如图6-135所示的效果。

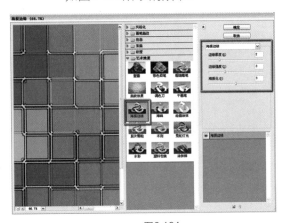
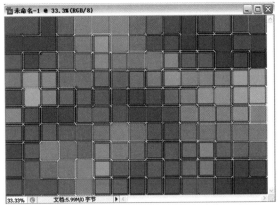

图6-134　　　　　　　　　　　　图6-135

07 选择"滤镜"|"艺术效果"|"涂抹棒"命令，参数设置如图6-136所示，完成后得到如图6-137所示的效果。

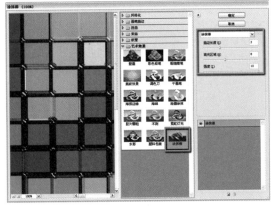
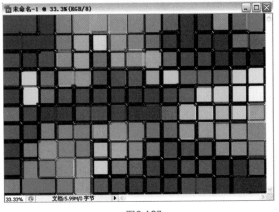

图6-136　　　　　　　　　　　　图6-137

08 最后在画面中输入文字，完成这个练习，如图6-138所示。

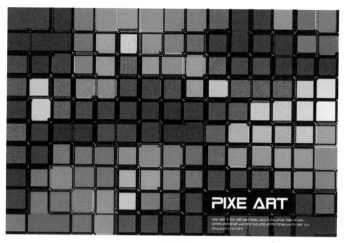

图6-138

本例总结

本例制作出了一种晶体的效果，但这样的晶体很有规律，制作时注意需要使用到的滤镜类型，熟悉并记住这些滤镜的特性，才能在实际设计中熟练地应用。

6.5 前卫艺术设计（五）

学前导读

本例设计的是一种不规则的形态，不规则的形态不表示设计上有难度的增加，所以读者见到类似效果的时候，只要认真分析思考，很快就可以知道制作的方法。

本例效果

操作步骤

01 新建文件，参数设置如图6-139所示。

02 利用工具栏中的画笔工具，制作出如图6-140所示的效果，制作方法与前面实例中制作多彩背景相同。

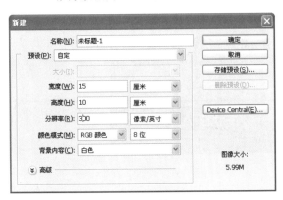

图6-139

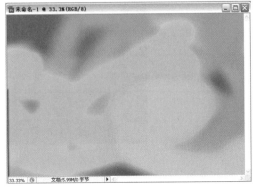

图6-140

03 选择"滤镜"｜"像素化"｜"铜板雕刻"命令，选项设置如图6-141所示，完成后得到如图6-142所示的效果。

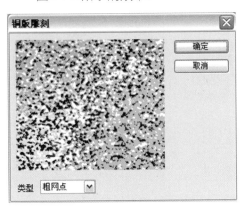

图6-141

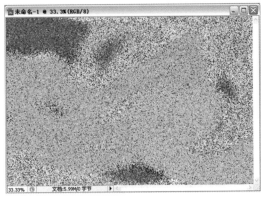

图6-142

04 选择"滤镜"｜"艺术效果"｜"海绵"命令，参数设置如图6-143所示，设置完成后得到如图6-144所示的效果。

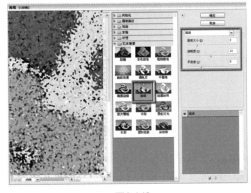

图6-143

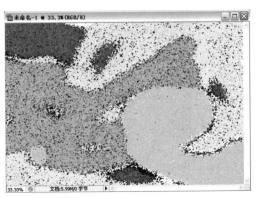

图6-144

05 选择"滤镜"|"艺术效果"|"壁画"命令，参数设置如图6-145所示，设置完成后得到如图6-146所示的效果。

图6-145

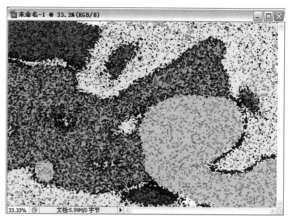

图6-146

06 最后在画面中输入文字就完成了这个设计，效果如图6-147所示。

图6-147

本例总结

本例主要使用了"铜板雕刻"以及"海绵"滤镜，这两个滤镜在实际设计中使用得不多，但非常重要，许多酷绚的效果就是通过这两个滤镜辅助完成的。

6·6 前卫艺术设计（六）

学前导读

本例设计中的元素相信很多读者都见过，但可能大多数读者不知道这样效果的制作方法，本例就开始对此类效果进行详细讲解。

本例效果

光盘素材路径

素材和源文件\第6章\素材\6-3.jpg

操作步骤

01 打开光盘素材文件"6-3.jpg",如图6-148所示。

02 选择工具栏中的单列选框工具,在画面中单击一下,得到如图6-149所示的单列选区。

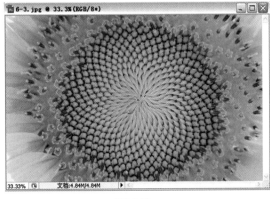
图6-148

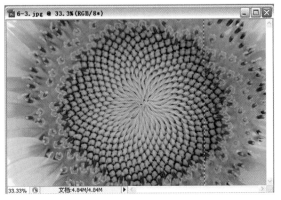
图6-149

 充电站

利用单列选框工具制作出的选区可以理解为选择的是画面垂直方向的一个像素的选区,所以显示时非常细。读者在制作时不要认为是出了什么问题,这就是这个工具的特性,理解上需要一定的时间。

03 使用选区的增减功能将画面中的单列选区进行上下两部分的减少，得到如图6-150所示的选区。

04 按键盘上的**Ctrl+T**组合键执行"自由变换"命令，出现变换框，如图6-151所示。向右拖动变换框中间的点直到画面的边缘，如图6-152所示。

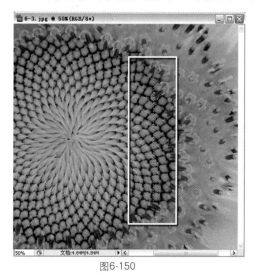

图6-150

图6-151

05 按键盘上的**Enter**键应用变换，按键盘上的**Ctrl+D**组合键取消选区，得到如图6-153所示的效果。

图6-152

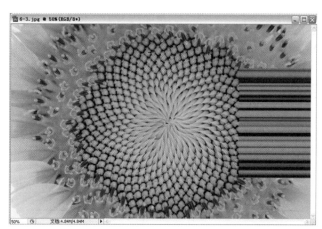

图6-153

充电站

做到这里，可能读者会想，使用矩形选框工具在画面中制作选区，再使用"自由变换"命令拉伸，应该会得到一样的效果，其实效果不同的，下面简单地介绍一下。

使用矩形选框工具在画面中制作选框，然后再使用"自由变换"命令拉伸，整个过程如图6-154流程所示。看完后大家就会知道两个工具的区别所在了。

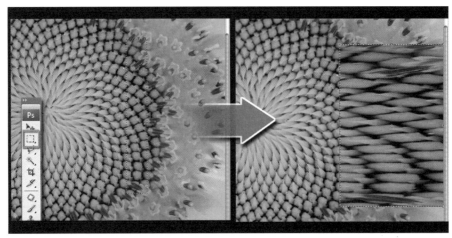

图6-154

06 继续使用单行选框工具和单列选框工具在画面中制作拉伸的效果，制作时只需随意地创作即可。本例得到如图**6-155**所示的效果。

07 选择工具栏中的椭圆选框工具，按住Shift键在画面中制作出一个正圆选区。如图**6-156**所示。

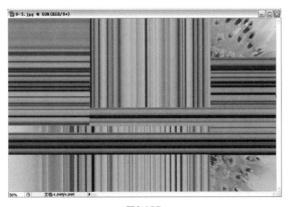

图6-155

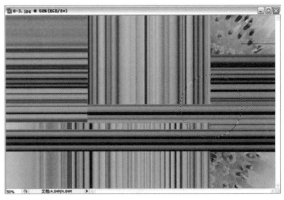

图6-156

08 选择"滤镜"｜"扭曲"｜"极坐标"命令，选项设置如图**6-157**所示。完成后取消选区，得到如图**6-158**所示的效果。

图6-157

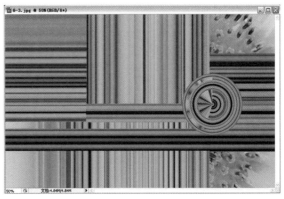

图6-158

09 使用同样的方法在画面中制作出大小不同的圆形效果，如图6-159所示。适当地调整一下画面色彩，最后在画面中输入文字就完成了这个设计，效果如图6-160所示。

图6-159

图6-160

本例总结

　　本例的设计使用非常少用的一种选框工具制作出来，再配合"极坐标"命令得到一种非常前卫的视觉效果。其实Photoshop软件中很多滤镜和命令在实际操作中都用得非常少，或者根据个人操作习惯，很多命令基本不使用，所以用户更要熟练掌握这些不常用的命令和滤镜，以便得到更多丰富的效果。

6·7　前卫艺术设计（七）

学前导读

　　字体设计是设计中一个非常难的类别，但处理好文字，可以使设计作品及其画面更加生动活泼。

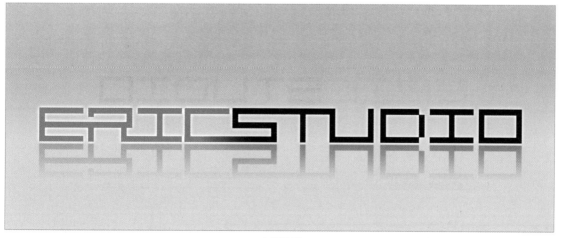

本例效果

操作步骤

01 新建文件，尺寸设置如图6-161所示。

02 选择工具栏中的文字工具，在画面中输入"ERICSTUDIO"的英文字样，选择适当的字体，如图6-162所示。

图6-161   图6-162

03 使用文字工具选择文字中的"ERIC"几个字，如图6-163所示。将前景色改为橘红色，"Eric"字样也随着改变，完成后得到如图6-164所示的不同颜色的文字。

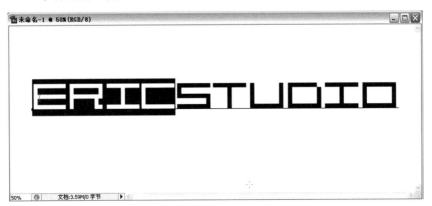

图6-163

图6-164

04 下面开始对文字进行艺术化处理。右击文字图层，在弹出的菜单中选择"栅格化文字"命令，如图6-165所示。这样文字图层就被转换成了可以进行更多编辑的普通图层，如图6-166所示。

图6-165

图6-166

05 下面开始进行字母之间的组合连接。将文字局部放大，选择工具栏中的矩形选框工具，制作出如图6-167位置所示的选区，按Delete键删除选区中的部分，取消选区后的效果如图6-168所示。

图6-167　　　　　　　　　　　　　　　　　　　图6-168

06 再制作出如图6-169所示的选区，按键盘上的Ctrl+T组合键执行"自由变换"命令，使用鼠标向右拖动右边中间的变换点，如图6-170所示。完成后按Enter键应用变换，取消选区。

图6-169　　　　　　　　　　　　　　　　　　　图6-170

07 使用同样的方法将"RI"和"CSTU"连接起来，效果如图6-171所示。

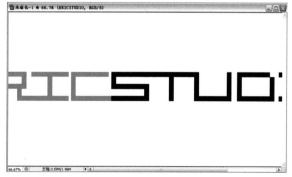
图6-171

08 现在画面中的"C"和"S"是不同颜色的,虽然已经连接,但显得很生硬,下面对两种颜色进行融合。按Ctrl键单击文字图层,出现文字的选区,如图6-172所示。

09 使用选区的减少方法,将画面中的选区减少至如图6-173所示。

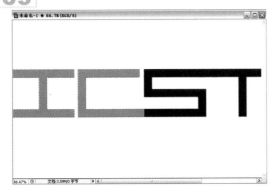

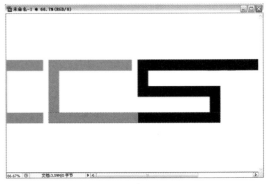

图6-172

图6-173

10 选择渐变工具,在它的控制栏中单击渐变色,出现调整渐变的渐变编辑器,颜色调整如图6-174所示。完成后按住Shift键从选区的左边向右边拖动,取消选区,得到如图6-175所示的效果。

图6-174

图6-175

充电站

在进行渐变之前,需要使用吸管分别吸取"C"和"S"的颜色,并使用笔记录下来它们的色值,然后在调渐变色时输入这些数值,做出来的渐变就完全与两边的颜色相同,不会出现不同的颜色。上面说的方法是比较严谨的方法,也有一种非常简便的方法,可以在选择渐变颜色时直接在画面中单击所需要的颜色。这样可以很快地得到需要的颜色,但这种方法并不适合所有的渐变处理。需要读者使用时注意。

11 仔细观察文字可以发现"D"与"O"的区别不大,所以要将"D"做得更加明显。使用矩形选框工具在"D"的右下角制作出一个选区,如图6-176所示。按Delete键删除,取消选区,得到如图6-177所示的更加明显的字母"D"。

12 复制文字图层,如图6-178所示。然后选择移动工具,按住Shift键垂直向下移动到如图6-179所示的位置。

图6-176

图6-177

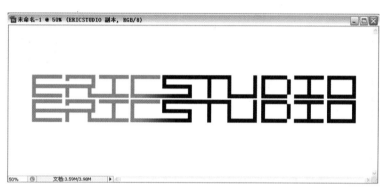

图6-178

图6-179

13 选择"编辑"|"变换"|"垂直翻转"命令，复制的图层就被垂直翻转过来了，如图6-180所示。

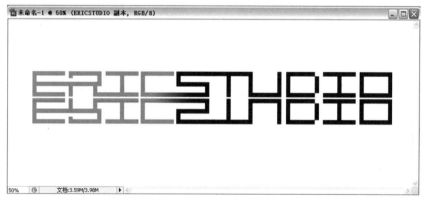

图6-180

14 单击"图层"面板下面的"添加图层蒙版"按钮，将复制的图层增加蒙版，如图6-181所示。使用矩形选框工具制作出选区，将复制的图层包含在里面，如图6-182所示。

15 选择渐变工具，然后将渐变色调整为黑灰渐变色，如图6-183所示。按住键盘上的Shift键在选区的范围内从上到下制作出渐变，完成后取消选区，得到如图6-184所示的倒影效果。

Chapter 1

Chapter 2

Chapter 3

Chapter 4

Chapter 5

Chapter 6

图6-181

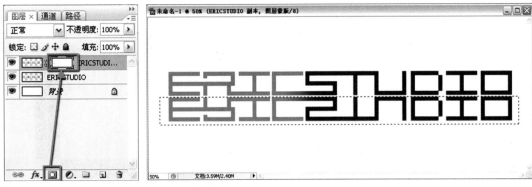

图6-182

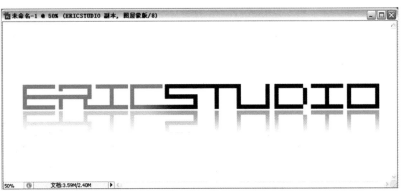

图6-183   图6-184

16 选择"背景"图层，然后使用前面用过的渐变方法制作出灰色到浅灰色的渐变，得到如图6-185所示的效果，这样画面的空间效果就表现出来了。

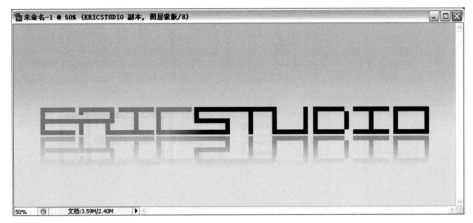

图6-185

17 将复制的文字图层的混合方式改为"正片叠底"，如图6-186所示，这样倒影的效果就和背景更加好地融合在一起了。双击"ERICSTUDIO"图层，在出现的"图层样式"对话框中设置"外发光"选项，参数设置如图6-187所示。

18 完成参数的设置后，单击"确定"按钮，应用图层样式，得到如图6-188所示的文字边缘外发光的效果。这样，这个设计就完成。

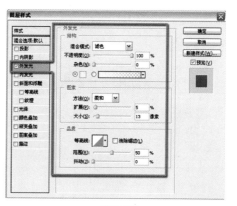

图6-186　　　　　　　　　　　　　　　图6-187

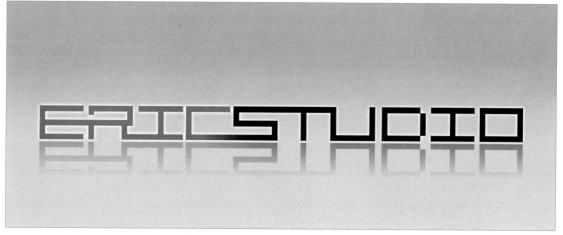

图6-188

本例总结

　　本例设计的是文字的艺术化效果，处理上非常简单大方，但效果却非常实用。其实文字的效果非常多，但很多都是常见的效果，读者可以通过不断的学习得到更多处理文字的方法，以丰富自己的设计思路。

本章总结

　　本章设计的是前卫的艺术形式。前卫艺术的概念非常模糊，而且由于每个人的审美观点不同，每个人心中对前卫艺术的定义也不同。笔者希望，作为设计师，可以放开思路，勇于尝试不同的设计形式。

读书笔记